高等职业教育大数据技术专业系列教材

Spark 大数据分析与实战

（第二版）

◎主　编　郑述招

◎副主编　邹燕妮　何雪琪　许建红　陈　云

西安电子科技大学出版社

内容简介

　　本书由教学与科研经验丰富的专任教师、企业资深工程师、全国职业技能大赛一等奖获得者共同编写。书中依据"项目引领、任务驱动"的思路，针对数据批量处理、流式处理、机器学习等 Spark 典型应用情境，设计了 8 个教学项目，涵盖 Spark Core、Spark SQL、Spark Streaming、Structured Streaming、Spark Machine Learning 等技术。其中每个项目细分为 3 ～ 6 个子任务，以保证技能提升的"平滑性"，契合初学者的认知规律。本书内容由浅入深，由实践到理论，再从理论回到实践，符合初学者的学习规律。同时，编者为了践行立德树人的时代担当，将思政元素有机融入项目教学，让读者在完成拓展项目的同时提升个人素养。

　　本书配套了微课视频、PPT 课件、程序代码、数据集、教案、教学日历、考试样题、课程标准(大纲)等全套教学资源，以利于教师的教学。为了最大限度降低学习门槛，本书还提供了基于 Linux 的 Spark 虚拟机环境，可免去读者配置环境的烦恼。

　　本书可作为高等职业院校、应用型本科院校大数据相关课程的配套教材，也可作为 Spark 学习者的参考用书。

图书在版编目 (CIP) 数据

Spark 大数据分析与实战/ 郑述招主编. -- 2版. -- 西安: 西安电子
科技大学出版社， 2025. 1. -- ISBN 978-7-5606-7485-8

　　Ⅰ . TP274

中国国家版本馆 CIP 数据核字第 2025JU4791 号

策　　划　高　樱
责任编辑　高　樱
出版发行　西安电子科技大学出版社 (西安市太白南路 2 号)
电　　话　(029) 88202421　88201467　　　　邮　编　710071
网　　址　www.xduph.com　　　　　　　电子邮箱　xdupfxb001@163.com
经　　销　新华书店
印刷单位　咸阳华盛印务有限责任公司
版　　次　2025 年 1 月第 1 版　　2025 年 1 月第 1 次印刷
开　　本　880 毫米 ×1230 毫米　1/16　　　印 张　18
字　　数　469 千字
定　　价　60.00 元

ISBN 978-7-5606-7485-8

XDUP 7786002-1

*** 如有印装问题可调换 ***

前　言

　　Spark 是 Apache 的顶级项目，相较于曾经引领大数据产业革命的 Hadoop MapReduce 框架，Spark 取得了突破性的进步，在批处理、流处理、机器学习、图计算等领域高歌猛进，不断更新迭代。目前，Spark 已经更新到 3.5 版本（本书成稿时刻），核心数据抽象由 RDD 过渡到 DataFrame/Dataset；流式计算主推 Structured Streaming，早期的 Spark Streaming 进入维护模式；机器学习领域主推 Spark ML，以前使用的 MLib 进入维护模式。

　　为此，我们在本书再版的过程中将 Spark 版本升级，删除了部分陈旧的内容，新增了 Structured Streaming 流计算模块；同时基于"项目引领、任务驱动"的设计思想，更换了所有的教学项目，替换了 80% 的演示代码，重构了教材结构，重新制作了全套教学资料（含 PPT、微课视频、代码、数据集等 10 余类），更新了知识检测题目及拓展案例，可完全满足教学需求。

　　本书的主要特点如下：

　　(1) 对接国家专业教学标准及全国职业技能大赛。

　　本书编写团队包括大数据专业国家教学标准研制组核心成员、全国职业院校技能大赛一等奖获得者、大数据领域资深工程师，具有丰富的大数据教学、科研与应用经验。通过删繁就简，本书内容既涵盖了当前 Spark 应用热点，又满足了教育教学需求。

　　(2) 采用"项目引领、任务驱动"的编写思路，蕴含项目式教法改革。

　　本书契合项目化教学之要求，精心设计了新能源汽车销售数据分析、碳排放数据处理、智慧交通数据处理、预测森林植被种类等 8 个项目；每个项目基本按照情境导入→项目分解→学习目标→任务分析→知识储备→任务实施→项目小结→知识检测→素养与拓展的过程展开，有利于教学改革的实施。

　　(3) 提供了"教、学、做、练、用"一体化解决方案。

　　除了纸质教材及电子资源，本书还配套了 Spark 开发虚拟机平台（内含 Spark、Hadoop、Kafka、Zookeeper、MySQL 等组件及 IntelliJ IDEA 开发工具），免去了繁杂、易错的环境搭建过程，保证"轻松上手、真实体验"；每个项目最后的"素养与拓展"提供了一个拓展案例（对接真实业务场景），读者可综合利用所学知识，尝试独立完成案例实施。

(4) 践行立德树人根本任务。

本书在项目选取过程中考虑了课程思政元素的有机融入。在情境导入、任务实施、素养与拓展等环节，弘扬爱岗敬业、职业精神以及遵纪守法、绿色低碳等精神，培养学生的创新精神，激发爱国情怀。

本书由郑述招担任主编，负责教材结构设计及大部分内容的编写工作；邹燕妮、何雪琪、许建红、陈云担任副主编。其中，邹燕妮完成项目 1、项目 2 的编写及部分数字资源的制作，何雪琪完成项目 3 的编写，许建红完成项目 8 的编写，深圳市虫之教育科技有限公司的陈云参与任务 4.1、4.2 及部分案例素材的编写。

特别提示：教师选用本书后，可向作者（邮箱为 zhengsz52696@qq.com）索取全套教学资料，也可进入西安电子科技大学出版社官网下载。

由于编者能力有限，书中难免存在不足之处，望广大读者不吝赐教。

编　者

2024 年 8 月

目　录

项目 1

搭建 Spark 开发环境

项目 1 简介

情境导入

近年来，随着 Hadoop 等大数据技术的日渐成熟，大数据应用不断落地，社会已经进入大数据时代。同时，Hadoop 本身存在的缺陷也不断暴露，其 MapReduce 计算模型因先天不足，已经无法适应实时计算需求。在借鉴 Hadoop 优点的基础上，新一代大数据计算引擎 Spark 应运而生，已经成为当前大数据计算的主流技术。

学习 Spark 技术，首先要了解大数据、Hadoop、Spark 等热点技术背景，进而着手搭建一个 Spark 运行环境。为此，本项目在介绍大数据开发常识的基础上，从安装 Linux 系统这一基础性工作开始，"手把手"地演示环境搭建的每一个过程，为"零基础"学习 Spark 扫清障碍。

古人云："合抱之木，生于毫末；九层之台，起于累土；千里之行，始于足下。"学习 Spark 大数据分析需要搭建好运行平台，在此过程中要细心且有耐心；对于虚拟机、Linux 系统不是很熟悉的读者，要注意点滴知识积累，多查资料、多动手实践。下面让我们开启 Spark 之门，踏入神秘的大数据分析之旅。

【 PPT：项目 1 搭建 Spark 开发环境 】

项目分解

为了使读者快速了解大数据开发的主流技术并部署好开发环境，将本项目分解为 3 个任务。项目分解说明如表 1-1 所示。

表 1-1　项目分解说明

序号	任　务	任 务 说 明
1	拥抱大数据时代	了解大数据的内涵和来源，理解大数据处理的流程
2	搭建 Hadoop 基础平台	了解 Hadoop 平台的基本原理，在自己的计算机上建立 Hadoop 基础平台 (伪分布模式)，并初步体验用法
3	部署 Spark 计算平台	了解 Spark 平台的基本原理，在本地环境建立 Spark 计算平台，并初步体验其用法

拥抱大数据
时代

学习目标

(1) 初步认识大数据，了解 Hadoop、Spark 平台的产生背景与功能；

(2) 能够在本地环境 (Ubuntu 系统) 中，独立搭建 Hadoop 伪分布基础平台；

(3) 能够在本地环境 (Ubuntu 系统) 中，独立搭建 Spark 计算平台。

任务 1.1　拥抱大数据时代

任务分析

大数据、人工智能、5G 等新一代 IT 技术风起云涌, 社会已经步入大数据时代。何为大数据？大数据具备哪些特征？大数据是从哪里产生的？如何处理大数据，并产生有价值的分析结果？本任务将带领读者探寻答案。本任务的工作内容及相关知识点如表 1-2 所示。

表 1-2　工作内容及相关知识点

工　作　内　容	相关知识点
了解大数据的基本内涵与特点	大数据的特点
了解大数据产生的源头，从而理解数据的异构问题	大数据的来源
理解大数据的处理过程与内容	大数据的处理流程
网上搜集大数据相关技术热词	大数据技术词汇

知识储备

1.1.1　大数据时代已然来临

近年来，信息技术迅猛发展，尤其是以互联网、物联网、社交网络、短视频等为代表的技术日新月异，手机、平板电脑、智能穿戴设备等新型信息传感器随处可见；虚拟网络快速发展，现实世界快速虚拟化，数据的来源及其数量正以前所未有的速度增长。根据市场研究资料预测，2025 年全球数据总量将从 2016 年的 16 ZB 增长到 163 ZB，即 10 年内数据总量将增长 10 余倍。而这些数据中，约 80% 是非结构化或半结构化类型的数据，其中一部分是不断变化的流数据。数据的爆炸性增长态势及其复杂的构成使得人们进入了大数据时代。

面对浩如烟海的大数据，如何充分发掘出有价值的信息成为当前的重要课题，因而大数据也被赋予多重战略含义。从资源的角度，数据被视为"未来的石油"，被作为战略性资产进行管理；从国家治理角度，大数据被用来提升治理效率，重构治理模式，破解治理难题，它将掀起一场国家治理革命；从经济增长角度，大数据是全球经济低迷大背景下的产业亮点，是战略新兴产业中最活跃的部分；从国家安全角度，全球数据空间没有国界边疆，大数据能力成为大国之间博弈和较量的利器。

什么是大数据？通常，大数据是指无法在有限时间内用常规软件工具对其进行获取、存储、管理和处理的数据集合。大数据具备 Volume、Velocity、Variety 和 Value 四个特征 (简称 "4V"，即体量巨大、速度快、类型繁多和价值密度低)。下面分别对每个特征作简要描述。

1. Volume——数据体量巨大

数据集合的规模不断扩大，已经从 TB 级增加到 PB 级，近年来，数据量甚至开始以 EB 和 ZB 来计数。例如：百度首页导航每天需要提供的数据超过 1 ~ 5 PB(如果将这些数据打印出来，会超过 5000 亿张 A4 纸)；电商巨头淘宝网每天产生的数据量超过 50 TB；微信用户每分钟发布 50 万张图片，发起 23 万次视频通话，并且每分钟会有 55 万人进入朋友圈。

2. Velocity——数据产生、处理和分析的速度在持续加快

数据的产生具有实时性 (数据连续不断地产生)，而业务决策又需要这些实时数据分析的结果，因而数据处理的速度需要加快。业界对大数据的处理能力有 "1 秒定律"，即短时间内从各种类型的数据中快速获得高价值的信息，而不需要漫长的等待，大数据的快速处理能力充分体现出它与传统的数据处理技术的本质区别。

3. Variety——数据类型繁多

传统 IT 领域产生和处理的数据类型较为单一，大部分是结构化数据 (如 Excel 表格、关系型数据库中的表)。随着传感器、智能设备、社交网络、物联网、移动计算、在线广告等新的渠道和技术不断涌现，产生的数据类型日渐多样。数据类型不再是单一的格式化数据，更多的是半结构化或者非结构化数据，如博客、即时消息、视频、音乐、照片、点击流、日志文件等。

4. Value——大数据的数据价值密度低

大数据由于体量不断加大，单位数据的价值密度不断降低，然而数据的整体价值却在提高。以监控视频为例，在一小时的视频中，有用的数据可能仅仅只有一两秒，但这可能是解决问题的关键。现在许多专家已经将大数据等同于黄金和石油，这也充分表明了大数据中蕴含了无限的商业价值。2023 年，我国大数据产业规模达 1.74 万亿元，同比增长 10.45%，成为推动数字经济发展的重要力量。随着大数据在各行业的融合应用不断深化，通过对大数据进行处理，找出其中潜在的商机，必将创造出巨大的商业价值。

1.1.2 大数据来自哪里

从采用数据库作为数据管理的主要方式开始，人类社会的数据产生方式大致经历了 3 个阶段，而正是数据产生方式的巨大变化才最终导致了大数据的产生，不同阶段 (类型) 的数据共同构成了大数据的数据来源。

1. 运营式系统阶段

数据库的出现使得数据管理的复杂度大大降低，在实际使用中，数据库大多为运营系统所采用。人类社会数据量的第一次大飞跃正是从在运营式系统中广泛使用数据库开始的，这个阶段的最主要特点是数据的产生往往伴随着一定的运营活动，而且数据是记录在数据库中的。例如，超市每售出一件商品就会在数据库中产生一条相应的销售记录。这种数据的产生、记录方式是被动的。

2. 用户原创内容阶段

互联网的诞生促使人类社会数据量出现了第二次大的飞跃，但是真正的数据爆发产生于 Web 2.0 时代，而 Web 2.0 最重要的标志就是用户原创内容。这类数据近几年一直呈现爆炸性增长，以微信、微博、抖音等为代表的新型社交网络的异军突起，使得用户产生数据的意愿更

加强烈。同时，在硬件方面，以智能手机、平板电脑为代表的新型移动设备的出现，因其具备易携带、全天候接入网络的特点，使得人们在网上发表自己意见、展示自我的途径更为便捷。

3. 感知式系统阶段

各种智能化感知系统的广泛应用，为人类社会数据量带来了第三次飞跃。随着技术的发展，人们已经有能力制造极其微小且带有处理功能的传感器 (如 AI 摄像头、传感器等)，并开始将这些设备广泛地布置于社会的各个角落，通过这些设备来对整个社会的运转进行监控。这些设备会源源不断地产生、收集新数据，而且数据的产生方式是自动的。

1.1.3　大数据的处理过程

大数据处理就是在合适工具的辅助下，对广泛异构的数据源进行抽取和集成，并将结果按照一定的标准进行统一存储；而后利用合适的数据分析技术对数据进行分析，从中提取有益的知识，并利用可视化图表、报告等将结果展现给用户。大数据的处理包含以下 4 个过程。

1. 数据收集

数据收集即获取数据的过程。对于 Web 数据，可以编写网络爬虫程序进行收集 (市面上有很多免编程的数据采集工具，可以帮助非 IT 人员迅速获取所需要的数据)；对于数据库中的数据，可以通过数据库接口完成数据读取；而对于各种 Service 服务器数据，则可以通过服务日志等获取相关信息。

2. 数据预处理

大数据采集过程中通常有一个或多个数据源，可能包括同构或异构的数据库、文件系统、服务接口等，数据质量易受到噪声数据、数据值缺失、数据冲突等影响，因此需对收集到的数据集合进行预处理，以保证大数据分析和预测结果的准确性与价值性。大数据的预处理环节主要包括数据清理、数据集成、数据归约与数据转换等内容，可以极大提升数据的总体质量。

(1) 数据清理包括对数据的不一致检测、噪声数据的识别、数据的过滤与修正等内容。

(2) 数据集成则是将多个数据源的数据进行集成，从而形成集中、统一的数据库和数据仓库等。

(3) 数据归约是在不损害分析结果准确性的前提下降低数据集规模，使之简化，包括维度规约、数量归约、数据压缩等技术。

(4) 数据转换包括基于规则或元数据的转换、基于模型与学习的转换等技术，可通过转换实现数据统一。

3. 数据处理与分析

目前，大数据处理的计算模型主要有 MapReduce 分布式计算框架、Spark 分布式内存计算系统、分布式流计算系统等。MapReduce 是一个批处理的分布式计算框架，可对海量数据并行分析与处理，它适合处理各种结构化、非结构化数据。Spark 分布式内存计算系统可有效减少数据读写和移动的开销，提高大数据处理性能。分布式流计算系统则是对数据流进行实时处理，以保障大数据的时效性和价值性。大数据的类型、存储形式以及业务需求决定了其所采用的数据处理模型，而数据处理模型的性能与优劣直接影响大数据处理的质量和效率。因此，在进行大数据处理时，要根据需求选择合适的存储形式和数据处理系统，以实现大数据质量的最优化。

大数据分析则是综合应用 IT 技术、统计学、机器学习、人工智能等知识，分析现有数据 (分布式统计分析)，然后挖掘数据背后隐含的价值信息 (通过聚类与分类、推荐、关联分析、深度学习等算法，对未知数据进行分布式挖掘)。数据分析是大数据处理与应用的关键环节，它决定了大数据集合的价值性和可用性，以及分析预测结果的准确性。在数据分析环节，应根据大数据的应用情境与决策需求，选择合适的数据分析技术，提高大数据分析结果的可用性、价值性和准确性。

4. 数据可视化与应用

数据可视化是指将大数据分析与预测的结果以计算机图形、图像等方式直观地显示给用户，并可与用户进行交互。数据可视化技术有利于发现大量业务数据中隐含的规律性信息，以支持管理决策。该环节极大地影响了大数据分析结果的直观性与可用性。

大数据应用是指将经过分析处理后挖掘得到的大数据结果应用于管理决策、战略规划等的过程，它是对大数据分析结果的检验与验证。大数据应用过程直接体现了大数据分析与处理结果的价值性和可用性。此外，大数据应用对大数据的分析与处理也具有引导作用。

任务实施

《自然》杂志在 2008 年 9 月推出了名为"大数据"的封面专栏，2009 年开始"大数据"成为互联网技术行业中的热门词汇，相关技术快速涌现。试利用互联网查找 5 个大数据热点词汇（含技术词汇）及其含义（或用途），整理到表 1-3 中，并与同学分享，从而加深对相关技术的了解。也可以利用词云技术（如 Python 词云）汇总这些词汇后，绘制一张词云图。

表 1-3　大数据热点词汇

序号	大数据热点词汇（技术术语）	含义（或用途）
1		
2		
3		
4		
5		

任务 1.2　搭建 Hadoop 基础平台

搭建 Hadoop 平台

任务分析

自 2006 年诞生以来，Hadoop 逐渐成为大数据领域的重要事实标准，而 Spark 可以独立安装使用，也可以和 Hadoop 一起协同应用，这样一方面可以发挥 Spark 内存计算的优势，另外一方面也可以发挥 Hadoop 分布式存储与资源调度的强项。本书将采用 Spark 和 Hadoop 协同作业的方式，Spark 可以读取 HDFS(Hadoop Distributed File System，Hadoop 分布式文件系统) 文件，其处理结果也可以存储到 HDFS 中。本任务将带领读者初步了解 Hadoop 生态体系，并搭建 Hadoop 环境，为后续 Spark 环境的部署做好准备。本任务的工作内容及相关知识点如表 1-4 所示。

表 1-4　工作内容及相关知识点

工 作 内 容	相关知识点
了解 Hadoop 生态组件及其功能	Hadoop 生态
本地安装 Ubuntu 系统，进而搭建伪分布的 Hadoop 平台	Hadoop 的安装
完成 HDFS 的目录创建、文件上传等	HDFS 相关命令

任务完成后，可以在 Hadoop Web 管理页面中看到创建的 HDFS 目录等，如图 1-1 所示。

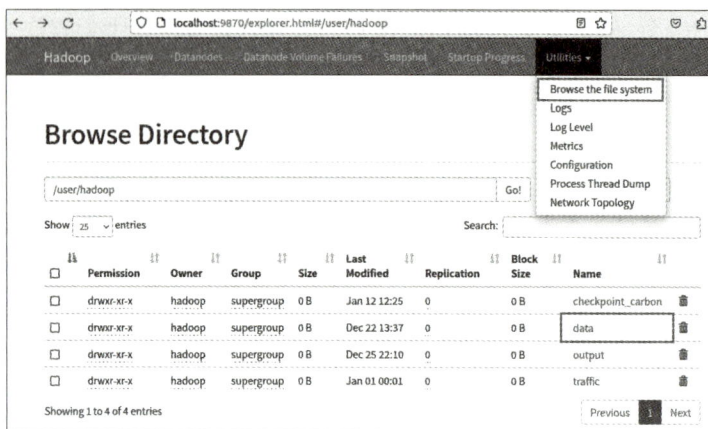

图 1-1　Hadoop Web 管理页面

知识储备

1.2.1　认识 Hadoop 生态圈

面对浩如烟海的大数据，单个计算机的存储与计算能力是有限的，因而有必要构建一个由若干台计算机构成的、相互协作的计算机集群，来开展分布式计算，从而完成大数据的处理任务。Hadoop 便是一个针对大数据进行分布式处理的软件框架，它由 Apache 基金会开发。用户可以在不了解分布式底层技术细节的情况下，轻松地在 Hadoop 上开发、运行分布式程序，充分利用集群的优势，进行高效运算和存储等。

Hadoop 的成功在于其构建了多模块有机组合的生态圈，这些模块（组件）包括数据存储、数据集成、数据处理及其他进行数据分析的专用工具，它们相互协作，完成了分布式环境下的数据存储、计算等工作。图 1-2 展示了 Hadoop 生态体系的部分结构，主要由 HDFS、MapReduce、HBase、Zookeeper、Hive 等核心组件构成，另外还包括 Kafka、Flume 等框架，用来与其他企业系统融合。

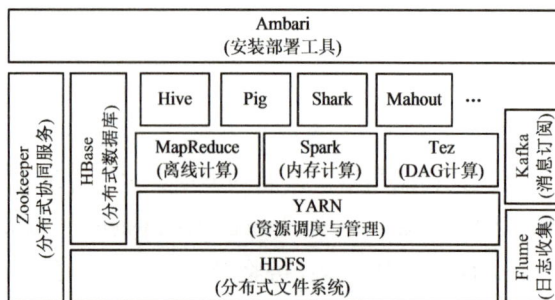

图 1-2　Hadoop 生态体系的部分结构

1. HDFS

HDFS 是适合部署在廉价的机器上的具有高度容错性的分布式文件系统，HDFS 能提供高吞吐量的数据访问，非常适合大规模数据集的存储与管理。

2. MapReduce

MapReduce 是一种编程模型，用于大规模数据集的并行运算。MapReduce 可以使编程人员在不了解分布式底层的情况下，将自己的程序运行在分布式系统上。

3. HBase

HBase 是一个建立在 HDFS 之上的、面向列的 NoSQL 数据库，用于快速读写大量数据。

4. Hive

Hive 是一个建立在 Hadoop 上的数据仓库基础构架，它定义了简单的类 SQL 语言 (称为 HQL)。它允许不熟悉 MapReduce 编程的开发人员也能快速写出数据查询语句，然后这些语句被翻译为 MapReduce 任务。

5. Zookeeper

Zookeeper 是一个为分布式应用提供一致性服务的软件，提供的功能包括配置维护、域名服务、分布式同步、组服务等，用来管理和监测 Hadoop 集群。

6. Flume

Flume 是一个高可用、高可靠、分布式的对海量日志进行采集、聚合和传输的系统，它支持在日志系统中定制各类数据发送方，用于收集数据。同时，Flume 可对数据进行简单处理，并将其写入各种数据接收方。

7. Kafka

Kafka 是一种高吞吐量的分布式发布订阅消息系统，它可以处理消费者在网站中的所有动作流数据。

1.2.2 Hadoop 环境的搭建

Spark 主要负责数据的计算，数据的存储通常依赖于 Hadoop 中的 HDFS 组件，资源的调度则可由 Hadoop 中 YARN 负责，因此安装 Spark 之前，需要部署好 Hadoop 基础环境。Hadoop 运行模式包括单机模式、伪分布式模式及分布式模式。其中：单机模式 (即非分布式) 为单 Java 进程，比较方便进行调试；伪分布式模式下，Hadoop 进程以分离的 Java 进程来运行，节点既作为 NameNode，也作为 DataNode，可以读取 HDFS 中的文件；分布式模式为实际生产环境模式，由若干机器构成分布式集群，协作完成大数据存储、计算等任务。本书将在 Ubuntu 20.04 操作系统环境下，按照伪分布式模式搭建 Hadoop 环境，该方式既可以体验分布式文件系统，又可以减少对硬件 (如 CPU、内存等) 的需求，同时还最大限度地减少了配置工作，帮助学习者快速搭建环境并树立学习的信心。

1. 安装 Ubuntu 系统

Hadoop、Spark 等大数据平台可以在 Windows、Linux 等系统中运行，但商业应用中通常将其部署在 Linux 系统中。考虑到多数学习者的计算机为 Windows 系统，为了减少部署难度，本书利用虚拟化工具 VirtualBox 来安装 Ubuntu 系统 (即在 Windows 系统中，创建一个 Ubuntu 虚拟机)，然后在 Ubuntu 系统中完成 Spark 开发工作。在安装虚拟机之前，需要开启计算机的 CPU 虚拟化，从而更好地分配计算资源。CPU 虚拟化需要进入计算机 BIOS 来进行设置 (不同品牌的计算机进入 BIOS 的方式略有不同，可根据品牌、主板型号等查找方法，在

此不再赘述)。

可以通过网络下载虚拟化工具 VirtualBox(https://www.virtualbox.org/) 和 Ubuntu(https://ubuntu.com/download，本书选用 Ubuntu 20.04 版)，也可以使用本书配套软件包中的版本。

安装 Ubuntu 系统的方法如下：

(1) 按照相关提示完成 VirtualBox 的安装。

(2) 打开 VirtualBox，在 VirtualBox 管理界面 (图 1-3) 中单击"新建"按钮。

(3) 在弹出的"新建虚拟电脑"窗口中，输入虚拟机名称 (如 Ubuntu_Spark)，并选择操作系统类型及版本，然后单击"下一步"按钮。

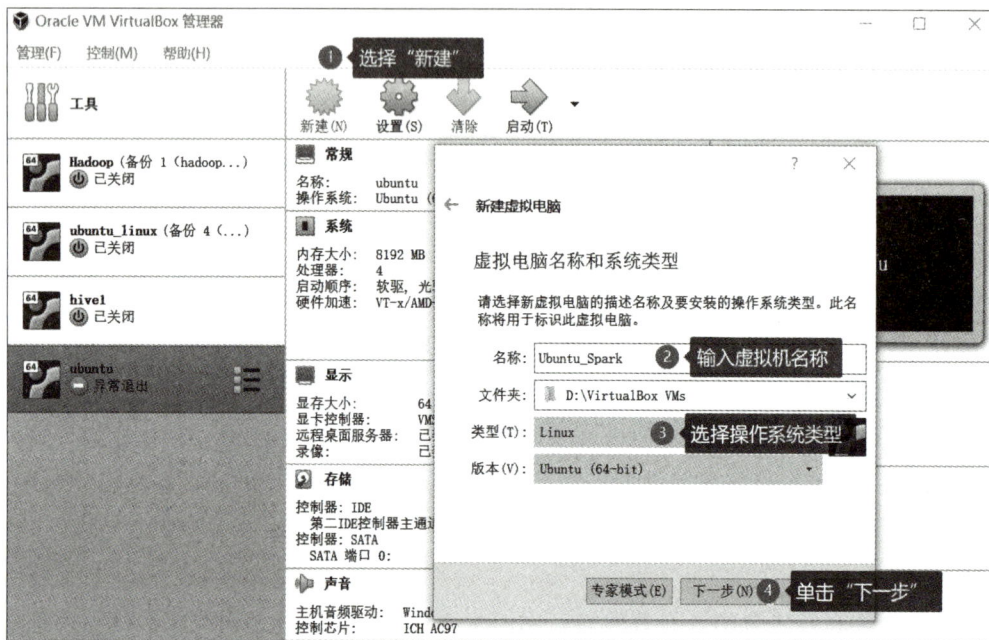

图 1-3　VirtualBox 管理界面

(4) 根据自己计算机的内存情况，设置虚拟机的内存大小 (建议 4 GB 或以上)。创建虚拟硬盘时，虚拟硬盘文件类型选择"VDI"，虚拟硬盘大小设置为"动态分配"。在设置 VDI 文件的位置与大小 (默认 10 GB) 后，创建虚拟硬盘，返回 VirtualBox 管理界面。

(5) 如图 1-4 所示，在 VirtualBox 管理界面的左侧，选择刚创建的虚拟机"Ubuntu_Spark"，单击"设置"按钮，在弹出的设置窗口中选择"存储"，控制器处选择"没有盘片"。然后单击"分配光驱"右侧的光盘图标，选择"选择虚拟盘"，找到提前下载的 Ubuntu 系统 iso 文件，单击"OK"即可。

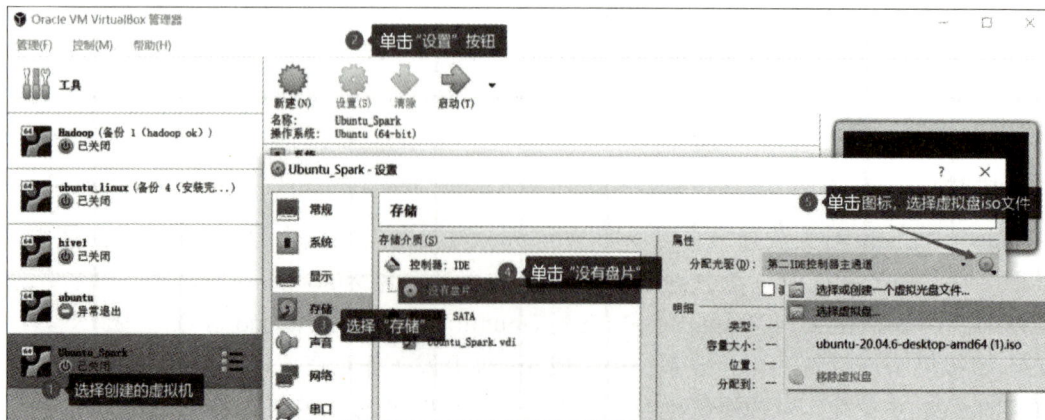

图 1-4　准备安装 Ubuntu

(6) 在返回 VirtualBox 管理器界面后，单击"启动"按钮，即可按照提示开始 Ubuntu 的安装。在安装过程中，在"设置"界面选择"中文（简体）"作为系统语言，在"用户信息"窗口输入用户名及密码，其他采用默认设置即可。

(7) Ubuntu 系统安装完毕后，通常需要配置显示分辨率，从而达到预期的视觉效果。如图 1-5 所示，在 VirtualBox 窗口中，单击菜单栏的"设备"，选择"安装增强功能"，根据提示完成安装。然后在 Ubuntu 桌面单击鼠标右键，在弹出的菜单中依次选择"显示设置""显示器"，再选择合适的分辨率即可。

图 1-5　分辨率设置

(8) 在 VirtualBox 窗口中，依次完成"自动调整显示尺寸""共享粘贴板→双向""拖放→双向"的设置，如图 1-6 所示。

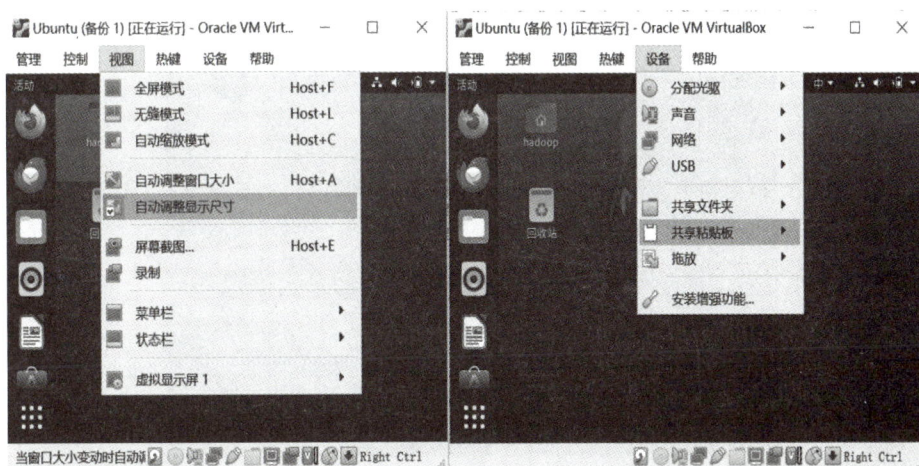

图 1-6　其他相关设置

2. 创建 hadoop 用户

Ubuntu 默认创建了一个 root 用户，该用户拥有最高权限，但直接使用 root 用户存在较大风险。为了便于后续操作和保证系统安全，最好单独创建一个用户（命名为 hadoop，密码为

123)。在 Ubuntu 中，按下 "Ctrl + Alt + T" 键打开终端窗口，如图 1-7 所示。

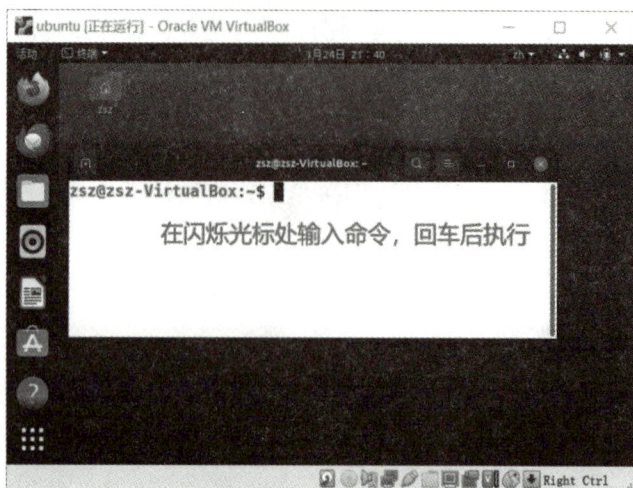

图 1-7　Ubuntu 终端

终端是用户与 Ubuntu 系统交互的主要渠道，用户可以在终端输入指令 (类似于 Windows 中的命令提示符窗口)。在刚打开的终端的光标闪烁处输入如下命令，用于创建新用户、设置密码、增加权限：

```
sudo useradd -m hadoop -s /bin/bash      # 创建一个 hadoop 用户
sudo passwd hadoop                       # 设置 hadoop 用户密码，按照提示输入两次
sudo adduser hadoop sudo                 # 将 hadoop 用户加入管理员组，以简化后续操作
sudo apt-get update                      # 更新 apt，后续使用 apt 安装分软件
```

添加完 hadoop 用户后，可以在终端输入 sudo reboot 命令重启系统 (或单击 VirtualBox 窗口右上角的 "×" 号关闭系统，而后在 VirtualBox 管理器界面中再次单击 "启动" 按钮)。重启后，选择新增的 hadoop 用户，输入密码 "123" (如图 1-8 所示)，按 "Enter" 键即可进入 Ubuntu 系统。

图 1-8　选择 hadoop 用户登录

> **小贴士**：本书后续所有的操作，均为 hadoop 用户登录完成。应记牢自己的 hadoop 用户密码 (建议在不涉及信息安全的前提下，与本书同步，将 hadoop 用户密码设置为 123)。

3. 设置 SSH 免密登录

通常 Hadoop 集群包含若干个节点 (计算机)，节点间相互访问需要用到 SSH(类似于远程登录，允许用户远程登录某台 Linux 主机并执行相关命令)。Ubuntu 默认已安装了 SSH client，但还需要安装 SSH server，并进一步设置 SSH 免密登录。在 Ubuntu 终端输入如下命令：

sudo apt-get install openssh-server	# 安装 SSH server，系统提示"您希望继续执行吗？[Y/n]"，输入"y"或"R"即可
ssh localhost	# 通过 SSH 方式登录本机，此过程会有相关提示，输入"yes"及 hadoop 用户密码
exit	# 退出上述 ssh localhost 命令
cd ~/.ssh/	# 若没有该目录，则先执行一次 ssh localhost 命令
ssh-keygen -t rsa	# 会有若干提示，连续按"Enter"键即可
cat ./id_rsa.pub >> ./authorized_keys	# 加入授权

完成上述操作后，输入 ssh localhost 命令，无须再输入密码就可以直接登录了，如图 1-9 所示。设置无误后，输入 exit 命令退出 SSH 模式。

图 1-9　SSH 无密码登录

4. 安装 JDK

Hadoop 的运行需要依赖 JDK(Java Development Kit，Java 开发工具包)，因此在安装 Hadoop 前需要安装并配置好 JDK。为了存放后续的各种安装包，在 hadoop 用户的主目录 (/home/hadoop) 下，使用如下命令创建子目录 soft：

```
mkdir /home/hadoop/soft
```

可以在图形用户界面中单击桌面左上角的 hadoop 目录图标，然后在弹出的"主目录"窗口中单击鼠标右键，新建 soft 文件夹，如图 1-10 所示。

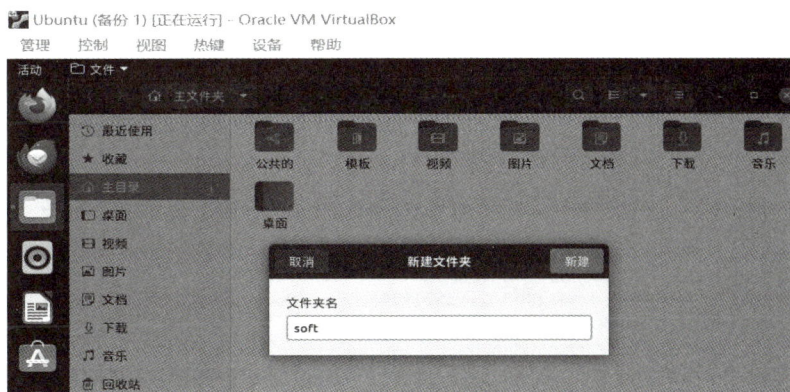

图 1-10　新建文件夹

> 小贴士：Ubuntu 目录类似于 Windows 的文件夹，系统默认为每个用户创建一个主目录。例如，hadoop 用户的主目录为 /home/hadoop。

读者可以到 Java 官网 (https://www.java.com/zh_CN/) 下载 JDK，建议 1.8 以上版本 (笔者下载的 JDK 版本为 jdk-8u221-linux-x64.tar.gz)，并将 JDK 保存于 /home/hadoop/soft 目录 (可使用 Ubuntu 自带的浏览器下载 JDK，并将其复制到该目录中；或者在 Windows 环境中下载后，将其拖拽到 Ubuntu 的 soft 目录中)。下载完毕后，使用以下命令完成安装包的解压等相关操作：

```
cd /home/hadoop/soft                                          # 进入 hadoop 用户主目录
sudo tar -zxvf jdk-8u221-linux-x64.tar.gz -C /usr/local       # 将 JDK 解压到 /usr/local，C 为大写
sudo mv /usr/local/jdk1.8.0_221/ /usr/local/jkd1.8            # 为解压后的文件夹改名
```

接下来，继续执行 gedit ~/.bashrc 命令，打开 .bashrc 文件 (也可使用 vi、vim 等编辑器，但对于 Linux 初学者而言，geidt 更加友好)，设置环境变量。在 .bashrc 文件头部添加如下内容，指明 Java 虚拟机位置、类路径等信息：

```
export JAVA_HOME=/usr/local/jdk1.8
export JRE_HOME={JAVA_HOME}/jre
export CLASSPATH=.:${JAVA_HOME}/lib:${JRE_HOME}/lib
export PATH=$PATH:${JAVA_HOME}/bin
```

保存上述设置后，使用 source ~/.bashrc 命令使配置生效，然后输入 java -version 命令查看是否安装成功。若 JDK 安装配置成功，则会显示 Java 版本信息。执行命令与显示结果如下：

```
hadoop@zsz-VirtualBox:~/soft$ java -version
java version "1.8.0_221"
Java(TM) SE Runtime Environment (build 1.8.0_221-b11)
Java HotSpot(TM) 64-Bit Server VM (build 25.221-b11, mixed mode)
```

5. 安装 Hadoop

进入 Hadoop 官网 (http://hadoop.apache.org/)，按照页面提示选择 Hadoop 版本 (笔者下载的版本为 hadoop-3.3.5.tar.gz)，下载完毕后，将其置于目录 /home/hadoop 下。使用如下命令完成 Hadoop 包的解压、重命名等工作：

```
cd /home/hadoop/soft                                       # 进入 soft 目录
sudo tar -zxvf hadoop-3.3.5.tar.gz -C /usr/local          # 将 Hadoop 包解压到 /usr/local 目录
sudo mv /usr/local/hadoop-3.3.5/ /usr/local/hadoop        # 为目录改名，便于后续操作
sudo chown -R hadoop:hadoop /usr/local/hadoop             # 将目录拥有者改为 hadoop 用户
```

完成解压等工作后，可以使用 /usr/local/hadoop/bin/hadoop version 命令显示 Hadoop 的版本信息，从而验证安装是否成功，如图 1-11 所示。

```
hadoop@zsz-VirtualBox:~/soft$ /usr/local/hadoop/bin/hadoop  version
Hadoop 3.3.5
Source code repository https://github.com/apache/hadoop.git -r 706d88
266abcee09ed78fbaa0ad5f74d818ab0e9
Compiled by stevel on 2023-03-15T15:56Z
Compiled with protoc 3.7.1
From source with checksum 6bbd9afcf4838a0eb12a5f189e9bd7
This command was run using /usr/local/hadoop/share/hadoop/common/hado
op-common-3.3.5.jar
```

图 1-11　显示 Hadoop 版本

6. 修改 Hadoop 配置文件

接下来修改 Hadoop 的两个配置文件 (core-site.xml 和 hdfs-site.xml，位于 /usr/local/hadoop/ etc/hadoop/ 目录下)，Hadoop 的配置文件是 xml 格式，每个配置以声明 property 的 name、value 标签来实现。使用 gedit /usr/local/hadoop/etc/hadoop/core-site.xml 命令，修改 core-site.xml 配置文件的 configuration 标签部分：

```
<configuration>
</configuration>
```

在 configuration 标签内部，添加如下内容 (指定 HDFS 的临时路径和集群信息)：

```
<configuration>
<property>
    <name>hadoop.tmp.dir</name>
    <value>file:/usr/local/hadoop/tmp</value>
    <description>Abase for other temporary directories.</description>
</property>
<property>
    <name>fs.defaultFS</name>
    <value>hdfs://localhost:9000</value>
 </property>
</configuration>
```

按照同样的方法，使用 gedit /usr/local/hadoop/etc/hadoop/hdfs-site.xml 命令，修改 hdfs-site.xml 的 configuration 标签 (指定 NameNode、DataNode 的路径)：

```
<configuration>
  <property>
    <name>dfs.replication</name>
    <value>1</value>
  </property>
  <property>
    <name>dfs.namenode.name.dir</name>
    <value>file:/usr/local/hadoop/tmp/dfs/name</value>
  </property>
  <property>
    <name>dfs.datanode.data.dir</name>
    <value>file:/usr/local/hadoop/tmp/dfs/data</value>
  </property>
</configuration>
```

使用 /usr/local/hadoop/bin/hdfs namenode -format 命令，完成 NameNode 的格式化处理。在执行过程中，如果提示是否格式化文件系统，输入 "y" 即可，如图 1-12 所示。

```
20/02/07 12:08:53 INFO metrics.TopMetrics: NNtop conf: dfs.namenode.top.windows.minutes = 1,5,25
20/02/07 12:08:53 INFO namenode.FSNamesystem: Retry cache on namenode is enabled
20/02/07 12:08:53 INFO namenode.FSNamesystem: Retry cache will use 0.03 of total heap and retry cach
e entry expiry time is 600000 millis
20/02/07 12:08:53 INFO util.GSet: Computing capacity for map NameNodeRetryCache
20/02/07 12:08:53 INFO util.GSet: VM type        = 64-bit
20/02/07 12:08:53 INFO util.GSet: 0.0299999993329447746% max memory 966.7 MB = 297.0 KB
20/02/07 12:08:53 INFO util.GSet: capacity        = 2^15 = 32768 entries
Re-format filesystem in Storage Directory /usr/local/hadoop/tmp/dfs/name ? (Y or N) y
20/02/07 12:08:56 INFO namenode.FSImage: Allocated new BlockPoolId: BP-1655916847-127.0.1.1-15810485
```

图 1-12　NameNode 格式化

输 入 /usr/local/hadoop/sbin/start-dfs.sh 命 令， 开 启 NameNode 和 DataNode 守 护 进程。启动结束后，继续输入 jps 命令，若成功启动，则会列出 NameNode、DataNode 和 SecondaryNameNode 等进程，如图 1-13 所示。至此，Hadoop 伪分布配置结束。

```
hadoop@zsz-VirtualBox:~$ /usr/local/hadoop/sbin/start-dfs.sh
Starting namenodes on [localhost]
Starting datanodes
Starting secondary namenodes [zsz-VirtualBox]
hadoop@zsz-VirtualBox:~$ jps
5750 Jps
5623 SecondaryNameNode
5384 DataNode
5242 NameNode
```

图 1-13　检查 Hadoop 是否启动

> **小贴士**：如果显示的进程中没有 NameNode 或 DataNode，则配置不成功，应仔细检查之前的步骤，或通过查看启动日志来排查原因。

1.2.3　Hadoop 平台初步体验

成功启动 NameNode、DataNode 后，在浏览器中输入 http://localhost:9870 访问 Hadoop Web 界面，可以查看 NameNode 和 DataNode 相关信息，还可以在线查看 HDFS 分布式文件系统中的文件依次选择 "Utilities" "Browse the file system" 即可，如图 1-14 所示。

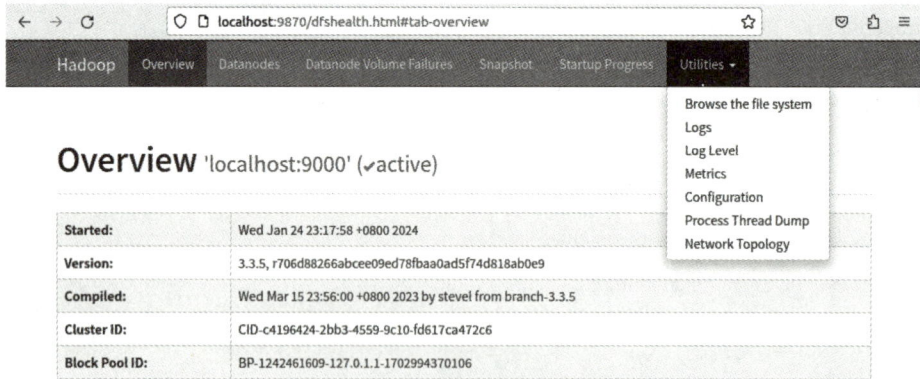

图 1-14　Hadoop Web 页面

搭建完 Hadoop 环境后，还可以通过命令方式来使用 HDFS，以下为几个典型的操作：

```
cd /usr/local/hadoop/bin                        # 进入 Hadoop 命令目录
./hdfs dfs -mkdir -p /user/hadoop               # 按照 Hadoop 文档要求，创建 /user/hadoop 目录
./hdfs dfs -mkdir -p myhadoop                   # 在上述目录下创建 myhadoop 子目录
./hdfs dfs -put /home/hadoop/myfile.txt myhadoop # 将本地文件 myfile.txt 上传到 myhadoop 目录中
./hdfs dfs -get myhadoop home/hadoop/           # 将 myhadoop 目录下载到本地
```

熟悉上述几个典型操作后即可无障碍地完成后续操作 (关于 Hadoop 的其他操作，可以登录 Hadoop 官网查询或查找 Hadoop 相关书籍)。

任务实施

本任务的实施思路与过程如下：

(1) 按照知识储备中的介绍，独立完成 Ubuntu 系统的安装 (在使用 VirtualBox 安装 Ubuntu 前，部分计算机需要开启 CPU 等硬件虚拟化)。

(2) 在 Ubuntu 系统中，按照前述说明完成 Hadoop 伪分布模式的配置。

(3) 使用命令操作 HDFS，相关内容如下：

```
# 启动 Hadoop 相关服务
/usr/local/hadoop/sbin/start-all.sh
# 进入 HDFS 命名目录
cd /usr/local/hadoop/bin
# 创建 /user/hadoop 目录，作为 hadoop 用户的操作目录
./hdfs dfs -mkdir -p /user/hadoop
# 创建一个 data 子目录
./hdfs dfs -mkdir data
# 在浏览器中查看创建的目录，网址为 http://localhost:9870
# 上传文件 test1.txt ( 位于本地 /home/hadoop/data) 到 data 目录中
/hdfs dfs -put /home/hadoop/data/test1.txt data
# 上传文件 test2.txt ( 位于本地 /home/hadoop/data) 到 data 目录中
/hdfs dfs -put /home/hadoop/data/test2.txt data
# 查看 data 目录下的文件
./hdfs dfs -ls data
# 删除 test2.txt 文件
./hdfs dfs -rm data/test2.txt
# 将 test1.txt 文件下载到本地 /home/hadoop 目录下
./hdfs dfs -get data/test1.txt /home/hadoop
# 删除 HDFS 的 data 目录
./hdfs dfs -rm -r data
```

任务 1.3　部署 Spark 计算平台

部署 Spark
计算平台

任务分析

既然 Hadoop 中已经有了 MapReduce 计算引擎，为什么还需要 Spark 呢？这是因为与 Hadoop MapReduce 相比，Spark 基于内存计算并拥有巨大的性能优势。本任务将带领读者走进 Spark 的世界，部署自己的 Spark 计算平台，并初步体验 Spark 分布式计算引擎。本任务的工作

内容及相关知识点如表 1-5 所示。

表 1-5 工作内容及相关知识点

工 作 内 容	相关知识点
了解 Spark 框架及运行过程	Spark 相关概念
在 Ubuntu 系统中搭建 Spark 计算平台	Spark 平台部署
进入 Spark Shell 环境，初步体验大数据编程	Spark Shell

完成 Spark 部署后，进入 Spark Shell 开发环境，代码与运行结果如图 1-15 所示。

```
scala> 10*5 + 5*10
res16: Int = 100

scala> println("你好，Spark! ")
你好，Spark!

scala> println("今天是"+java.time.LocalDate.now())
今天是2024-01-25
```

图 1-15 代码与运行结果

知识储备

1.3.1 初识 Spark

Apache Spark 是用于大规模数据处理的统一分析引擎，它是由加州大学伯克利分校 AMP 实验室开发的通用内存并行计算框架，用于构建大型、低延迟的数据分析应用程序。Spark 扩展了 MapReduce 计算模型，可以高效地支撑更多的计算模式，包括交互式查询以及流式数据的处理等。Spark 的一个主要特点是能够在内存中进行计算，因此 Spark 比 MapReduce 更加高效。

1. Spark 生态圈

与 Hadoop 类似，Spark 也有自己的生态圈，Spark 生态圈也称为"伯克利数据分析栈"，简称 BDAS。它是力图在算法 (Algorithms)、机器 (Machines)、人 (People) 之间通过大规模集成来展现大数据应用的一个平台。该生态圈已经涉及机器学习、数据挖掘、数据库、信息检索、自然语言处理和语音识别等多个领域，如图 1-16 所示。

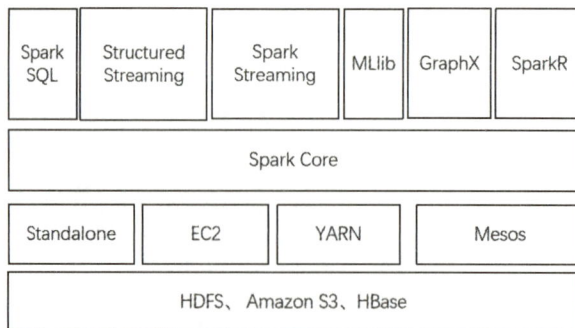

图 1-16 Spark 生态圈

(1) Spark Core：将分布式数据抽象为弹性分布式数据集 (Restlient Distributed Dataset，RDD)，实现了应用任务调度、RPC(Remote Procedure Call，远程过程调用) 序列化和压缩，并为运行在其上的上层组件提供 API(Application Programming Interface，应用程序接口)。它是

Spark 体系的基础 (核心) 组件。

(2) Spark SQL：Spark 操作 (处理) 结构化数据的模块，它支持 Hive 表、parquet、JSON 以及数据库表等多种数据源，可以让开发人员使用 SQL 语句来分析数据。

(3) Spark Streaming 和 Structured Streaming：针对实时数据进行流式计算的组件。

(4) MLlib：提供常用机器学习算法的实现库，为大数据领域的机器学习提供了新实践。

(5) GraphX：分布式图计算框架，能高效进行图计算。

2. Spark 大数据处理引擎的特点

Spark 大数据处理引擎具有如下特点：

(1) 高效性。如图 1-17 所示，与 Hadoop 相比，Spark 的运行速度提高了 100 倍。Apache Spark 使用先进的 DAG 图 (Directed Acyclic Graph，有向无环图) 调度程序、查询优化程序和物理执行引擎，实现批量和流式数据的高性能处理。

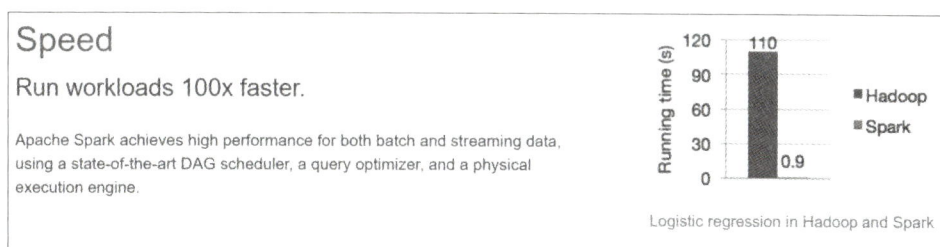

图 1-17　Spark 的高效性 (选自 Spark 官网)

(2) 易用性。Spark 支持 Scala、Java、Python、R 等语言，还支持超过上百种高级算法，使用户可以快速构建不同的应用。而且 Spark 支持 Scala、Python 交互式编程，可方便地验证分布式集群中的解决方案。

(3) 通用性。Spark 可以用于批处理、交互式查询 (Spark SQL)、实时流处理 (Spark Streaming)、机器学习 (MLlib) 和图计算 (GraphX) 等，这些不同类型的处理都可以在同一个应用中无缝衔接。Spark 统一的解决方案非常具有吸引力，使用统一的平台处理业务，可大幅减少开发和维护的人力成本以及部署平台的物力成本。

(4) 兼容性。Spark 可以非常方便地与其他开源产品进行融合。例如，Spark 可以使用 Hadoop 的 YARN 和 Apache Mesos 作为它的资源管理和调度器，并且可以处理所有 Hadoop 支持的数据 (包括 HDFS、HBase 和 Cassandra 等)。针对已经部署了 Hadoop 集群的用户而言，不需要做任何数据迁移就可以使用 Spark 的强大处理能力。Spark 也可以不依赖于第三方的资源管理和调度器，它实现了 Standalone 作为其内置的资源管理和调度框架，这进一步降低了 Spark 的使用门槛。

1.3.2　Spark 的运行过程

在正式学习 Spark 之前，先了解几个概念，从而更容易理解 Spark 程序的运行框架与运行过程。

(1) Application：基于 Spark 的用户程序，即由用户编写的调用 Spark API 的应用程序，其入口为用户所定义的 main 方法。

(2) SparkContext：Spark 所有功能的主要入口点，它是用户逻辑与 Spark 集群主要的交互接口。通过 SparkContext 可以连接到集群管理器 (Cluster Manager)，能够直接与集群 Master 节点进行交互，并能够向 Master 节点申请计算资源，也能够将应用程序用到的 JAR 包或 Python 文件发送到多个执行器 (Executor) 节点上。

(3) Cluster Manager：集群管理器 (也称为资源管理器)，它存在于 Master 进程中，主要用来对应用程序申请的资源进行管理。

(4) Worker Node：任何能够在集群中运行 Spark 应用程序的节点。

(5) Executor：执行器，它是一个在工作节点 (Worker Node) 上的进程，负责运行任务。它能够运行 Task，并将数据保存在内存或磁盘中，也能够将结果数据返回给 Driver(驱动节点)。

(6) Task：由 SparkContext 发送到 Executor 节点上执行的一个工作单元。

Spark 的运行框架如图 1-18 所示。应用程序的 main 方法创建 SparkContext 来协调各进程；SparkContext 连接集群管理器 (Cluster Manager， 可以是 Mesos、YARN 或 Spark 自带的管理器)，并由集群管理器分配 Worker Node 上的资源；SparkContext 将 Task 发送给 Worker Node 的 Executor 去执行。

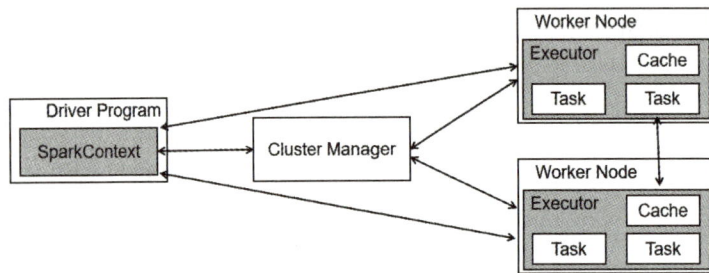

图 1-18　Spark 的运行框架

Spark 的运行过程如图 1-19 所示，具体如下：

(1) 构建 Spark Application 的运行环境，启动 SparkContext。SparkContext 向集群管理器注册，并申请运行 Executor 资源 (如 CPU、内存等)。

(2) Cluster Manager 为 Executor 分配资源并启动 Executor 进程，Executor 的运行情况将随着 Heartbeat(心跳) 发送到 Cluster Manager 上。

(3) Executor 将分配情况反馈给集群管理器。

(4) 在 SparkContext 中，构建 DAG 图，并将 DAG 图分解成多个 Stage(阶段)，然后把每个 Stage 的 Taskset(任务集) 发送给 Task Scheduler (任务调度器)。Executor 向 SparkContext 申请 Task。

(5) Task Scheduler 将 Task 发送给 Executor， 同时 SparkContext 将应用程序代码发送给 Executor。

(6) Task 在 Executor 上运行，把执行结果反馈给 Task Scheduler， 然后再反馈给 DAG Scheduler。运行完毕后写入数据，SparkContext 向 Cluster Manager 注销并释放所有资源。

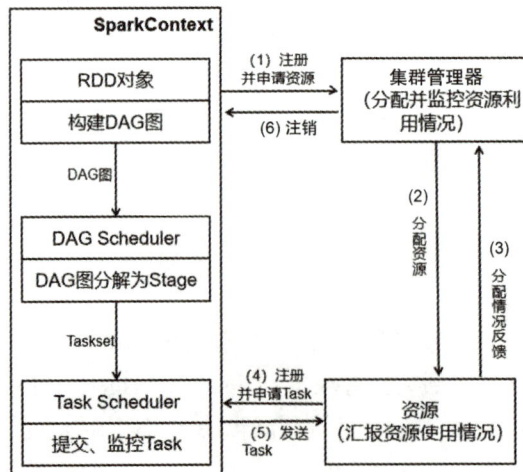

图 1-19　Spark 的运行过程

小贴士：该小节涉及了 Spark 的多个概念，初学者了解即可，在后续的编程实践中，可以加深理解。

1.3.3　Spark 与 Hadoop 的比较

Hadoop 已经成了大数据技术的事实标准，Hadoop 中的 MapReduce 也大量应用于数据批处理作业中，但其存在延迟过高等明显缺陷，无法胜任实时、快速计算需求。Hadoop 的主要问题表现在以下几个方面：

(1) 表达能力有限。所有计算都需要转换成 Map 和 Reduce 两个操作，对于复杂的数据处理过程难以描述，因此 Hadoop 不能适用于所有场景。

(2) 磁盘 I/O 开销大。Hadoop 中的 MapReduce 要求每个步骤间的数据序列化到磁盘，所以 I/O 成本很高，导致交互分析和迭代算法开销很大，而几乎所有的最优化和机器学习都需要大量迭代，因此 Hadoop 不适合于交互分析和机器学习。

(3) 计算延迟高。如果想要完成比较复杂的工作，就必须将一系列的 MapReduce 作业串联起来，然后按顺序执行，只有在前一个作业完成之后下一个作业才能开始启动，而且每一个作业都可能是高延迟的。因此，Hadoop 不能胜任比较复杂、多阶段的计算服务。

正是由于 Hadoop 存在以上缺陷，所以新的解决方案不断提出。Spark 在 2014 年打破了 Hadoop 保持的基准排序记录，使用 206 个节点在 23 min 的时间里完成了 100 TB 数据的排序，而 Hadoop 则使用 2000 个节点花了 72 min 才完成相同数据的排序。也就是说，Spark 只使用了 10% 的计算资源，就获得了 3 倍的速度。Spark 之所以取得如此瞩目的成绩，是因为 Spark 借鉴了 Hadoop 中的 MapReduce 技术，继承了其分布式并行计算的优点并改进了 MapReduce 的缺陷。其具体优势如下：

(1) Spark 基于内存计算，把中间结果放到内存中，带来了更高的迭代运算效率。通过支持有向无环图的分布式并行计算，Spark 减少了迭代过程中数据需要写入磁盘的需求，提高了处理效率。

(2) Spark 提供了一个全面、统一的框架，用于满足各种有着不同性质数据集 (结构化、非结构化) 和数据源 (批数据、流数据) 的大数据处理需求。此外，Spark 使用函数式编程范式扩展了 MapReduce 模型，从而可以支持更多计算类型。Spark 使用内存缓存来提升性能，因此进行交互式分析也足够快速，缓存的同时提升了迭代算法的性能，这使得 Spark 非常适合机器学习等任务。

(3) Spark 比 Hadoop 更加通用。Hadoop 只提供了 Map 和 Reduce 两种操作，而 Spark 提供的数据集操作类型更加丰富，可以支持更多类型的应用。

(4) Spark 基于 DAG 图的任务调度执行机制比 Hadoop 中 MapReduce 的迭代执行机制更优越。Spark 各个节点之间的通信模型，不像 Hadoop 只有 Shuffle 一种模式，开发者可以使用 DAG 图开发复杂的多步数据管道，控制中间结果的存储、分区等。

图 1-20 演示了 MapReduce 与 Spark 的执行流程，Hadoop 中的 MapReduce 不适合迭代计算，因为每次迭代都需要从磁盘中读取数据，向磁盘中写入中间结果，而且每个任务都需要从磁盘中读取数据，处理的结果也要写入磁盘，磁盘 I/O 开销很大。而 Spark 将数据载入内存后，后面的迭代都可以直接使用内存中的中间结果做计算，从而避免了从磁盘中频繁读取数据。对于多维度随机查询也是一样的，在对 HDFS 同一批数据做成百或上千维度查询时，Hadoop 每做一个独立的查询，都要从磁盘中读取这个数据，而 Spark 只需要从磁盘中读取一次，就可以针

对保留在内存中的中间结果进行反复查询。

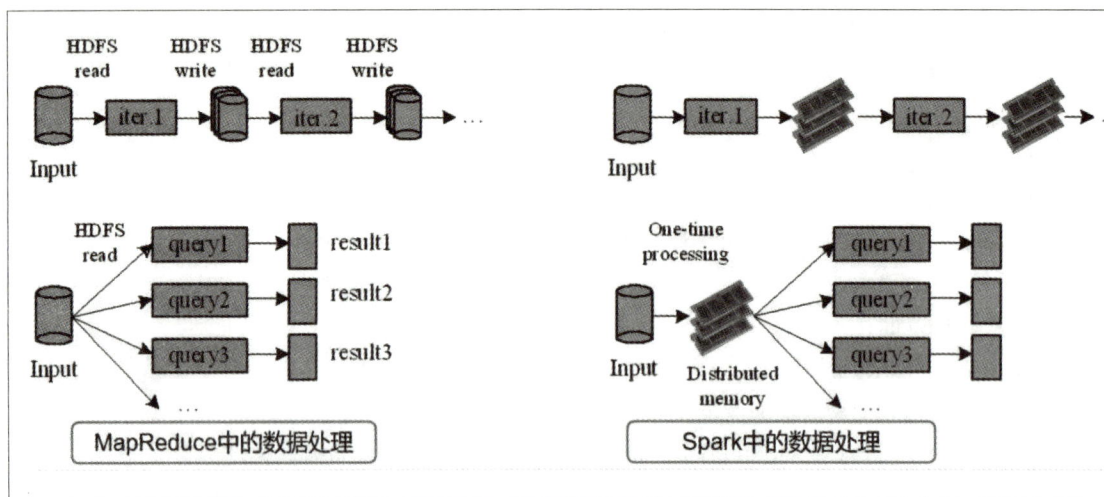

图 1-20　MapReduce 与 Spark 执行流程对比

需要注意的是，尽管 Spark 在计算方面有较大优势，但目前来看 Spark 并不会完全取代 Hadoop。因为 Spark 是基于内存进行数据处理的，所以不适合于数据量特别大、对实时性要求不高的场合。另外，Hadoop 可以使用廉价的通用服务器来搭建集群，而 Spark 对硬件要求比较高，特别是对内存和 CPU 有更高的要求。此外，Hadoop 也提供了 Spark 不具备的高可靠分布式存储以及高性能资源调度器。当前更多的业务场景是将 Spark 与 Hadoop 协同起来（例如，利用 Hadoop HDFS 存储管理数据，利用 Hadoop YARN 调度资源，利用 Spark 完成数据计算），发挥各自优势，提升整体效能。

1.3.4　Spark 计算平台的部署

Spark 部署模式主要有 4 种，包括 Local 模式（单机模式）、Standalone 模式（使用 Spark 自带的简单集群管理器）、Spark on YARN 模式（使用 YARN 作为集群管理器）和 Spark on Mesos 模式（使用 Mesos 作为集群管理器）。

(1) 单机模式。顾名思义，单机模式即不采用集群方式，而仅用一台机器完成相关处理。该模式对计算机硬件环境的要求最低、部署最为简便，尤为适合 Spark 应用开发、测试等工作，对于初学者而言最为友好。

(2) Standalone 模式。Spark 框架本身自带了完整的资源调度管理服务，可以独立部署到一个集群中，而不需要依赖其他系统来为其提供资源管理调度服务，该模式即 Standalone 模式。在架构的设计上，Spark 与 MapReduce 1.0 一致，都是由一个 Master 和若干个 Slave 构成的，并且以槽 (slot) 作为资源分配单位。

(3) Spark on YARN 模式。Spark 可运行于 Hadoop YARN 之上，与 Hadoop 进行统一部署，即"Spark on YARN"。该部署模式下，资源管理和调度都依赖 YARN，分布式存储则依赖 HDFS。

(4) Spark on Mesos 模式。在该部署模式中，Spark 程序所需要的各种资源都由 Mesos(一种资源调度管理框架) 负责调度。由于 Mesos 和 Spark 存在一定的"血缘"关系，因此 Spark 框架在进行设计开发时，就充分考虑了对 Mesos 的支持。相对而言，Spark 运行在 Mesos 上，要比运行在 YARN 上更加灵活、自然。

本书后续的开发默认采用单机模式，该方式对硬件资源的需求相对少，便于练习，并且在该模式下开发的应用程序，打包后可以通过命令便捷地部署到分布式环境中。单机模式下

Spark 计算平台的具体部署过程如下：

(1) 下载 Spark 安装包。

进入 Spark 官网 (http://spark.apache.org/)，依据相应提示下载 Spark 包，如图 1-21 所示。因为我们已安装了 Hadoop，所以在"Choose a package type"后面需要选择"Pre-build with user-provided Apache Hadoop"，然后单击"Download Spark"后面的"spark-3.4.2-bin-without-hadoop.tgz"下载即可。下载完毕后，将安装包置于 /home/hadoop/soft 目录下。

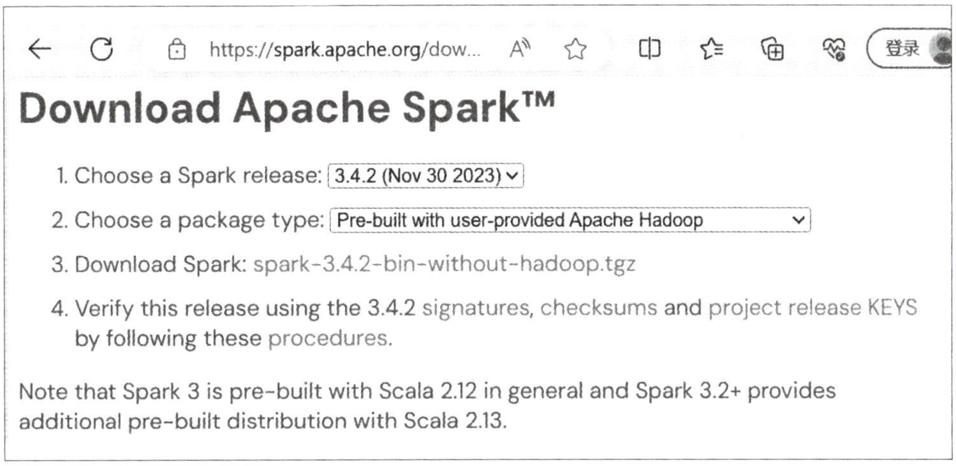

图 1-21　下载 Spark 包

(2) 解压 Spark 安装包。

在 Ubuntu 终端使用以下命令将 Spark 安装包解压到 /usr/local 目录下，并完成授权等工作：

```
cd /home/hadoop/soft                                      # 进入 soft 目录 ( 假设 Spark 安装包位于该目录下 )
sudo tar -zxf spark-3.4.2-bin-without-hadoop.tgz  -C  /usr/local        # 解压到 /usr/local 目录下
sudo mv /usr/local/spark-3.4.2-bin-without-hadoop/  /usr/local/spark    # 重命名
sudo chown -R  hadoop:hadoop  /usr/local/spark                          # 授权给 hadoop 用户及 hadoop 组
```

(3) 配置 Spark。

进入 /usr/local/spark/conf 目录，复制一份文件 spark-env.sh，相关命令如下：

```
cd /usr/local/spark/conf
cp ./spark-env.sh.template ./spark-env.sh              # 复制一份配置文件
```

针对文件 spark-env.sh，使用 gedit ./spark-env.sh 命令编辑，在文件的第一行添加以下配置信息：

```
export SPARK_DIST_CLASSPATH=$(/usr/local/hadoop/bin/hadoop classpath);
```

完成以上信息的配置，Spark 就可以把数据存储到 HDFS 中，也可以从 HDFS 中读取数据。如果没有配置该信息，Spark 就只能读写本地数据，无法读写 HDFS 数据。

(4) 验证 Spark 是否安装成功。

使用以下命令运行 Spark 自带的示例 (计算圆周率的值)，验证 Spark 是否安装成功：

```
cd /usr/local/spark/bin
./run-example SparkPi              # 运行 SparkPi 示例
```

若 Spark 安装成功，则会显示如图 1-22 所示的信息。

图 1-22　验证 Spark 部署是否成功

（5）Spark Shell 环境下的开发。

在学习 Spark 数据分析的初期，建议使用 SparkShell 交互式环境，从而加深对 Spark 程序运行的理解。Spark Shell 是 Spark 的交互式执行环境 (Read-Eval-Print Loop，交互式解释器)，在该环境下用户输入一条语句，Spark 会立即执行语句并返回结果，因此可即时查看中间结果，进而对程序进行修改，在很大程度上提升了学习效率。在 Ubuntu 终端执行以下命令，进入 Spark Shell 环境：

```
cd /usr/local/spark/bin
./spark-shell          # 启动 Spark Shell
```

进入 Spark Shell 后，会显示当前的 Spark 版本信息 (如图 1-23 所示)，在 "scala>" 提示符后面，可以输入程序代码。例如，若输入 println(" 小伙伴们，现在开启奇妙的 Spark 之旅！ ")，则下一行会立即返回执行结果 (即打印相应的内容)；若输入代码 10+20，则下一行会立即返回计算结果 30。

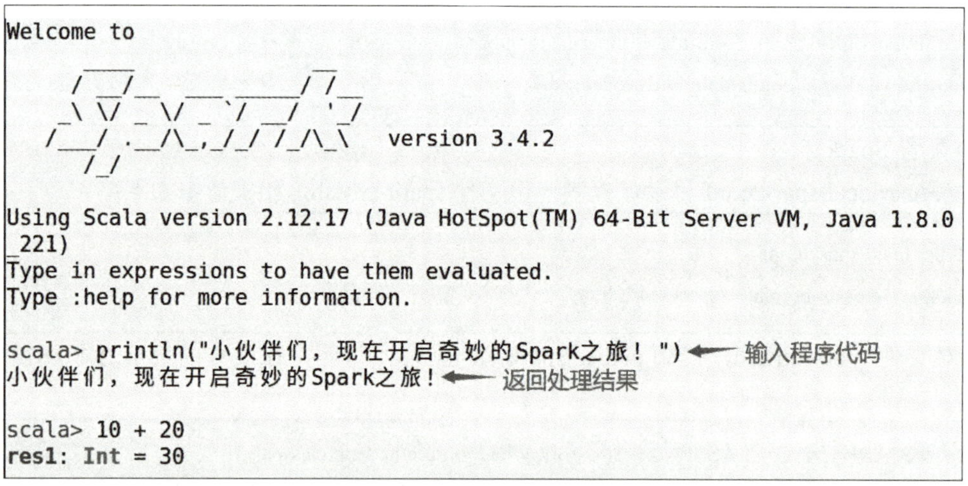

图 1-23　Spark Shell 的使用

> **小贴士：** println() 是内置的函数，用于打印 (屏幕输出) 一段文本 (字符串)。只需要将文本 (字符串) 用双引号引起来并放入括号内，即可在屏幕上显示其内容。

（6）Spark Web UI 监控。

与 Hadoop 类似，Spark 也有 Web UI 监控页面，默认端口为 4040。在浏览器中输入 http://localhost:4040/，可以看到类似图 1-24 所示的页面，在该页面中可以查看若干程序的执行信息，包括 Job 列表、Stage 执行阶段信息、环境信息等。

图 1-24   Spark Web UI 监控页面

为了后续能快速进入 Spark Shell 环境，在 Ubuntu 终端可以执行 gedit ~/.bashrc 命令来编辑 bashrc 文件，添加如下信息：

```
export HADOOP_HOME=/usr/local/hadoop
export PATH=$PATH:$HADOOP_HOME/bin:$HADOOP_HOME/sbin
export SPARK_HOME=/usr/local/spark
export PATH=$PATH:$SPARK_HOME/bin
```

在保存 bashrc 文件后，使用 source ~/.bashrc 命令更新环境变量即可。

1.3.5   本书配套虚拟机的使用

为了最大限度降低学习 Spark 的准入门槛，本书的配套资源中包含了配置好环境的 Ubuntu 虚拟机 (内含 Hadoop、Spark、MySQL、IntelliJ IDEA 等，可满足本书全部内容的学习需求)，读者可在 VirtualBox 中直接导入，从而省略环境搭建的过程。

VirtualBox 是一款免费开源的虚拟化容器。借助该工具，可以在 Windows 系统中创建虚拟的 Ubuntu 环境。在下载 VirtualBox(https://www.virtualbox.org/) 并安装后，依次单击 "管理" "导入虚拟电脑"，如图 1-25 所示。

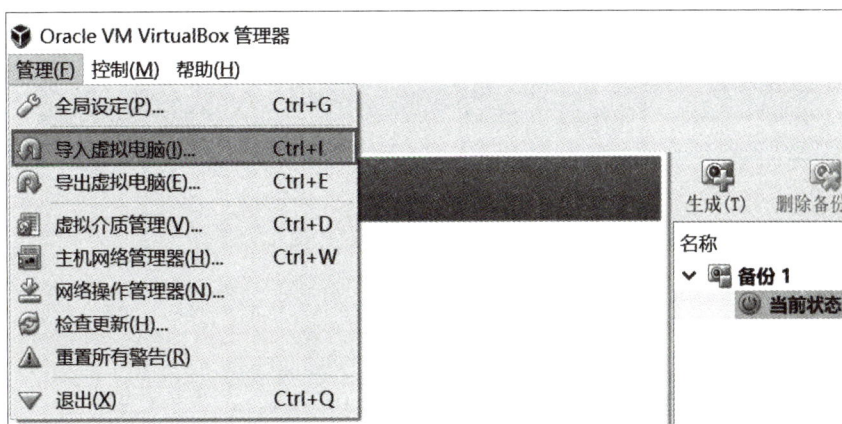

图 1-25   导入虚拟电脑

在弹出的"导入虚拟电脑"页面中，选择已经下载好的虚拟机，按照提示操作即可完成虚拟机的导入工作。导入成功后，在 VirtualBox 虚拟机列表中可以看到该虚拟机。选择导入的虚拟机，然后单击"启动"按钮 (如图 1-26 所示)，即可进入 Ubuntu 系统。

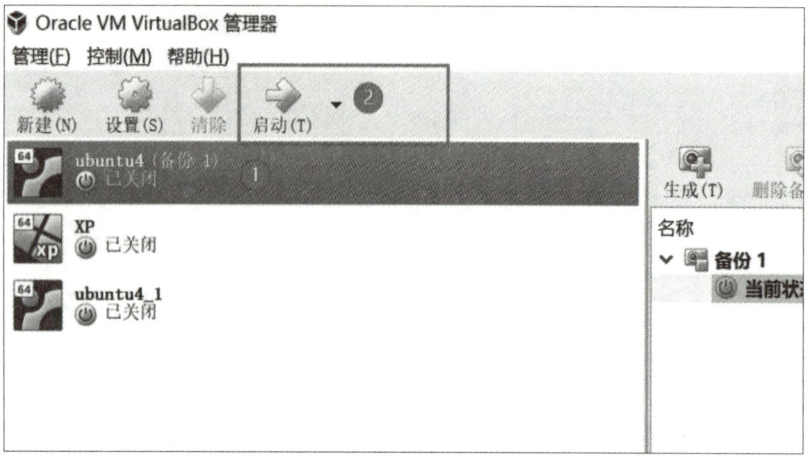

图 1-26　启动虚拟机

启动 Ubuntu 后，在用户选择界面中，选择"hadoop"用户 (如图 1-27 所示)，输入密码"123"，然后按"Enter"键，即可进入系统。本书后续内容均在 hadoop 用户下完成。

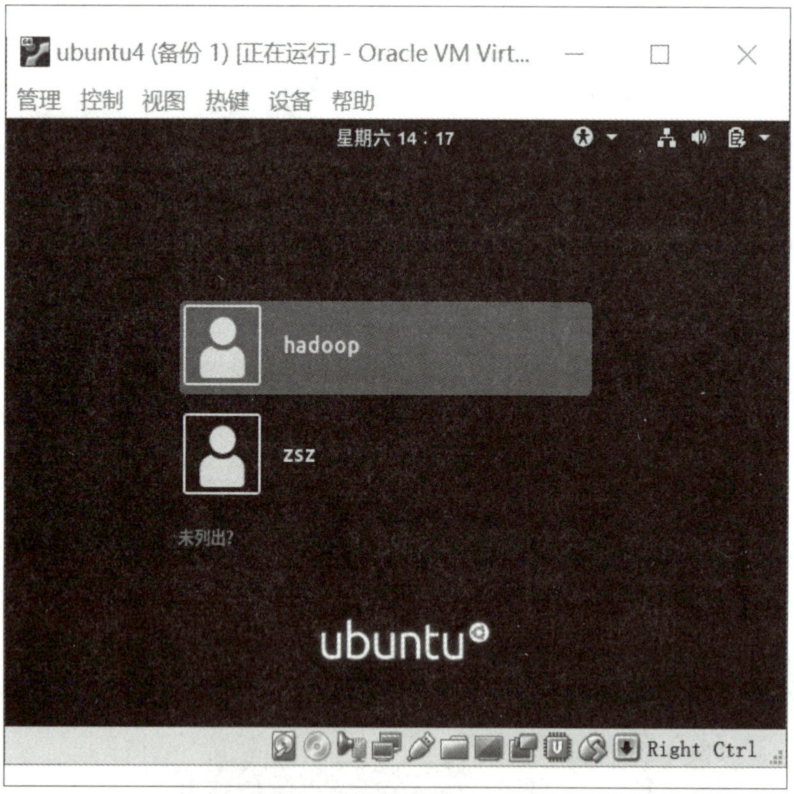

图 1-27　选择"hadoop"用户

任务实施

【源代码：1.3 任务实施代码】

本任务的实施思路与过程如下：

(1) 在自己的计算机上完成 Spark 的部署 (具体过程不再赘述)。

(2) 在 Ubuntu 终端中，输入 spark-shell 命令进入 Spark Shell 界面，然后输入以下代码，并观察输出的结果：

```
scala> 10*5 + 5*10
res16: Int = 100


scala> println(" 你好，Spark！")
你好，Spark！


scala> println(" 今天是 "+java.time.LocalDate.now())
今天是 2024-01-25
```

通过上述操作可以发现，在 Spark Shell 环境下输入命令（程序代码），会立即反馈处理结果。这种方式比较有利于初学者。注意，println() 函数打印的文本（字符串）必须用双引号引起来，且必须为英文输入法下的双引号。

项 目 小 结

目前，Spark 已经成为主流的大数据计算引擎。本项目介绍了大数据的概念、特征以及处理过程，使读者对大数据有了基本的认识。同时，了解了 Spark 与 Hadoop 密不可分的关系，知道了 Spark 与 Hadoop 可以协同完成数据存储、数据分析、资源调度等工作。本书也是基于"Spark+Hadoop"模式设计的，后续项目中使用 Hadoop HDFS 存储数据，因此先按照伪分布模式完成了 Hadoop 平台的搭建，然后重点介绍了 Spark 的基本概念、运行模式及运行原理，并完成了 Spark 环境的搭建，为后续开发奠定了基础。

知 识 检 测

1. 选择题

(1) 下列不属于大数据的特征的是（　　）。

A. 数据量大　　　　　　　　　B. 数据多样性

C. 数据输入处理等速度快　　　D. 每个数据都是高价值的

(2) 大数据产生的源头不包括（　　）。

A. 运营系统　　　　　　　　　B. 用户原创内容

C. 网络爬虫　　　　　　　　　D. 感知系统自动获取数据

(3) Hadoop 是当前大数据领域的事实标准，下列不是 Hadoop 生态圈的组成部分的是（　　）。

A. HDFS　　　　　　B. MapReduce　　　　　　C. HTML　　　　　　D.YARN

(4) Spark 作为大数据处理的框架，下列不是其组成部分的是（　　）。

A. Spark SQL　　　　B. Spark Streaming　　　　C. Spark Core　　　　D. MapReduce

(5) Spark 中，负责结构化文档处理的组件是（　　）。

A. Spark SQL　　　　B. Spark Streaming　　　　C. Spark Core　　　　D. Mlib

2. 判断题

(1) Spark 可以同时完成数据的计算、数据的存储等工作。（　　）

(2) 大数据是指数据量超过单机内存容量，必须用多台计算机处理的数据。（　　）

(3) 当前，大数据的最主要来源是关系型数据库中的表。（　　）

(4) 通常，采集的数据存在缺失、错误、重复等情况，因此需要进行数据的预处理。（　　）

(5) Spark 是一套大数据计算框架，其目的是彻底取代 Hadoop。（　　）

(6) Spark 在运算过程中，需要将中间结果写入磁盘，因此效率相对较低。（　　）

(7) Spark 支持 Scala、Java、Python 等程序设计语言。（　　）

(8) Spark Shell 环境下，可以直接书写程序代码，Spark 会直接反馈执行结果。（　　）

(9) Spark 基于内存计算，而 Hadoop MapReduce 磁盘的 I/O 开销比较大。（　　）

(10) Hadoop MapReduce 具有丰富的算子，因此执行的效率比 Spark 更高。（　　）

素养与拓展

2013 年 9 月和 10 月，我国领导人先后提出了建设"新丝绸之路经济带"和"21 世纪海上丝绸之路"的合作倡议，"一带一路"倡议迅速获得全球大多数国家的认可。"一带一路"的重要目的是高举和平发展的旗帜，积极发展与合作伙伴的经济合作关系，各国共同打造政治互信、经济融合、文化包容的利益共同体、命运共同体和责任共同体。2023 年 10 月，第三届"一带一路"国际合作高峰论坛在北京召开，来自 151 个国家和 41 个国际组织的代表来华参会，参会嘉宾注册总人数超过一万人。这场"万人盛会"再次体现了共建"一带一路"的巨大感召力和全球影响力。

从整体上看，大数据集群与"一带一路"的理念相通，均是谋求个体之间紧密协作，从而创造出更大价值。大数据集群中，单个节点（计算机）的 CPU、内存、硬盘等资源有限，可能不足以完成大规模数据存储与计算的需求，但是通过组建 Hadoop、Spark 这样的集群，即可实现资源的统筹调配，展现出惊人的算力。

【拓展案例】

1. 需求说明

对于 Spark 而言，除了本项目介绍的单机模式，还有其他若干部署模式。试登录 Spark 官网或者通过搜索引擎，寻找 Spark 集群部署的方式，然后按照 Spark on YARN 模式尝试完成 3 个节点的 Spark 集群搭建。

2. 实施思路

本案例的实施可以参考如下的过程：

(1) 在 VirtualBox 中创建 3 个 Ubuntu 虚拟机（也可以复制虚拟机）。

(2) 按照完全分布模式建立包含 3 个节点的 Hadoop 集群，其中包含 1 个 NameNode 和 2 个 DataNode。

(3) 按照 Spark on YARN 模式建立 Spark 集群。

3. 总结反思

(1) 在 Spark 大数据开发环境过程中，你遇到了哪些具体问题？你是如何解决这些问题的？

(2) 古人云："行稳致远，进而有为。"对于接下来的 Spark 开发学习，你有什么计划或期待？

项目 2

编写 Scala 程序处理新能源汽车销售数据

项目2简介

情 境 导 入

中国汽车工业协会发布的数据显示，2023 年我国汽车销量达 3009.4 万辆，同比增长 12%；全年新能源汽车销量达 949.5 万辆，同比增长 37.9%，占全球比重超过 60%，连续 9 年位居世界第一；汽车出口达 491 万辆，同比增长 57.9%，对汽车总销量增长的贡献率达到 55.7%。自 2012 年我国出台《节能与新能源汽车产业发展规划》以来，新能源汽车销售的年均复合增长率达到了 87%，累计推广新能源汽车近 1600 万辆。新能源汽车成为中国智能制造的又一典范，也为全球节能减排做出了重要贡献。

现有一份数据文件 (saleStat.txt)，记载了 2023 年 1 月到 10 月我国各型号新能源汽车的销售数据，包括年份、月份、排名、厂家、车型、销量、价格区间等，数据之间用"Tab"键分隔。现要求编写 Scala 程序来统计新能源汽车销量、热门车型的销售情况以及分析市场占有率等，为企业政策的制定和营销计划等提供信息支持。

项目分解

【PPT：项目 2 编写 Scala 程序处理新能源汽车销售数据】

根据统计指标及 Scala 学习进度，将本项目分解成 5 个任务。项目分解说明如表 2-1 所示。

表 2-1　项目分解说明

序号	任 务 名 称	任 务 说 明
1	Scala 的安装与体验	在 Ubuntu 环境下安装 Scala，尝试编写 Scala 程序
2	分析某电动汽车的市场地位	输入某品牌的销量，计算其市场占有率，进而打印输出其市场地位信息
3	统计某汽车品牌的销量	读取电动汽车销售数据文件，计算某品牌所有车型在 2023 年 1 月到 10 月的销量
4	计算某热门车型的月均销量	读取电动汽车销售数据文件，计算某热门车型的月均销量
5	计算各大品牌的市场占有率	根据面向对象理念，编写 Scala 独立应用程序，计算各大品牌的市场占有率

学习目标

(1) 熟悉 Scala 中的变量、数据类型及常见运算符；

(2) 熟悉分支、循环结构，掌握 if、for、while 的用法；

(3) 掌握数组、列表、映射、集合等容器的常见用法；

(4) 掌握函数的定义方法，能够书写简单的匿名函数；

(5) 了解面向对象的基本概念，能够定义并使用简单的类；

(6) 熟悉模式匹配，掌握样例类的定义方法。

Scala 的
安装与体验

任务 2.1 Scala 的安装与体验

任务分析

Scala 是一门多范式的编程语言，旨在以简洁、优雅和类型安全的方式来表达常见的编程模式，并集成了面向对象语言和函数式语言的特性。Scala 在大数据处理领域有着重要的地位，是 Spark 的首推语言，被众多知名公司引用。本书选用 Scala 作为 Spark 编程所用语言（如果读者希望使用 Python、Java 或者 R 作为 Spark 开发语言，可跳过本项目。后续项目的内容，对于其他语言同样适用）。在编写 Spark 程序前，首先需要了解 Scala 语言及其安装过程，同时熟悉 Scala 的基本开发环境。本任务的工作内容及相关知识点如表 2-2 所示。

表 2-2 工作内容及相关知识点

工 作 内 容	相关知识点
在 Ubuntu 环境下完成 Scala 的安装	Scala 相关环境配置
在 Scala REPL 环境下，打印两行文字	Scala REPL 使用、println 函数
编写一个独立的 Scala 程序（打印几行文字），然后通过命令编译和执行该程序	scalac 和 scala 命令

本任务完成后，部分结果如图 2-1 所示。

```
hadoop@zsz-VirtualBox:~$ cd /home/hadoop/mycode
hadoop@zsz-VirtualBox:~/mycode$ scalac PrintVerse.scala
hadoop@zsz-VirtualBox:~/mycode$ scala  -classpath .  PrintVerse
为有牺牲多壮志，
敢教日月换新天。
喜看稻菽千重浪，
遍地英雄下夕烟。
```

图 2-1 程序运行部分结果

知识储备

2.1.1 Scala 简介

Spark 本身就是用 Scala 编写的，它对 Scala 的支持最为高效，因此 Scala 是生产环境下

Spark 大数据开发的主要语言。Scala 是 Scalable Language 的简写，2001 年由瑞士联邦理工学院洛桑 (EPFL) 编程方法实验室研发，其设计的初衷便是要集成面向对象编程和函数式编程的特性。Scala 是一种纯面向对象的语言，秉承了每个值都是对象的理念。同时，Scala 也是一门函数式的编程语言，其函数也可以当作值来使用。

Scala 程序可编译成 Java 字节码文件，而后直接运行于 JVM(Java 虚拟机) 之上，因而可以实现 Scala、Java 类的相互调用，这样 Scala 可以重复利用 Java 生态系统发展自身。目前，已有许多公司将原先 Java 开发的关键业务迁移到 Scala 上，以提高程序的可扩展性和可靠性，进而提升开发效率。

> 小贴士：本项目并非面面俱到地介绍 Scala 语言的各个细节，而是仅介绍能够满足 Spark 大数据开发入门所需要的基本知识 (即提供 Scala 学习的"最小子集")，从而最大限度地降低 Spark 入门难度。建议读者在后续的 Spark 开发中不断深化、内化 Scala 知识，在使用过程中学习 Scala 相关知识点一定会事半功倍！如果读者有 Java、C++、Python 等语言基础，那么本项目的学习将非常轻松；如果没有其他语言基础，建议多模仿、勤动手。

Scala 在设计之初的目的是要集成面向对象和函数编程的各种特性。基于这个设计目标，Scala 具有以下几个显著特性。

(1) Scala 是面向对象语言。

与 Java 有原始类型不同，Scala 是一种纯面向对象的语言，其每一个值都是对象。对象的类型与行为由类和特征来描述，类之间则是通过继承、混入机制来实现功能扩展的。

(2) Scala 是函数式编程语言。

Scala 也是一种函数式语言，其函数也能当成值来使用。Scala 提供了轻量级的语法用以定义匿名函数、支持高阶函数、允许嵌套多层函数。Scala 的 case class(样例类) 及其内置的模式匹配相当于函数式编程语言中常用的代数类型。

(3) Scala 是静态类型的。

Scala 通过编译时的检查，来保证代码的安全性和一致性。而且 Scala 在开发人员不给出类型时，可以"聪明"地猜测数据类型，即类型推断，因此它在一定程度上具备动态类型语言的灵活性。

(4) Scala 是可扩展的。

在实践中，某个领域特定应用程序的开发往往需要特定领域的扩展功能。但是在 Scala 中，可以调用已有的库，从而轻松添加新的功能。

2.1.2　Scala 的安装

目前，Scala 语言可以在 Linux、Windows、Mac OS 等多个平台上编译并运行。由于 Scala 是运行在 JVM 上，因此在安装 Scala 之前，需要下载、安装并配置好 JDK 环境。本书的前述任务中已完成 JDK 的安装，这里不再赘述 (如果读者尚未安装 JDK，请参照项目 1 完成安装)。

安装好 JDK 后，可进入 Scala 官网下载 Scala 安装包。考虑到 Scala 的稳定性及与 Spark 的兼容性，建议选择 Scala 2.12.17 版 (与前面配置的 Spark 版本匹配)。在浏览器中输入 https://www.scala-lang.org/download/2.12.17.html，进入下载页面 (如图 2-2 所示)，选择适合

Ubuntu 的安装包"scala-2.12.17.tgz"并单击下载即可 (亦可从本书的配套资料中找到 Scala 安装文件)。

You can find the installer download links for other operating systems, as well as documentation and source code archives for Scala 2.12.17 below.

Archive	System	Size
scala-2.12.17.tgz 单击下载	Mac OS X, Unix, Cygwin	19.99M
scala-2.12.17.msi	Windows (msi installer)	126.57M
scala-2.12.17.zip	Windows	20.03M
scala-2.12.17.deb	Debian	147.47M
scala-2.12.17.rpm	RPM package	126.81M
scala-docs-2.12.17.txz	API docs	54.86M
scala-docs-2.12.17.zip	API docs	109.77M
scala-sources-2.12.17.tar.gz	Sources	7.2M

图 2-2　Scala 下载页面

打开一个 Linux 终端 (同时按"Alt+Ctrl+T"键)，使用如下命令完成 Scala 安装包的解压：

```
cd  /home/hadoop/soft                          # 假设安装包位于 soft 目录下
tar -zxvf  scala-2.12.17.tgz  -C  /usr/local   # 解压到 /usr/local 目录下
```

在 Linux 终端继续执行 gedit ~/.bashrc 命令来修改 ~/.bashrc 文件，在 .bashrc 文件的头部修改 path 变量，添加如下内容：

```
export PATH=$PATH:/usr/local/scala-2.13.12/bin
```

修改后，保存并退出。接着还需要在 Linux 终端执行 source ~/.bashrc 命令，从而使环境变量生效。

2.1.3　编写第一个 Scala 程序

对于初学者而言，Scala 优势之一便是提供了 REPL(Read-Eval-Print Loop，交互式解释器)。在 Scala REPL 中可进行交互式编程，即用户输入一条命令 (程序代码)，Scala 会立即返回执行结果。这样开发人员可以根据反馈结果，及时调整、修改代码；对于大数据处理等需要关注中间结果的开发人员而言，极大地提升了工作效率。

下面介绍三种 Scala 代码的执行方式。

1. 在已安装 Scala 环境的计算机上编写 Scala 程序

完成 Scala 的安装后，在 Linux 终端输入 scala 命令，会进入 scala 命令行提示符状态。用户可以在命令提示符"scala>"后面直接输入代码。

(1) 在 Scala 解释器中直接运行代码。

如图 2-3 所示，用户输入命令 10+20(表示用户希望 Scala 计算"10 加 20"），Scala 计算完毕后，会在下一行反馈计算结果"30"。用户输入命令 println("Spark 编程，从这里开始！")，则 Scala 会在下一行打印输出"Spark 编程，从这里开始！"。如果想退出 Scala 解释器，可以使用命令 :quit。在开发过程中，如果出现死循环或者程序没有响应等情况，也可以按"Ctrl+C"键强制退出 Scala 环境。

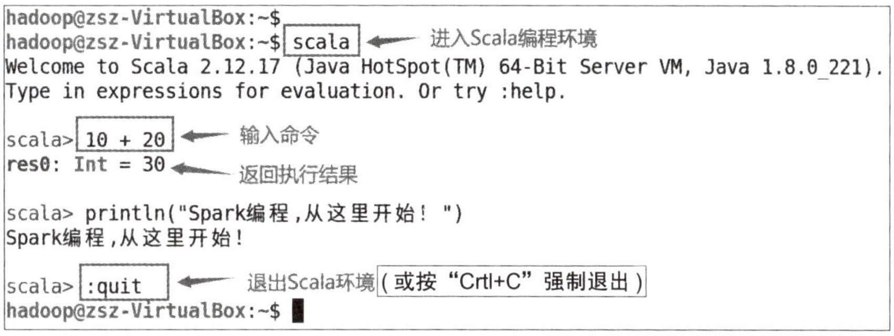

图 2-3　Scala REPL 环境

在 Scala 中，println() 命令表示在显示器屏幕上输出 (打印) 某些文本。用户需将输出的内容放置到 println 后面的括号内，并用引号引起来。

> 小贴士：本书中，"Scala>" 后面的代码均为 Scala 环境下编写的代码或者 Spark Shell 环境下编写的代码。

(2) 在 Scala 解释器中运行多行代码。

如果想在 Scala 解释器中一次性书写多行代码，可以使用 paste 模式。在 Scala 交互式环境下中输入命令 :paste，则可进入 paste 模式。该模式下，用户可以连续输入多行代码，代码编辑完毕后，按 "Ctrl+D" 键即可退出 paste 模式，代码运行结果将会在下方显示出来。

如图 2-4 所示，在 "scala>" 提示符后输入 :paste，进入 paste 模式，然后一次性输入 3 行代码 (println 命令，打印输出诗句)，输入完毕后按 "Ctrl+D" 键退出 paste 模式，Scala 会立即执行刚输入的 3 行 println 命令，打印 (输出)3 行诗句。

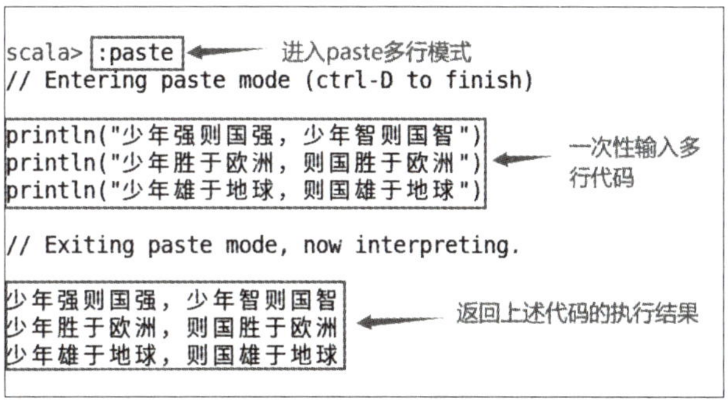

图 2-4　paste 模式

(3) 通过控制台编译、执行 Scala 文件。

除了使用交互式环境编写代码，还可以编写独立的 Scala 程序文件 (.scala 文件)，然后通过命令执行该程序中的代码。下面以一个完整的 HelloWorld.scala 为例，展示通过控制台编译、执行 Scala 文件的过程。

首先打开一个 Linux 终端，进入 /home/hadoop 目录，新建一个 mycode 子目录 (用于存放自己的 Scala 程序文件)，然后使用 gedit 编辑器编写一个 HelloWorld.scala 文件，具体命令如下：

```
hadoop@zsz-VirtualBox:~$ cd /home/hadoop
hadoop@zsz-VirtualBox:~$ mkdir mycode              # 创建 mycode 子目录
hadoop@zsz-VirtualBox:~$ cd mycode
hadoop@zsz-VirtualBox:~/mycode$ gedit HelloWorld.scala    # 创建 ( 编辑 )scala 程序文件
```

进入 gedit 编辑器后，输入如图 2-5 所示的程序代码，保存后退出 gedit。

【源代码：
HelloWorld.
scala】

图 2-5　在 gedit 中编写程序

> **小贴士**：Scala 是大小写敏感的，代码书写过程中注意区分大小写。例如，初学者容易把小写字母开头的 object 输成大写字母开头的 Object；此外，文件 HelloWorld.scala 与 helloWorld.scala 也是不同的。并且代码中的引号要使用英文状态下的双引号，否则程序将不能执行。

编辑并保存 Scala 代码文件后，在 Ubuntu 终端使用 scalac 命令编译 HelloWorld.scala 代码文件，并利用 scala 命令执行，命令如下：

```
hadoop@zsz-VirtualBox:~/mycode$ scalac HelloWorld.scala
hadoop@zsz-VirtualBox:~/mycode$ scala -classpath . HelloWorld
```

注意，上述命令中一定要加入"-classpath ."，否则会出现"No such file or class on classpath: HelloWorld"。程序执行后，会在屏幕上输出"少年强则国强"等信息，如图 2-6 所示。同时，在目录 /home/hadoop/mycode/ 下，还可以发现编译后的字节码文件 HelloWorld.class。

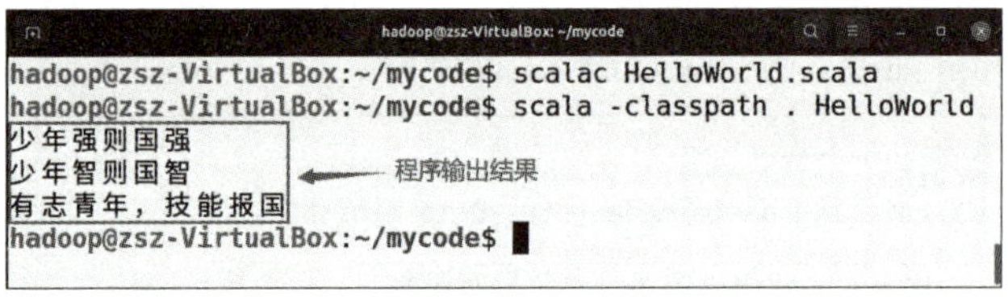

图 2-6　编译 HelloWord.scala

2. 在网页上编写 Scala 程序

如果计算机上没有安装 Scala 环境，也可以在网页上练习编写 Scala 程序，网上有诸多在线 Scala 编辑器，如 https://c.runoob.com/compile/15、https://www.w3xue.com/tools/scala.aspx 等。如图 2-7 所示，在代码区输入代码后，单击"点击运行"按钮，稍等片刻后在右侧输出区就可以看到结果（根据网络情况而定，可能需要等待）。但这种方式仅适合临时性验证学习，推荐读者在自己的计算机上安装好本地 Scala 环境。

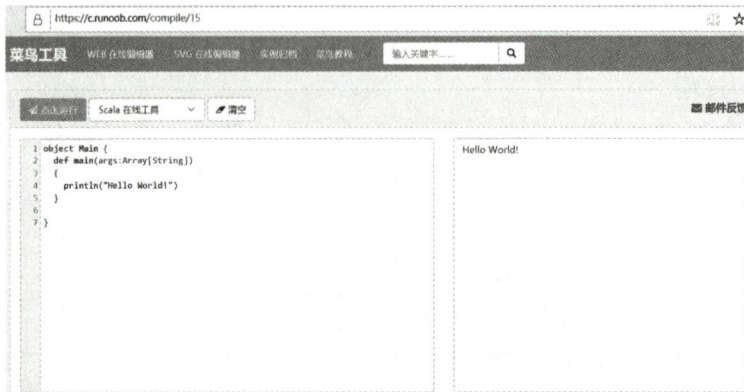

图 2-7　在线编写 Scala 程序

任务实施

本任务的具体实施思路与过程如下：

(1) 在 Ubuntu 中完成 Scala 环境的配置 (具体过程参照知识储备，不再赘述)。

(2) 进入 Scala 交互式开发环境，书写两行 println 语句，打印输出两句话，代码如下：

【源代码：2.1 任务实施代码】

```
scala> println(" 怒发冲冠，凭栏处、潇潇雨歇。")
怒发冲冠，凭栏处、潇潇雨歇。

scala> println(" 莫等闲、白了少年头，空悲切。")
莫等闲、白了少年头，空悲切。
```

(3) 在 Scala 交互式环境中输入 :paste 命令，进入 paste 模式，一次性书写、执行两行 println 代码，代码如下：

```
scala> :paste
// 进入 paste 模式，按 "Crtl+D" 键可退出该模式 ( 编程环境中自动添加的提示信息 )

println(" 怒发冲冠，凭栏处、潇潇雨歇。")
println(" 莫等闲、白了少年头，空悲切。")
// 退出 paste 模式，开始执行上述代码 ( 编程环境中自动添加的提示信息 )

怒发冲冠，凭栏处、潇潇雨歇。
莫等闲、白了少年头，空悲切。
```

(4) 使用 gedit 命令，编写一个 Scala 程序文件 PrintVerse.scala(保存在 /home/hadoop/mycode 目录下)，文件内容如下：

【源代码： PrintVerse .scala】

```
object PrintVerse{
    def main(args:Array[String])={
        println(" 为有牺牲多壮志，")
        println(" 敢教日月换新天。")
        println(" 喜看稻菽千重浪，")
        println(" 遍地英雄下夕烟。")
    }
}
```

(5) 使用以下 scalac、scala 命令，编译、执行 PrintVerse.scala 代码：

```
hadoop@zsz-VirtualBox:~/mycode$ scalac PrintVerse.scala
hadoop@zsz-VirtualBox:~/mycode$ scala -classpath . PrintVerse
```

任务 2.2 分析某电动汽车的市场地位

任务分析

分析某电动 汽车的市场 地位

根据新能源汽车销售数据文件可知，2023 年 10 月我国电动汽车总销量约为 63.2 万辆。本任务要求编写 Scala 代码，输入某品牌电动汽车 10 月份的销量，计算其市场占有率，进而根据占有率，打印输出不同的信息 (该品牌的市场地位)，输出规则如下：

(1) 若市场占有率大于等于 30%，则输出"市场领导者"。

(2) 若市场占有率大于等于 20% 且小于 30%，则输出"市场挑战者"。

(3) 若市场占有率大于等于 10% 且小于 20%，则输出"市场追随者"。

(4) 若市场占有率小于 10%，则输出"市场拾遗补阙者"。

本任务的工作内容及相关知识点如表 2-3 所示。

表 2-3　工作内容及相关知识点

工 作 内 容	相关知识点
输入品牌名称及销售数量	readLine、readInt
计算市场占有率	变量、运算符
根据市场占有率，输出相应的信息	if-else
将上述功能封装到函数中，调用函数	函数

完成任务后，程序运行结果如图 2-8 所示。

```
scala> query(63.2f)
请输入查询的品牌：
BYD
请输入该品牌的销量：
24.5
BYD当月销量为24.5万台，该品牌为【市场领导者】
```

图 2-8　程序运行结果

知识储备

2.2.1　数据类型与变量

现实生活中，我们使用的数据形态多样，囊括整数、小数、文本 (文字符号) 等。在程序设计中，也需要对数据的类型加以区分，从而完成不同的操作 (例如，数值可以进行四则运算，文本可以表示一个人的名字等)。程序语言都有自己特定的数据类型，Scala 的数据类型包括 Byte、Char、Short、Int、Long、Float、Double 等，表 2-4 给出了常用的 Scala 数据类型。

表 2-4　常用的 Scala 数据类型

数据类型	描　　述	举　例
Byte	8 位有符号补码整数，数值区间为 −128 到 127	20
Short	16 位有符号补码整数，数值区间为 −32 768 到 32 767	2020
Int	32 位有符号补码整数，数值区间为 −2 147 483 648 到 2 147 483 647	20 200 224
Long	64 位有符号补码整数，数值区间为 −9 223 372 036 854 775 808 到 9 223 372 036 854 775 807	202 002 241 002
Float	32 位，IEEE 754 标准的单精度浮点数	3.14f
Double	64 位，IEEE 754 标准的双精度浮点数	3.14
Char	16 位无符号 Unicode 字符，区间值为 U+0000 到 U+FFFF	a
String	字符序列	I like Spark
Boolean	布尔型，true 或 false	true

Byte、Short、Int、Long 均可表示整数，区别为它们可以表示的整数范围不同，最常用的是 Int 类型。Float 与 Double 都可以表示浮点数 (有小数位的数据)，Float 类型的数值后面要加 f 或 F 后缀，如 3.14f 或 3.14F；而 Double 不需要加后缀，如 3.14。字符串 String 的用法与 Java 一致，例如，"I like Spark" 表示一个字符串 (用双引号引起来。对于大段文本，可以使用三引号)。布尔型 Boolean 表示逻辑真假值，它只有两个值，分别为 true(表示"真")、false(表示"假")。

> 小贴士：与 Java 不同的是，在 Scala 中这些类型都是"类"，所以这些类型的首字母必须大写。对于字符串，Scala 直接采用 Java 中的字符串类型，即 java.lang.String。

程序运行时需要用到大量的数据，这些数据要存储在某个内存单元中，就像现实生活中使用门牌号标记一栋楼内的不同住户，程序设计中为了方便获取某个内存单元中的数据，会使用"标识符"来表示这个内存单元，该"标识符"即称为变量。Scala 有 val 和 var 两种类型的变量。

1. val 常量

Scala 程序中，使用 val 关键字来定义的变量，又称为常量。程序运行过程中，常量一旦确定好其值，就不允许改变 (重新赋值)。定义一个常量的语法结构如下：

```
val 常量名称 : 数据类型 = 初始值
```

其中，常量名称可以由字母、数字等组成 (但不能为 Scala 的保留关键字)，数据类型反映其存储的数据的类型。注意，Scala 具有类型推断机制，即可以省略常量定义中的数据类型，Scala 会根据初始值，自动推断出该常量的数据类型。val 常量的用法如下：

```
scala> val age:Int=20          // 定义一个整型常量 age，其值为整数 20
val age: Int = 20

scala> val age=20              // 省略 age 的数据类型，Scala 自动推断出 age 为整型
val age: Int = 20

scala> val pi=3.14f            // 定义一个浮点型常量 pi，其值为 3.14f
val pi: Float = 3.14

scala> val name="Tom"          // 定义字符串类型常量 name，其值为 Tom( 注意代码中的双引号 )
val name: String = Tom

scala> name="Jerry"            // 因为 name 为 val 定义的常量，不能改变其值
          ^
    error: reassignment to val
```

上述代码中，val name="Tom" 表示定义了一个常量 name，其值为 Tom，如果尝试改变 name 的值，则程序会报错"reassignment to val"。另外，代码后面出现的双斜杠"//"，它表示单行注释 (标注本行代码的含义)，程序运行时会自动忽略注释的内容 (双斜杠及后面的说明文字)。此外，Scala 还支持多行注释 (以 /* 开头，以 */ 结尾)。

✍

小贴士：虽然 Scala 并不执行注释的内容，但注释是程序重要的组成部分。为程序添加一定量的注释，有利于提升代码的可读性。因此，建议初学者多使用注释。

2. var 变量

顾名思义，变量就是程序运行过程中可以改变（重新赋值）的量，变量使用关键字 var 来定义。定义变量的语法结构如下所示：

var 变量名称：数据类型 = 初始值

var 变量的值虽然可以改变，但不允许改变其数据类型，其用法如下：

```
scala> var age = 20      // 定义一个整型变量 age，其值为整数 20
var age: Int = 20

scala> age = 21          // 改变 age 的值，将其值改为 21

scala> age = 21.5        // 尝试改变 age 的值为 21.5(Double 类型 )，报错
        ^
    error: type mismatch;
    found   : Double(21.5)
    required: Int
```

通常，常量、变量的名字可以根据实际需求自由确定，但推荐使用有意义的名称，一般由字母、数字、下画线等组成。但 Scala 保留的关键字（程序设计语言已经占用，并具有特定含义的字符或字符串）不能作为变量的名字。图 2-9 为 Scala 中的关键字。

abstract	case	catch	class
def	do	else	extends
false	final	finally	for
forSome	if	implicit	import
lazy	match	new	null
object	override	package	private
protected	return	sealed	super
this	throw	trait	try
true	type	val	var
while	with	yield	

图 2-9　Scala 中的关键字

2.2.2　运算符

数学领域有加、减、乘、除等运算；同样，Scala 程序设计语言也提供了算术、关系、赋值、逻辑等运算。每一种运算都使用一个独特的符号来表示，该符号即运算符，用于告诉 Scala 编译器需要执行什么样的计算逻辑。Scala 中的运算符主要包括算术运算符、关系运算符、逻辑运算符和赋值运算符等。

1. 算术运算符

Scala 支持加、减、乘、除等算术运算。假定变量 A 为 10(val A=10)，B 为 20(val B=20)，表 2-5

列出了 Scala 支持的算术运算符及运算结果。

表 2-5 Scala 支持的算术运算符

运算符	描 述	示 例
+	加号	A + B 运算结果为 30
−	减号	A − B 运算结果为 −10
*	乘号	A * B 运算结果为 200
/	除号	B / A 运算结果为 2
%	取余	B % A 运算结果为 0

Scala 中，算术运算符的用法如下：

```
scala> 10 + 20
val res4: Int = 30


scala> 3.14 * 10 * 10
val res5: Double = 314.0


scala> 20 % 2      // 求 20 除以 2 的余数
val res6: Int = 0
```

2. 关系运算符

数学中有大小关系的比较，Scala 编程中也有关系运算符，关系运算的结果为布尔型值，即 true 或者 false。假定变量 A 为 10，B 为 20，表 2-6 列出了 Scala 支持的关系运算符。

表 2-6 Scala 支持的关系运算符

运算符	描 述	示 例
==	等于	(A == B) 运算结果为 false
!=	不等于	(A != B) 运算结果为 true
>	大于	(A > B) 运算结果为 false
<	小于	(A < B) 运算结果为 true
>=	大于等于	(A >= B) 运算结果为 false
<=	小于等于	(A <= B) 运算结果为 true

Scala 中，关系运算符的用法如下：

```
scala> val age = 20    // 定义整型变量 age，其值为 20
val age: Int = 20


scala> age == 18       // 判断 age 是否为 18，返回结果 false( 假 )
val res7: Boolean = false


scala> age > 18        // 判断 age 是否大于 18，返回结果 true( 真 )
val res8: Boolean = true
```

3. 逻辑运算符

逻辑运算符多用于布尔值的运算，常与 if 判断语句合用。表 2-7 列出了 Scala 支持的逻辑运算符。

表 2-7　Scala 支持的逻辑运算符

运算符	逻辑表达式	描　　述
&&	A && B	如果 A、B 均为 true，则结果为 true，否则结果为 false
||	A || B	如果 A、B 至少有一个为 true，则结果为 true，否则结果为 false
!	! A	如果 A 为 true，则结果为 false；如果 A 为 false，则结果为 true

Scala 中，逻辑运算符的用法如下：

```
scala> ! false
val res11: Boolean = true

scala> (20< 25) && (10 == 20) // 首先计算括号内的值
val res9: Boolean = false
```

上述代码 (20 < 25) && (10 == 20)，首先要计算其小括号内的值，20 < 25 的值为 true，10 == 20 的值为 false，因此 (20 < 25) && (10 == 20) 等价于 true&&false，根据表 2-7 可知，最终结果为 false。

4. 赋值运算符

赋值运算符表示将等号右面的值赋给等号左面的变量。表 2-8 给出了 Scala 支持的部分赋值运算符。

表 2-8　Scala 支持的部分赋值运算符

运算符	描　　述	示　　例
=	简单的赋值运算，指定右边的操作数赋值给左边的操作数	C = A + B，即将 A + B 的运算结果赋值给 C
+=	相加后再赋值，将左右两边的操作数相加后再赋值给左边的操作数	C += A 相当于 C = C + A
-=	相减后再赋值，将左右两边的操作数相减后再赋值给左边的操作数	C -= A 相当于 C = C - A
*=	相乘后再赋值，将左右两边的操作数相乘后再赋值给左边的操作数	C *= A 相当于 C = C * A
/=	相除后再赋值，将左右两边的操作数相除后再赋值给左边的操作数	C /= A 相当于 C = C / A
%=	求余后再赋值，将左右两边的操作数求余后再赋值给左边的操作数	C %= 相当于 C = C % A

Scala 中，赋值运算符的用法如下：

```
scala> val result = 20 * 5    // 将等号右面 20 乘以 5 的结果，赋值给常量 result。result 值为 100
val result: Int = 100

scala> var age = 20    // 将 20 赋值给变量 age，此时 age 的值为 20
var age: Int = 20

scala> age += 1    // 等价于 age = age +1，将 age+1 的结果赋值给 age，即 age 的值加 1

scala> age    // 查看 age 的值，其值为 21
val res13: Int = 21
```

> 小贴士：Scala 支持的运算符较多，初学者不必强行记忆，掌握最基本的算术运算符、关系运算符等即可。在后续实践中可以逐步学习，做到"学以致用"。

2.2.3　if 条件语句

在实际业务中，经常需要对数据进行差异化处理，即针对不同情况采取不同的处理方式，或者根据不同条件执行不同的功能代码，这时候可以使用 if 条件语句。if 条件语句分为单分支、双分支及多分支 3 种结构。

1. if 单分支结构

当需要根据某个判断条件来决定是否执行某些代码时，可以使用 if 语句，其语法格式如下：

```
if( 判断条件 ) {
    代码块语句 1
    代码块语句 2
    ⋮
}
```

上述语句的含义是：如果判断条件的值为 true，则执行大括号内的代码语句；否则跳过大括号内的代码语句，执行大括号之后的语句。假设一个人的年龄超过 18 岁，要打印提示信息，可使用下面的 if 语句：

```
scala> :paste        // 进入 paste 模式，一次性输入多行代码
// 进入 paste 模式，按 "Crtl+D" 键可退出该模式

val age = 20
if(age >=18) {        // 判断 age 是否大于等于 18。如果是，则执行下面的 println 语句
    println(" 年龄超过 18 岁 ")
    println(" 成年人 ")
}
// 退出 paste 模式，开始执行上述代码

年龄超过 18 岁
成年人
```

在上述代码中，if(age >=18) 是判断 age 是否大于 18；因为变量 age 的值为 20，因此判断条件 age >=18 的结果为 true，执行两行 pritnln 语句，即打印出两行提示信息。

2. if else 双分支结构

if 单分支结构仅考虑了判断条件为 true 的情况，但有时还需要考虑判断条件为 false 的情况（判断条件不成立），此时可以使用 if else 语句，其语法格式如下：

```
If( 判断条件 ) {        // 如果判断条件成立，则执行代码块 1
    代码块 1
} else {              // 如果判断条件不成立，则执行代码块 2
    代码块 2
}
```

上述语句的含义为：如果判断条件成立（结果为 true），则执行"代码块 1"内的语句；如果判断条件不成立（结果为 false），则执行"代码块 2"内的语句。其具体用法如下：

```
scala> :paste
// 进入 paste 模式，按"Crtl+D"键可退出该模式
val age = 16
if(age >=18) {
    println(" 年龄超过 18 岁 ")
    println(" 成年人 ")
} else {
    println(" 年龄没有超过 18 岁 ")
    println(" 未成年人 ")
}
// 退出 paste 模式，开始执行上述代码

年龄没有超过 18 岁
未成年人
```

3. if…else if…else 多分支结构

如果需要针对多种情况进行判断、执行不同的代码，则可以使用 if…else if…else 多分支结构。其语法格式如下：

```
If( 条件表达式 1) {
    代码块 1
}else if( 条件表达式 2) {
    代码块 2
}else if( 条件表达式 3) {
    代码块 3
}
    ⋮
else {
    代码块 N
}
```

上述语句的含义为：首先判断"条件表达式 1"的值，如果其结果为 true，则执行"代码块 1"中的语句，否则继续查看"条件表达式 2"的值；如果"条件表达式 2"的结果为 true，则执行"代码块 2"中的语句，否则继续查看"条件表达式 3"的值；以此类推，如果所有条件表达式的值均为 false，则执行"代码块 N"中的语句。多分支结构的用法如下：

```
scala> :paste
// 进入 paste 模式，按"Crtl+D"键可退出该模式
val score = 85
if(score >=90) {
    println(" 成绩优秀！ ")
} else if(score >=80) {
    println(" 成绩良好！ ")
} else if(score >=60) {
    println(" 成绩合格！ ")
```

```
} else {
  println(" 成绩不合格！")
}
// 退出 paste 模式，开始执行上述代码
成绩良好！
val score: Int = 85
```

2.2.4　Scala 中的函数

函数是组织好、可重复使用、用来实现特定功能的代码段，它可以有效提升代码的重复利用率，用以构建更加复杂、更强大的程序。

Scala 中的函数主要有普通函数、匿名函数和内置函数。

1. 普通函数

Scala 内置了一些常用函数，比如前面使用的 println 语句就是典型的内置函数。可以反复使用 println 语句打印输出某些内容，println 等内置函数屏蔽了内部实现的细节，对于用户而言，只需调用即可；也可以定义（声明）自己的函数。其语法格式如下：

```
def 函数名 ( 参数 1：类型，参数 2：类型，…): [ 返回值的类型 ] = {
  代码块
  return Result
}
```

Scala 使用 def 关键字来定义一个函数，def 关键字的后面是函数的名称、函数所需的参数、函数的返回值以及等号和函数体代码块（用大括号括起来）。函数的返回值可以是任意 Scala 类型，如果函数没有返回值，则返回值类型为"Unit"（类似于 Java 中的 void）。

下面定义一个计算员工总薪水的函数 totalSalary，总薪水由基本工资与奖金相加得来，其代码如下：

```
scala> :paste
// 进入 paste 模式，按"Crtl+D"键可退出该模式

def totalSalary(basic:Float,bonus:Float):Float = {   // 定义一个函数
  val total = basic + bonus                          // 定义常量 total，用于保存计算的结果 ( 基本工资 + 奖金 )
  return total                                       // 将 total 的值返回
}

val totalIncome = totalSalary(3500.0f, 2268.5f)      // 调用函数 totalSalary
println(" 总工资为："+totalIncome)                     // 打印输出结果

// 退出 paste 模式，开始执行上述代码

总工资为：5768.5
```

在上述代码中，使用 def 关键字定义了一个计算总工资的函数 totalSalary。它接收两个浮点型参数，即 basic、bonus，分别表示基本工资和奖金，函数返回值的类型为 Float 浮点数。在

函数体的内部，用常量 total 来保存总工资。return total 表示将 total 值返回给函数调用处。

val totalIncome = totalSalary(3500.0f, 2268.5f) 表示调用函数 totalSalary，并将 3000.0f 传递给参数 basic，即在函数内部 basic=3500.0f，同时将 2268.5f 传递给参数 bonus，即在函数内部 bonus = 2268.5f。进而执行函数 totalSalary 内部的代码，即 total = basic + bonus，也就是 3500.0f + 2268.5f，其结果为 5768.5f。执行完毕后，将 total 的值 (5768.5f) 返回函数调用处，最终 totalIncome 的值为 5768.5f。

Scala 是一门追求简洁的语言，存在以下 "函数简化" 原则：

(1) 函数中的 return 关键字可以省略，Scala 默认将函数体的最后一行代码作为返回值。因此，totalSalary 函数可以简化为：

```
def totalSalary(basic:Float,bonus:Float):Float = {
  basic + bonus  // 省略 return 语句，函数体最后一行 ( 本行 ) 的计算结果作为返回值
}
```

(2) 如果函数体内只有一行语句，则可以省略函数体的大括号。totalSalary 函数可以继续简化为：

```
def totalSalary(basic:Float,bonus:Float):Float = basic + bonus
```

(3) 如果返回值的类型可以推断出来，则可以省略函数的返回值。在 totalSalary 函数中，参数 basic、bonus 均为浮点数 Float，返回值 (basic+bonus) 结果为浮点数 Float，因此，totalSalary 函数可以省略返回值类型，继续简化为：

```
def totalSalary(basic:Float,bonus:Float) = basic + bonus
```

(4) 如果函数没有参数，则调用函数时可以不加括号。例如，下面代码中，fun1 函数没有参数，调用该函数时可以省略小括号：

```
def fun1() = println("hello,scala")
fun1   // 调用函数 fun1 时，可以省略小括号
```

(5) 如果函数没有参数，且定义时没有加小括号，则调用该函数时也不能加小括号。示例如下：

```
def fun2 = println("hello, scala")
fun2   // 调用函数 fun2 时，不能加小括号，否则报错
```

2. 匿名函数

所谓匿名函数，就是没有名字的函数 (有的编程语言称为 lambda 表达式)，即定义函数时省略函数名称。匿名函数使用 "=>" 来定义，等号左边为匿名函数参数列表，箭头右边为函数主体 (所要实现的功能)。匿名函数格式如下：

```
( 参数 1: 类型 , 参数 2: 类型 ,…) => { 函数体语句 }
```

例如，定义一个匿名函数用于计算总工资，代码如下：

```
scala> (basic:Float,bonus:Float) => { val total = basic + bonus; total}
val res12: (Float, Float) => Float = $Lambda$1130/816095505@7f6a6d46

scala> (basic:Float,bonus:Float) => basic + bonus  // 简化版，与上一行等价
val res13: (Float, Float) => Float = $Lambda$1131/583852441@14b4b25e
```

为了调用匿名函数，可以把匿名函数赋值给一个变量，然后通过变量名调用该匿名函数，用法如下：

```
scala> val totalSalary=(basic:Float,bonus:Float) => basic + bonus        // 匿名函数赋值给变量 totalSalary
val totalSalary: (Float, Float) => Float = $Lambda$1132/2144798813@69cc3370

scala> val total = totalSalary(2500.0f, 3680.5f)
val total: Float = 6180.5
```

3. 内置函数

前面介绍的函数为用户自定义函数，即为了完成特定功能而由用户书写的函数。在 Scala 中，除了用户自定义函数，还有若干内置函数 (Scala 已经定义好，用户直接使用即可)，例如，前面接触过的 println 函数，它可以通过屏幕输出 (打印) 某些信息，用法如下：

```
scala> val age = 20                        // 定义 val 常量 age
val age: Int = 20

scala> println(" 年龄为： "+age)            // 输出字符串及变量的 age 的值
年龄为： 20
```

有时我们期待程序具有一定的交互能力，在执行的过程中能够接收用户通过键盘输入的信息 (命令)。对此，可以借助 scala.io.StdIn 包。该包中预定义了若干函数，例如，预定义的 readLine 函数可以接收键盘输入的字符串，readInt 函数可以接收键盘输入的整数，readFloat 函数可以接收键盘输入的浮点数。要使用这些函数，首先要使用 import scala.io.StdIn._ 语句导入包，示例代码如下：

```
scala> import scala.io.StdIn._        // 导入所需的包
import scala.io.StdIn._

scala> val name = readLine()        // 读取键盘输入的字符串
Tom
val name: String = Tom

scala> val age = readInt()          // 读取键盘输入的整数
20
val age: Int = 20

scala> val weight = readFloat()     // 读取键盘输入的浮点数
62.5
val weight: Float = 62.5

scala> println("My name is "+name+". I am "+age+". My weight is "+weight)
My name is Tom. I am 20. My weight is 62.5
```

【源代码：2.2
任务实施代码】

任务实施

本任务的实施思路与过程如下：

(1) 定义一个函数 query，该函数没有返回值。query 函数有一个浮点型参数 total，total 表示电动汽车总销量，其单位为万台)。相关代码如下：

```
def query(total:Float):Unit = { }
```

(2) 在函数 query 的内部填充代码。使用 readLine 函数接收键盘输入的品牌 brand，使用 readFloat 函数接收键盘输入的该品牌当月销量 sale，最终计算该品牌的市场占有率 rate。相关代码如下：

```
import scala.io.StdIn._
def query(total:Float):Unit = {
    println(" 请输入查询的品牌 :")
    val brand = readLine()          // 接收键盘输入的品牌信息 ( 字符串 )
    println(" 请输入该品牌的销量: ")
    val sale = readFloat()          // 接收键盘输入的销量 ( 浮点型 )
    val rate = sale / total         // 计算该品牌的市场占有率
}
```

(3) 根据市场占有率 rate，使用 if 语句判断其市场地位，并打印输出该品牌的销量、市场地位等信息。paste 模式下，输入以下完整代码：

```
scala> :paste
// 进入 paste 模式，按 "Crtl+D" 键可退出该模式

import scala.io.StdIn._
def query(total:Float):Unit = {
    println(" 请输入查询的品牌: ")
    val brand = readLine()
    println(" 请输入该品牌的销量: ")
    val sale = readFloat()
    val rate = sale / total
    if(rate >= 0.3) { println(brand+" 当月销量为 "+sale+" 万台 , 该品牌为【市场领导者】") }
    else if(rate >=0.2) { println(brand+" 当月销量为 "+sale+" 万台 , 该品牌为【市场挑战者】") }
    else if(rate >=0.1) { println(brand+" 当月销量为 "+sale+" 万台 , 该品牌为【市场追随者】") }
    else { println(brand+" 当月销量为 "+sale+" 万台 , 该品牌为【市场拾遗补阙者】") }
}
// 退出 paste 模式，开始执行上述代码
```

(4) 调用 query 函数，通过键盘输入品牌 "BYD" 和销量 "24.5"，最终打印输出相应结果。相关代码如下：

```
scala> query(63.2f)
请输入查询的品牌:
BYD
请输入该品牌的销量:
24.5
BYD 当月销量为 24.5 万台 , 该品牌为【市场领导者】
```

任务 2.3　统计某汽车品牌的销量

任务分析

文件 saleStat.txt 保存了 2023 年 1 月至 10 月我国电动汽车的销售数据，包括年份、月份、排名、厂家、车型、销量、价格区间等字段，字段之间用 "Tab" 键（"\t"）分隔，如图 2-10 所示。

统计某汽车品牌的销量

```
📄 saleStat - 记事本
文件(F) 编辑(E) 格式(O) 查看(V) 帮助(H)
2023    1    4     比亚迪     元PLUS      14342    13.58 - 16.78
2023    1    5     特斯拉中国             Model Y 14184    25.99 - 35.99
2023    1    6     比亚迪     宋Pro新能源          14124    12.98 - 16.58
2023    1    7     特斯拉中国             Model 3 12659    25.99 - 29.59
2023    1    8     比亚迪     汉          11718    18.98 - 33.18
2023    1    9     比亚迪     秦PLUS      11590    9.98 - 17.98
2023    1    10    比亚迪     唐新能源     8542     20.98 - 34.28
2023    1    11    理想       理想L9      7996     42.98 - 45.98
2023    1    12    一汽红旗               红旗E-QM5          6703     12.28 - 23.98
2023    1    13    比亚迪     海豹        6618     16.68 - 27.98
2023    1    14    腾势汽车               腾势D9      6438     33.58 - 66.00
2023    1    15    理想       理想L8      6099     33.98 - 39.98
2023    1    16    蔚来       蔚来ET5     5795     29.80 - 35.60
2023    1    17    比亚迪     护卫舰07    5043     20.28 - 31.98
2023    1    18    比亚迪     驱逐舰05    4856     10.18 - 15.78
2023    1    19    广汽埃安               AION Y   4792     11.98 - 18.98
2023    1    20    长安汽车               长安Lumin           4711     4.99 - 6.99
2023    1    21    长安汽车               长安奔奔E-Star       4683     0.00 - 0.00
2023    1    22    华晨宝马               宝马i3    3624     35.39 - 41.39
```

图 2-10　saleStat.txt 的数据样式

现要求统计 2023 年 1 月至 10 月比亚迪公司所有车型的总销量。本任务的工作内容及相关知识点如表 2-9 所示。

表 2-9　工作内容及相关知识点

工　作　内　容	相关知识点
获取文件 saleStat.txt 的所有行，返回一个迭代器 lines	fromFile、getLines 等文件处理方法
使用循环，遍历迭代器 lines（逐行处理文件的内容）	for 循环、while 循环
如果某行的数据为比亚迪的销售数据，则抽取其中的销量数值，累计到总销量 total 中	字符串切割、数组
格式化输出比亚迪公司总销售量	字符串格式化

任务完成后，程序运行结果如图 2-11 所示。

```
****************************
--------Build Your Dream--------
比亚迪汽车国内销量达【2037285】辆
****************************
```

图 2-11　程序运行结果

知识储备

2.3.1　数组的基本用法

根据前面所学知识，可以使用变量来存储某个数据。例如，val studentName="Tom" 表示定义了一个常量 studentName，它存储了某个学生的名字 Tom。但是要如何存储全班 50 名学生的名字呢？我们可以定义 50 个常量（如 studentName1、studentName2、…），但这种做法显然是低效率的。此时，可以使用数组 Array。数组是程序设计中一个重要的数据结构，类似于一个容器，可以存储若干同类型的数据（数组中的数据亦称为元素）。Scala 中数组 Array 的语法格式如下：

```
var arrayName:Array[T] = new Array[T]( Num )
```

T 表示数组中数据的类型，Num 为数组中元素的个数（即数组的长度）。对于数组而言，可以使用下标访问其中的某个元素或者给某个元素赋值（与 Java、C 语言类似，Scala 中数组的下标也是从 0 开始的），也可以在声明数组的时候直接给数组元素赋值。数组 Array 的用法如下：

```
scala> var nums:Array[Int]=new Array[Int](3)    // 数组 nums 存储 3 个 Int 类型的数据，默认值均为 0
var nums: Array[Int] = Array(0, 0, 0)

scala> nums(0)=10                                // 修改数组 nums 的第 1 个元素（下标为 0 的元素）值为 10

scala> nums(1)=20                                // 修改数组 nums 的第 2 个元素（下标为 1 的元素）值为 20

scala> nums(2)=30                                // 修改数组 nums 的第 3 个元素（下标为 2 的元素）值为 30

scala> var cars:Array[String] = Array("BYD","Xiao Mi","Li Xiang")    // 定义数组，同时为其元素赋值
var cars: Array[String] = Array(BYD, Xiao Mi, Li Xiang)

scala> println(" 第一辆汽车： " + cars(0) )      // 打印输出数组 cars 的第 1 个元素（下标为 0 的元素）
第一辆汽车： BYD
```

2.3.2 循环结构

生活中，我们可能会重复执行某项工作，比如会计人员按照既定的逻辑登记若干张凭证，教师按照参考答案连续批阅 50 份卷子。同样地，程序中也可能需要多次执行同一段代码，这时就可以使用循环结构。几乎所有的程序设计语言都有循环，Scala 中的循环包括 for 循环、while 循环两类。

1. for 循环

for 循环的语法结构如下：

```
for( 变量 <- 容器 ) {
    循环体语句
}
```

"变量 <- 容器"表示针对某个容器（数组就是一种典型的容器），逐个读取容器中的元素，然后赋值给某个临时变量，进而执行循环体中的语句。for 循环的执行流程如图 2-12 所示。

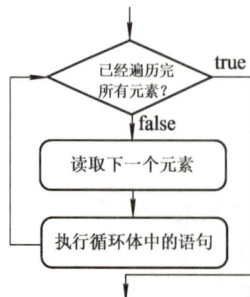

图 2-12　for 循环的执行流程

例如，使用 for 循环读取并输出某个数组的所有元素，代码如下：

```scala
scala> val nums=Array(10,20,30)        // 定义一个包含 3 个元素的数组 nums
val nums: Array[Int] = Array(10, 20, 30)

scala> for (elem <- nums) {            // 逐个读取 nums 中的元素，并赋值给 elem
    println(elem)
  }
10
20
30
```

上述代码中，for (elem <- nums) 表示逐个读取 nums 的元素，并赋值给临时变量 elem，然后执行循环体中的语句 println(elem)，即打印 elem 的值。该循环共包括 3 轮。第 1 轮循环中，读取 nums 的第 1 个元素 10，赋值给 elem(即 elem=10)，然后执行循环体中的语句 println(elem)，打印出 elem 的值 10；第 2 轮循环中，读取 nums 的第 2 个元素 20，赋值给 elem(即 elem=20)，然后执行循环体中的语句 println(elem)，打印出数值 20；第 3 轮循环中，读取 nums 的第 3 个元素 30，赋值给 elem(即 elem=30)，然后执行循环体中的语句 println(elem)，打印出数值 30。

在 Scala 中，经常使用 Range 区间 (范围) 作为 for 循环的容器。例如，打印 1 到 100 之间的偶数之和，代码如下：

```scala
scala> :paste
// 进入 paste 模式，按 "Crtl+D" 键可退出该模式
var total = 0                  // 变量 total 用于存储计算结果
for (i <- 1 to 100){           // 1 to 100 表示从 1 到 100 的整数序列 (Range 区间 )
  if(i%2 == 0) {
    total = total + i
  }
}
// 退出 paste 模式，开始执行上述代码
var total: Int = 2550
```

上述代码中，1 to 100 表示从 1 到 100 的整数序列 (容器)；for (i <- 1 to 100) 则表示逐个读取 1 到 100 整数序列的元素，然后赋值给临时变量 i，进入循环体内。在循环体内，if(i%2 == 0) 用于判断变量 i 是否为偶数，如果 i 为偶数，则执行 total = total + i，即将 i 累加到 total 中。

for 循环条件中，还可以加入 if 语句来去掉某些不符合特定条件的元素。比如上面的代码也可以写作：

```scala
scala> :paste
// 进入 paste 模式，按 "Crtl+D" 键可退出该模式
var total = 0
for (i <- 1 to 100; if i%2 ==0){   // 在 for 循环内加入 "守卫" 条件
  total = total + i
}
// 退出 paste 模式，开始执行上述代码
var total: Int = 2550
```

上面代码中，在循环判断 for (i <- 1 to 100; if i%2 ==0) 中，加入了守卫条件 if i%2 ==0，表示只有 i 为偶数时，才进入循环体并执行 total = total + i，否则直接进入下一轮循环。

2. while 循环

for 循环有循环次数限定，而 while 循环没有循环次数限定。while 循环预设一个循环条件，只要该条件成立（结果为 true），则重复执行循环体内的代码块（循环体内的语句）。while 循环的语法格式如下：

```
while( 循环条件 ) {
    循环体语句
}
```

while 循环的执行流程如图 2-13 所示。

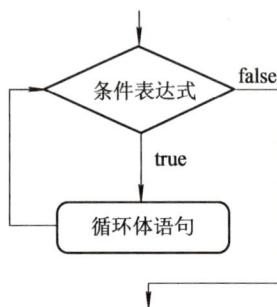

图 2-13　while 循环的执行流程

例如，借助 while 循环求 10 到 100 之间的整数之和，代码如下：

```
scala> :paste
// 进入 paste 模式，按 "Crtl+D" 键可退出该模式
var total = 0          // 变量 total 保存计算结果
var i = 1              // 变量 i 为循环条件变量，初始值为 1
while(i <= 100){       // 当满足 "i 小于等于 100" 条件时，进入循环体并执行其中的两行代码
  total = total + i    // 将 i 的值累加到 total 中
  i = i + 1            // i 的值增加 1，然后返回 while(i <= 100) 处，进行下一轮循环判断
}
println("1 到 100 之间的整数和为："+total)


// 退出 paste 模式，开始执行上述代码
1 到 100 之间的整数和为：5050
```

上述代码中，变量 total 保存计算结果，变量 i 为循环变量，其初始值为 1。代码 while(i <= 100) 表示进行条件判断，如果 i <= 100 为 true，则进入循环体。第 1 轮循环时，i 值为 1，因此 i <= 100 成立（结果为 true），进入循环体，执行 total = total + i 和 i = i + 1。执行完毕后，total 值为 1，i 的值为 2。接下来，返回到代码 while(i <= 100) 处，进行第 2 轮循环，检验 i <= 100 是否成立，此时 i 的值为 2，所以 i <= 100 成立（结果为 true），再次进入循环体，执行循环体内的两条代码。周而复始，直到 i 为 101 时，不再满足 i <= 100，不再进入循环体，而是执行循环体后面的语句 println("1 到 100 内整数和为："+total)。

除了普通的 while 循环，还有一种与之类似的 do…while 循环。do…while 循环会确保至少执行一次循环，即 do…while 先执行循环体内的语句，然后判断循环条件是否成立，若成立则再次执行，否则跳出。因其应用的场景相对较少，且可以使用其他循环代替，故不再举例。

2.3.3　字符串的处理

字符串是一种常用的数据类型，表示一组文本信息。Scala 直接使用了 Java 的字符串，其用法与 Java 字符串一致。Scala 中字符串被双引号包裹，提供了丰富的方法。字符串的部分方法与功能说明如表 2-10 所示。

表 2-10　字符串的部分方法与功能说明

方　法	功　能　说　明
length()	返回字符串的长度 (包含的字符数)
equals()	判断两个字符串是否相等
startsWith()/endsWith()	判断字符串是否以指定的字符串开头 / 结尾
replace()	将字符串中指定的字符串替换成指定的字符串
contains()	判断字符串中是否包含指定的字符串
substring(start,end)	字符串截取，从指定的下标开始和结束索引，范围是左闭右开
split()	字符串切割，按照指定的字符串对原字符串进行切割，得到一个字符串数组
trim()	不改变原有字符串内容，只是去除字符串首尾的空白字符，包括空格、"\t" "\r" "\n"

下面用代码演示字符串方法的使用：

```
scala> val str="Spark is powerful"
val str: String = Spark is powerful


scala> str.length()              // 字符串 str 的长度
val res21: Int = 17


scala> str.equals("spark")       // 判断 str 与字符串 spark 内容是否一样
val res22: Boolean = false


scala> str.contains("Spark")     // 判断 str 是否包含 Spark 子串
val res23: Boolean = true


scala> str.split(" ")            // 将 str 按照空格切割，得到一个字符串数组
val res24: Array[String] = Array(Spark, is, powerful)


scala> str.substring(0,5)   // 截取子串，从下标 0 的字符开始，到下标 5 的字符为止 ( 不包括下标 5 的字符 )
val res25: String = Spark
```

实际开发中，有时希望字符串具有更高的灵活性，能够根据不同的情形呈现不同的内容。例如，字符串 " 今天的最高气温 ** 度 "，需要根据当天的实际情况填充温度；字符串 " 您的账户余额为 ** 元 "，也需要根据账户的情况填写金额数量。为此，可以使用加号 "+" 将多个字符串连接起来，形成一个新字符串，示例如下：

```
scala> val tem=25
val tem: Int = 25


scala> val str=" 今天的最高气温为 " + tem + " 度。 "   // 使用 "+" 将多个数据连接成一个新字符串
val str: String = 今天的最高气温为 25 度。
```

以上方式虽然可以实现预定的功能，但需要多次使用"+"号，书写不够简洁。为此，可以引入字符串格式化，示例如下：

```
scala> val name = "Tom"
val name: String = Tom


scala> val weight = 64.58
val weight: Double = 64.58


scala> val msg1 = s"My name is $name. My weight is $weight kg."    // 字符串前加"s"，使用占位符"$"
                                                                       插入变量

val msg1: String = My name is Tom. My weight is 64.58 kg.


scala> val msg2 = f"My name is $name. My weight is $weight%.1f kg."   // 字符串前加"f"
val msg2: String = My name is Tom. My weight is 64.6 kg.
```

观察上面的代码可知：可以在字符串前面加入字符"s"，然后在字符串内部使用占位符"$"插入变量；也可以在字符串前面加入字符"f"，此时除了可以在字符串内部使用占位符"$"插入变量，还可以对浮点数进行处理。例如，字符串 msg2 中，%.1f 表示插入的浮点数 weight 保留 1 位小数。

Scala 中，字符串可以与其他数据类型用"+"号连接，得到一个新的字符串；字符串也支持"*"号运算，得到一个内容重复多次的新字符串。相关用法示例如下：

```
scala> val str="PI 的值为 "
str: String = PI 的值为


scala> str + 3.14              // 字符串 str 与 3.14 连接，得到新字符串
res0: String = PI 的值为 3.14


scala> "Hello"*3              // 字符串的内容重复 3 次，得到新字符串
res1: String = HelloHelloHello
```

2.3.4　读取文件的内容

在程序执行过程中可能需要读取文件中的数据，处理后的数据也可能要写入文件中，这些就涉及文件的读写操作。从文件读取内容非常简单，Scala 提供了 Source 类及伴生对象来读取文件（关于类、伴生对象的概念将在任务 2.5 中介绍）。为了演示读取文件的方法，在 Ubuntu 下使用 gedit 或在 Windows 下使用记事本创建一个文本文件 test.txt，内容如下：

```
Spark is an engine
I like Spark
Spark is powerful
```

将文件 test.txt 放置于 Ubuntu 的 /home/hadoop/data 目录下，可以使用下面的代码读取并处理其中的内容：

```
scala> import scala.io.Source              // 导入 Source 类
import scala.io.Source
```

```
scala> val data=Source.fromFile("/home/hadoop/data/test.txt")  // 读取文件，返回一个迭代器 ( 类似于数组 )
val data: scala.io.BufferedSource = <iterator>

scala> val lines = data.getLines()                    // 文件的每一行成为迭代器 lines 的一个元素
val lines: Iterator[String] = <iterator>

scala> val line1 = lines.next()                       // 获取 lines 的第 1 个元素，即文件的第 1 行
val line1: String = Spark is an engine

scala> val line2 = lines.next()                       // 获取 lines 的第 2 个元素，即文件的第 2 行
val line2: String = I like Spark
```

上述代码中，import 语句导入 Scala 中的 Source 类；Source.fromFile() 则是读取文件的内容，返回一个迭代器 data(可以看作一个 "容器"，"容器" 里存放了文件的各行文本)；data.getLines() 则是针对 data，调用 getLines 方法，将文件的每一行文本 (字符串) 作为一个元素，形成一个迭代器 (lines)；使用 next() 方法可以逐一读取 lines 中的每个元素，即可获取文件的每一行。

针对 data，也可以使用 for 循环，逐一读取迭代器的每个元素 (读取、处理文件的每一行)，代码如下：

```
import scala.io.Source                              // 导入 Source 类
val data=Source.fromFile("/home/hadoop/data/test.txt")  // 读取文件，返回一个迭代器
for(line <- data.getLines()){                       // 通过 for 循环，读取迭代器的每个元素 ( 即文件的每一行 )
  println(line)
}
```

> 小贴士：迭代器是一种 "容器"。可以调用迭代器的 next 方法，逐个读取迭代器中的元素；也可以使用 for 循环，逐一读取迭代器中的元素，并加以处理。迭代器只能从第一个元素开始向后读取，读取完毕所有元素后，迭代器变为空。

任务实施

本任务的实施思路与过程如下：

【源代码：2.3 任务实施代码】

(1) 将 saleStat.txt 置于 /home/hadoop/data 目录下，使用 Source 的 fromFile 方法读取文件，进而得到由 saleStat.txt 各行组成的迭代器。相关代码如下：

```
scala> import scala.io.Source
scala> val data = Source.fromFile("/home/hadoop/data/saleStat.txt")
scala> val lines=data.getLines()     // 文件的各行组成一个迭代器 lines
```

(2) 定义变量 total，用于存储比亚迪的所有销量。使用 for 循环遍历迭代器 lines，并对其元素进行处理 (读取比亚迪的销量数据，并累加到 total 中)。相关代码如下：

```
scala> var total=0                              // 总销售量，初始值为 0
val total: Int = 0
scala> for(line <- lines){
    val inforArray = line.split("\t")           // 按"Tab"键切割每行字符串，得到字符串数组 inforArray
    if(inforArray(3).equals(" 比亚迪 ")){         // 判断是否为比亚迪品牌的销售数据
        total = total + inforArray(5).toInt      // 获取销售数据，累加到总销售量 total 中
    }
}
```

上述代码中，lines 的每个元素 (即文件的每行) 代表了一个车型的销售信息，包括年份、月份、排名、电动汽车品牌、电动汽车车型、销量、价格区间等数据，数据之间用"Tab"键（"\t"）分隔。for(line <- lines) 表示遍历 lines 中的每个元素，因此 line 代表文件中的一行文本（字符串类型）。line.split("\t") 表示针对 line，按照"\t"进行切割，得到字符串数组 inforArray。字符串数组 inforArray 的第 4 个元素为电动汽车品牌，因此可以使用 inforArray(3).equals(" 比亚迪 ") 判断是否为比亚迪的销售信息。inforArray 的第 6 个元素为销量 (String 数据类型)，因此 inforArray(5).toInt 则得到 Int 类型的汽车销量。最后将销量累加到 total 中，即可得到比亚迪全部产品的销售总量。

(3) 结合字符串格式化，打印输出比亚迪总销量信息。相关代码如下：

```
scala> {
    println("*****************************")
    println("-------Build Your Dream--------")
    println(s" 比亚迪汽车国内销量达【$total】辆 ")
    println("*****************************")
}
```

任务 2.4 计算某热门车型的月均销量

计算某热门
车型的月均
销量

任务分析

当前，比亚迪旗下的"宋 PLUS 新能源"是一款热门车型，连续多月占据销量排行榜榜首。本任务要求继续分析 saleStat.txt 销售数据文件，使用集合类型相关方法，计算"宋 PLUS 新能源"的月均销量。本任务的工作内容及相关知识点如表 2-11 所示。

表 2-11 工作内容及相关知识点

工 作 内 容	相关知识点
读取 saleStat.txt 文件	文件的读取操作
使用 filter 函数，过滤出"宋 PLUS 新能源"的相关数据行	filter 高阶函数、字符串 contains 方法
使用 map、reduce 等高阶函数，计算"宋 PLUS 新能源"的总销量	map、reduce 等高阶函数
总销量除以月数得到月均销量，打印相关信息	println、字符串格式化

任务完成后，程序运行结果如图 2-14 所示。

```
**************************************
--------------Build Your Dream-------------
<喜讯>宋PLUS新能源车型月均销量达【31093】台！
**************************************
```

图 2-14　程序运行结果

知识储备

2.4.1　元组

Scala 编程中除了数组，还广泛使用元组、列表等集合类，它们拥有更多方法，为大数据分析提供了极大的便利。元组 Tuple 是大数据处理中常用的数据类型，它可以包含不同类型的数据元素。元组使用小括号将这些数据元素括起来，并用逗号分隔。下面简单介绍元组的相关操作。

1. 创建元组

可以使用 new TupleN(元素 1, 元素 2,…) 创建元组，其中 N 为元组中元素的数量，N 不能超过 22；也可以不使用 new 关键字，而直接简写为 (元素 1, 元素 2,…)。相关示例如下：

```
scala> val nums=new Tuple3(10,20,30)        // 定义一个 3 元组，存储 3 个整数元素
val nums: (Int, Int, Int) = (10,20,30)

scala> val nums=(10,20,30)                  // 简写形式，与上一行等价
val nums: (Int, Int, Int) = (10,20,30)

scala> val studentInfo=("Tom","male",20,62.8)   // 元组可以保存不同类型的数据元素
val studentInfo: (String, String, Int, Double) = (Tom,male,20,62.8)
```

2. 获取元素的值

在 Scala 中，使用脚注来获取其中的元素。例如，tuple._1 获取元组的第 1 个元素，tuple._2 获取元组的第 2 个元素，代码如下：

```
scala> studentInfo._1        // 获取元组的第 1 个元素
val res56: String = Tom

scala> studentInfo._2        // 获取元组的第 2 个元素
val res57: String = male
```

注意：元组的脚注是从 1 开始的；而数组的下标是从 0 开始的。

3. 元组转字符串

可以使用 toString() 方法将元组的所有元素组合成一个字符串，注意返回的字符串带括号。示例如下：

```
scala> studentInfo.toString()
val res65: String = (Tom,male,20,62.8)
```

2.4.2 列表 List

列表 List 类似于数组，存储的元素通常为相同数据类型；但列表 List 一旦生成，其元素不可改变 (Scala 中还有一种可变列表 ListBuffer，感兴趣的读者可自行查看 Scala 文档)。创建不可变列表 List 的示例如下：

```
scala> val cars:List[String]=List("BYD","Li Xiang","HUWEI")    // 创建列表，内含 3 个字符串元素
val cars: List[String] = List(BYD, Li Xiang, HUWEI)

scala> val cars=List("BYD","Li Xiang","HUWEI")                 // 利用类型推断机制简化，与上一行等效
val cars: List[String] = List(BYD, Li Xiang, HUWEI)

scala> val cars="BYD"::"Li Xiang"::"HUWEI"::Nil                // 通过中缀操作创建列表
val cars: List[String] = List(BYD, Li Xiang, HUWEI)
```

列表的元素是有顺序的，因此可以通过下标来获取列表的元素 (下标从 0 开始)，代码如下：

```
scala> cars(0)          // 获取 cars 的第 1 个元素 ( 下标为 0 的元素 )
val res80: String = BYD

scala> cars(2)          // 获取 cars 的第 3 个元素 ( 下标为 2 的元素 )
val res82: String = HUWEI
```

List 是应用最为广泛的数据结构之一，Scala 提供了许多方法用于操作 List，其常用方法如表 2-12 所示。

表 2-12 操作 List 的常用方法

方　　法	功　　能
def apply(n: Int): A	通过列表索引获取元素
def contains(elem: Any): Boolean	检测列表中是否包含指定的元素
def distinct: List[A]	去除列表的重复元素，并返回新列表
def drop(n: Int): List[A]	丢弃前 N 个元素，并返回新列表
def dropRight(n: Int): List[A]	丢弃最后 N 个元素，并返回新列表
def head: A	获取列表的第一个元素
def last: A	返回最后一个元素
def length: Int	返回列表长度
def tail: List[A]	返回除第一个元素以外的所有元素

下面通过代码演示 List 的用法：

```
scala> val nums=List(10,20,30,30,40,50)
val nums: List[Int] = List(10, 20, 30, 30, 40, 50)

scala> nums.apply(0)          // 获取列表第 1 个元素，等效于 nums(0)
val res0: Int = 10
```

```
scala> nums.contains(50)          // 判断列表是否包含 50
val res1: Boolean = true

scala> nums.distinct              // 去掉列表的重复元素，得到一个新列表
val res3: List[Int] = List(10, 20, 30, 40, 50)

scala> nums.length               // 列表的长度（元素数量）
val res5: Int = 6
```

在数据分析中，列表、元组、数组等经常组合在一起（嵌套使用），从而存储更复杂的数据结构。在 Spark 数据分析中经常使用的部分组合形式如下：

```
scala> val data1=List((10,11),(20,21),(30,31))          // data1 为列表，其元素为二元组
val data1: List[(Int, Int)] = List((10,11), (20,21), (30,31))

scala> data1(1)               // 获取列表 data1 的第 2 个元素（下标为 1 的元素），返回元组 (20,21)
val res0: (Int, Int) = (20,21)

scala> data1(1)._2            // 元组 (20,21) 的第 2 个元素，返回数值 21
val res1: Int = 21

scala> val data2=Array(("apple",8.4),("orange",5.5),("grapge",16.2))        // data2 为数组，其元素为二元组
val data2: Array[(String, Double)] = Array((apple,8.4), (orange,5.5), (grapge,16.2))

scala> val data3=List(Array(1,2),Array(3,4))            // data3 为列表，其元素为数组 Array
val data3: List[Array[Int]] = List(Array(1, 2), Array(3, 4))
```

2.4.3　集合 Set

集合也是一种常用的数据类型，Scala 集合分为可变集合和不可变集合。默认情况下，Scala 使用的是不可变集合 Set，若要使用可变集合，则需引入 scala.collection.mutable.Set 包。表 2-13 给出了 Set 的常用方法。

表 2-13　Set 的常用方法

方　　法	功　　能
def contains(elem: Any): Boolean	检测 Set 中是否包含指定的元素
def head: A	获取 Set 的第一个元素
def init: List[A]	返回所有元素，除了最后一个
def last: A	返回最后一个元素
def take(n: Int): List[A]	提取 Set 的前 N 个元素
def tail: List[A]	返回除第一个元素以外的所有元素

下面演示创建与使用 Set，其代码如下：

```
scala> val fruits = Set("apple","orange","grape","blueberry")          // 创建 Set
val fruits: scala.collection.immutable.Set[String] = Set(apple, orange, grape, blueberry)

scala> fruits.contains("orange")                                        // 判断 Set 中是否包含 orange
val res16: Boolean = true

scala> fruits.take(3)                                                   // 获取 Set 的前 3 个元素，返回一个新 Set
val res17: scala.collection.immutable.Set[String] = Set(apple, orange, grape)
```

2.4.4　Map 映射

在 Scala 中，Map 映射是一种可迭代的键值对 (key,value) 结构，其中键 key 是唯一的，所有的值 value 都可以通过键 key 来获取。Map 中所有的键与值构成一种对应关系，这种对应关系即为映射。Map 有可变与不可变两种类型。默认情况下，Scala 使用不可变 Map，如果要使用可变集合，则需要显式地引入 import scala.collection.mutable.Map 类。不可变 Map 的创建方法如下：

```
scala> val student = Map("Tom"->18,"Jerry"->20,"Petter"->19)          // 创建映射 Map
val student: scala.collection.immutable.Map[String,Int] = Map(Tom -> 18, Jerry -> 20, Petter -> 19)

scala> val student=Map(("Tom",18),("Jerry",20),("Petter",19))         // 将二元组转为映射，与上一行代码等效
val student: scala.collection.immutable.Map[String,Int] = Map(Tom -> 18, Jerry -> 20, Petter -> 19)
```

上述代码中，将 "Tom"->18 形式的键值对生成 Map，或将 ("Tom",18) 形式的二元组转换为 Map。Scala 中提供了若干操作 Map 映射的方法，操作 Map 映射的常用方法如表 2-14 所示。

表 2-14　操作 Map 映射的常用方法

方　　法	功　　能
def get(key: A): Option[B]	返回指定 key 的值
def getOrElse(key: A, default: => B1): B1	返回指定 key 的值，不存在时返回 default
def contains(key: A): Boolean	如果 Map 中存在指定 key，则返回 true，否则返回 false
def keys: Iterable[A]	返回所有的键
def values: Iterable[A]	返回所有的值
def isEmpty: Boolean	判断是否为空

接下来，演示 Map 映射的用法：

```
scala> student("Jerry")              // 获取 Jerry 对应的 value 值
val res21: Int = 20

scala> student.getOrElse("Ben",99)   // 获取 Ben 对应的 value 值。如果找不到，则返回 99
val res22: Int = 99
```

```
scala> student.contains("Petter")        // 判断 key 中是否有 Petter
val res23: Boolean = true

scala> student.keys                       // 返回所有 key 组成的 Set
val res25: Iterable[String] = Set(Tom, Jerry, Petter)

scala> student.values                     // 返回所有 value 组成的 Set
val res26: Iterable[Int] = Iterable(18, 20, 19)
```

2.4.5　高阶函数

Scala 语言作为函数式编程语言，函数是它的"头等公民"。所谓高阶函数 (Higher-Order Function)，就是操作其他函数的函数。如果一个函数使用另外一个函数作为参数，或者返回另外一个函数作为结果，那么这个函数就可以称为高阶函数。示例如下：

```
scala> def add(a:Int,b:Int):Int= a+b      // 定义一个函数，计算两整数的和
scala> def multiply(a:Int,b:Int):Int= a*b // 定义一个函数，计算两整数的积
scala> def cal(f:(Int,Int)=>Int,a:Int,b:Int)= f(a,b)  // 定义一个高阶函数，第 1 个参数为某函数
scala> cal(add,10,20)                     // 调用 cal 函数，第 1 个参数为 add 函数
val res30: Int = 30

scala> cal(multiply,10,20)                // 调用 cal 函数，第 1 个参数为 multiply 函数
val res31: Int = 200
```

上述代码中，定义了两个普通函数 (multiply、add) 以及一个高阶函数 (cal)。在高阶函数 cal 中，其第 1 个参数仍然为一个函数。(Int,Int)=>Int 是函数 f 的类型，即该函数有两个整型参数，返回值为一个整型。当调用高阶函数 cal 时，可设定其第 1 个参数为 add 函数或 multiply 函数，从而实现不同的功能。

List 等集合提供的组合器函数是典型的高阶函数，这些组合器函数的第一个参数为另外一个函数。下面介绍常用的组合器。

1. map 操作

map 操作是针对集合的变换操作，它的第一个参数为某函数 f。map 操作是将函数 f 应用到集合的每个元素上，所有返回值组成一个新的集合，该方法的说明如图 2-15 所示。

```
final def map[B](f: (A) => B): List[B]
    Builds a new list by applying a function to all elements of this list.

    B          the element type of the returned list.
    f          the function to apply to each element.
    returns    a new list resulting from applying the given function f to each element of this list and
               collecting the results.

    Definition Classes    List → StrictOptimizedIterableOps → IterableOps → IterableOnceOps
```

图 2-15　map 操作说明

map 方法的参数为 f: (A) => B，表明该参数是一个函数。其示例如下：

```
scala> val str1=List("Tom","Jerry","Petter")
val str1: List[String] = List(Tom, Jerry, Petter)

scala> val str2=str1.map((x:String)=>"Hello "+x)
val str2: List[String] = List(Hello Tom, Hello Jerry, Hello Petter)
```

代码 str1.map((x:String)=>"Hello "+x) 中，map 方法的参数为匿名函数 (x:String)=>"Hello "+x，表示把 str1 的每个元素交给匿名函数处理 (赋值给匿名函数的参数 x)，匿名函数处理后的结果 (即在原字符串的前面加入 Hello) 组成一个新的列表。根据"函数简化"原则，Scala 中匿名函数往往采用若干简写形式，示例如下：

```
scala> val data1=List(1,2,3,4,5)
val data1: List[Int] = List(1, 2, 3, 4, 5)

scala> val data2=data1.map((x:Int)=>x*2)    // map 内的匿名函数采用了原始形式
val data2: List[Int] = List(2, 4, 6, 8, 10)

scala> val data2=data1.map((x)=>x*2)     // Scala 可以自动推断出 x 的数据类型，因此可以省略 Int
val data2: List[Int] = List(2, 4, 6, 8, 10)

scala> val data2=data1.map(x=>x*2)     // 匿名函数只有一个参数，因此可以省略小括号
val data2: List[Int] = List(2, 4, 6, 8, 10)

scala> val data2=data1.map(_*2)     // 匿名函数的参数仅出现一次，可以用 "_" 代替
val data2: List[Int] = List(2, 4, 6, 8, 10)
```

上面代码中，首先定义了一个列表 data1，接下来使用了 4 种写法，将 data1 的元素乘以 2 后，得到一个新的列表 data2。

2. filter 操作

filter 的主要作用是遍历集合的所有元素，然后筛选出符合某特定条件的元素，并将其组成一个新的集合。其代码示例如下：

```
scala> val data=List(12,8,20,3,42,5)
val data: List[Int] = List(12, 8, 20, 3, 42, 5)

scala> val result=data.filter(x=>x>10)
val result: List[Int] = List(12, 20, 42)
```

上述代码中，首先定义了一个列表 data，然后使用 data.filter(x=>x>10) 将 data 中大于 10 的元素过滤出来，组成一个新列表。其工作原理是将 data 的每个元素交给匿名函数 x=>x>10 来处理 (赋值给参数 x)，如果该元素大于 10，则匿名函数返回值为 true，保留该元素；如果该元素小于 10，则匿名函数返回值为 false，丢弃该元素。最后保留下来的元素组成一个新的列表。

3. foreach 操作

与 map 方法类似，foreach 也是对集合的每一个元素进行操作，但 foreach 是没有返回值的。首先定义一个列表 data，然后使用 foreach 方法将 data 的每一个元素打印出来，其代码如下：

```
scala> val data=List(10,20,30)
val data: List[Int] = List(10, 20, 30)

scala> data.foreach(x=>println(x))    // 将 data 的每个元素交给匿名函数 x=>println(x) 处理，即打印出来
10
20
30

scala> data.foreach(println)          // 上一行代码的简写形式
```

4. reduce 操作

reduce 方法是将列表的元素值进行合并、累计。下面通过 reduce 方法求得列表所有元素的和，其代码如下：

```
scala> val data=List(10,20,30,40,50)
val data: List[Int] = List(10, 20, 30, 40, 50)

scala> data.reduce((a,b)=>a+b)        // 将 data 的元素累加
val res35: Int = 150

scala> data.reduce(_+_)               // 上一行代码的简写形式
val res36: Int = 150
```

上述代码中，使用 data.reduce((a,b)=>a+b) 完成了 data 元素的累加。其原理是首先读取 data 的前 2 个元素 (10 和 20)，并分别赋值给 a 和 b，然后计算 a+b 的值为 30；接下来将 30 赋值给 a(即 a=30)，从 data 中再读取第 3 个元素 (30) 并将其赋值给 b(即 b=30)，计算 a+b 的值为 60；然后将 60 赋值给 a(即 a=60)，从 data 中再读取第 4 个元素 (40) 并将其赋值给 b(即 b=40)，计算 a+b 的值为 100；最后将 100 赋值给 a(即 a=100)，从 data 中再读取第 5 个元素 (50) 并将其赋值给 b(即 b=50)，计算 a+b 的值为 150；此时读取了 data 中的所有元素，最终结果即为 150。

任务实施

本任务的实施思路与过程如下：

(1) 使用 Source 读取文件 saleStat.txt 的所有行，进而得到迭代器 lines，相关代码如下：

【源代码：2.4 任务实施代码】

```
scala> import scala.io.Source
scala> val data=Source.fromFile("/home/hadoop/data/saleStat.txt")
scala> val lines=data.getLines()
```

(2) 将迭代器 lines 转换为列表 data1，文件的每一行变为列表的一个元素，即 data1 的元素样式为"2023 1 1 比亚迪 宋 PLUS 新能源 35585 15.48 - 21.99"，相关码如下：

```
scala> val data1=lines.toList                     // 转为列表 List
```

(3) 使用 filter 方法，过滤出 data1 中"宋 PLUS 新能源"的每月销量，组成一个新列表 data2，相关代码如下：

```
val data2=data1.filter(x=>x.contains(" 宋 PLUS 新能源 "))
```

(4) 使用 map 方法，将列表 data2 的字符串元素进行切割 (按照"\t"进行切割)，得到新列

表 data3。data3 的元素样式为数组，如 Array(2023, 1, 1, 比亚迪 , 宋 PLUS 新能源 , 35585, 15.48 - 21.99)。其相关代码如下：

```
scala> val data3=data2.map(x=>x.split("\t"))
```

(5) 使用 map 方法，读取 data3 中的"销量"数据，去掉其他无关数据，返回一个新列表 data4。列表 data4 则记录了宋 PLUS 新能源的各月销量情况。相关代码如下：

```
scala> val data4=data3.map(x=> x(5).toInt)
val data4: List[Int] = List(35585, 37153, 30088, 24580, 22079, 27041, 29991, 32850, 36773, 34799)
```

(6) 使用 reduce 方法，求出列表 data4 的所有元素和，即总销量；然后总销量除以月数，得出月均销量；最后，打印出相关信息。其相关代码如下：

```
scala> val total=data4.reduce(_+_)          // 总销量

scala> val avg=total/data4.length           // 月均销量。data4.length 即总的月数

scala> {
    println("**************************************")
    println("--------------Build Your Dream------------")
    println(s"< 喜讯 > 宋 PLUS 新能源车型月均销量达【$avg】台！ ")
    println("**************************************")
    }
```

上述代码中，使用 data4.reduce(_+_) 得到 data4 中所有元素的和。对于列表 List，Scala 还提供了 sum、max、min、count 等统计类方法，因此也可以使用代码 data4.sum 求 data4 中所有元素的和。

任务 2.5 计算各大品牌的市场占有率

计算各大品牌
的市场占有率

任务分析

根据 saleStat.txt 分析可知，2023 年 1 月至 10 月全国电动汽车总量销量约 521.25 万辆。其中，比亚迪的销量为 203.76 万辆，广汽埃安的销量为 20.28 万辆，理想汽车的销量为 28.05 万辆，特斯拉中国的销量为 46.24 万辆，长安汽车的销量为 17.53 万辆。现要求采用面向对象的方式编写程序来计算上述品牌的市场占有率，本任务的工作内容及相关知识点如表 2-15 所示。

表 2-15 工作内容及相关知识点

工 作 内 容	相关知识点
定义一个 Car 类，拥有品牌 brand、销量 sale 属性以及 printInfo 等方法	类、属性、方法
使用列表存储品牌及其销量	列表、元组
生成 Car 类的对象	new
调用 Car 的相关方法，打印市场占有率等信息	方法的调用、println

任务完成后，程序运行结果如图 2-16 所示。

```
---------- 【五大品牌市场占有率】 ----------
比亚迪 销量为203.76 万辆, 市场占有率为 39.09%
广汽埃安 销量为20.28 万辆, 市场占有率为 3.89%
理想汽车 销量为28.05 万辆, 市场占有率为 5.38%
特斯拉 销量为46.24 万辆, 市场占有率为 8.87%
长安汽车 销量为17.53 万辆, 市场占有率为 3.36%
*********************************************
```

图 2-16　程序运行结果

知识储备

2.5.1　类与对象

面向对象编程 (Object Oriented Programming，OOP) 是当前主流的编程方式，Scala 也是一种典型的面向对象的程序设计语言。学习 Scala 中面向对象的基本用法，对于 Spark 编程是十分必要的。几乎所有的面向对象程序设计语言均有类和对象的概念。类是具有相同特征和行为的事物的统称，可以看作一组事物的抽象、模板，比如可以定义一个 People 类，类中规定每个人应该具备的姓名、性别等基本属性特征 (数据)，以及说话、吃饭、睡觉等行为功能 (方法)。对象则是根据类模板创建出来的一个个具体的"人" (如张三、李四、王五等)，每个对象都拥有相同的方法，但各自的数据可能不同。总之，类是一组对象的抽象，对象是类的实例。

面向对象编程在解决问题时，把问题领域中的事物看作对象，这些事物 (对象) 都具有一定的属性 (数据) 和功能 (操作数据的函数、方法)，多个对象之间相互协作，每个对象都可以接收其他对象发过来的消息，进而处理这些消息并反馈结果。因此，程序的执行就是各个对象之间传递并处理消息的过程。该方式的优点在于当需求变更时，只需修改局部代码，不影响整体；必要时还可以扩增，也不会影响程序的主要逻辑，因而大大增强了程序的适应性。

在 Scala 中，使用 class 关键字定义一个类，其语法格式如下：

```
class 类名 ( 参数 1：参数类型，参数 1：参数类型，…){
    成员变量
    成员方法
}
```

class 是定义类的关键字，表明需要创建一个类。类名称后面可以加若干个参数 (也可以没有参数)，称之为类参数。类的主体部分为成员变量和成员方法，成员变量可以理解为描述类的属性 (数据)，成员方法代表类所具有的功能。创建好一个类之后，可以用 new 关键字创建类的对象。例如，编写一个 People 类，代码如下：

```
scala> :paste
// 进入 paste 模式，按"Crtl+D"键可退出该模式

class People(aName:String,anAge:Int,aGender:String){    // 定义一个 People 类，有 3 个参数
    var name=aName                                       // People 类的属性 ( 成员变量 )，表示人的名字
    var age=anAge                                        // People 类的属性 ( 成员变量 )，表示人的年龄
    var gender=aGender                                   // People 类的属性 ( 成员变量 )，表示人的性别
    def addAge()={                                       // People 类的方法，表示所有人都具备的功能
        age=age+1
    }
```

```
        def printInfo()={                              // People 类的方法，表示所有人都具备的功能
            println(s"My name is $name.")
            println(s"I am $age years old.")
        }
    }
val tom=new People("Tom",20,"male")              // 使用 new 关键字创建一个 People 对象 tom
tom.addAge()                                      // People 对象 tom 调用 addAge 方法，自己的年龄加 1
tom.printInfo()                                   // People 对象 tom 调用 printInfo 方法，打印自己的信息
// 退出 paste 模式，开始执行上述代码

My name is Tom.
I am 21 years old.
```

上述代码中，首先使用 class 关键字定义了一个 People 类，它有 3 个类参数 (aName: String,anAge:Int,aGender:String)。在类的内部，定义了 3 个属性，亦称为成员变量，分别为 name、age、gender，表示所有人都应具有自己的名字、年龄、性别等 3 项数据；还定义了两个方法（即类内部的函数，其写法与函数一致），分别为 addAge、printInfo，表明所有人都具有年龄加 1 和打印个人信息的功能（能力）。

接下来，代码 tom=new People("Tom",20,"male") 则是借助 new 关键字，生成了一个具体人 tom。其姓名为 Tom(该对象内部 name=aName=20)，年龄 age 为 20，性别 gender 为 male。tom. addAge() 则是调用了类（对象）的 addAge 方法，使 tom 自己的年龄加 1，年龄 age 变为 21。tom.printInfo() 则调用了类（对象）的 printlnfo 方法，打印 tom 自己的信息。

2.5.2 继承与特质

继承是面向对象的一个重要概念，当一个类继承另外一个类时，将自动获取另一个类的公有属性和方法。原有的类称为父类，而新的类称为子类。子类除了拥有父类所有的属性及方法，也可以拥有自己独特的属性与方法，还可以把父类中不合适的方法覆盖重写，从而拥有更强大的功能。

Scala 使用 extends 关键字来表示类之间的继承关系，其语法格式如下：

```
class 子类 ( 参数 1, 参数 2, 参数 3,…) extends 父类 ( 参数 1, 参数 2,…) { 子类的主体 }
```

Scala 中的继承与 Java 的继承类似，但一个子类只允许继承一个父类。下面的代码定义了一个学生类 Student，该类继承自 People 类：

```
scala> :paste
// 进入 paste 模式，按 "Crtl+D" 键可退出该模式
class Student(aName:String,anAge:Int,aGender:String,aSubject:String) extends People(aName,anAge,aGender){
    var subject=aSubject                          // Student 特有的属性 "所学专业"
    def changeSuject(newSubject:String)={         // Student 特有的方法 "转专业"
        subject=newSubject
    }
    override def printInfo()={                     // Student 复写父类 People 的方法
        println(s"My name is $name")
        println(s"I am $age years old")
        println(s"My subject is $subject")
    }
```

```
}
// 退出 paste 模式，开始执行上述代码

scala> val jerry=new Student("Jerry",18,"male","Bigdata")
scala> jerry.printInfo()
My name is Jerry
I am 18 years old
My subject is Bigdata
```

以上代码中，定义了一个子类 Student，它继承自父类 People，因此 Student 可以看作一种特殊的 People。Student 可以拥有 People 的所有属性和方法，也可以拥有自己独特的属性和方法。例如，Student 拥有所学专业 (subject) 和转专业 (changeSubject) 功能。此外，在子类 Student 中，使用 override 关键字重写了父类 People 的 printInfo 方法，这样 Student 对象 jerry 在调用 printInfo 方法时，将使用本身重写的方法，输出更多的信息。

Java 中提供了接口，允许一个类实现任意数量的接口。在 Scala 中没有接口的概念，而是提供了特质 (trait)，它不仅实现了接口的功能，还具备了很多其他的特性。特质是代码重用的基本单元，可以同时拥有抽象方法和具体方法。一个类只能继承自一个父类，却可以实现 (混入) 多个特质，从而重用特质中的方法和字段。Spark 源码中也大量使用了特质，因此有必要了解特质的基本用法。

使用 trait 关键字定义特质，示例代码如下：

```
scala> :paste
// 进入 paste 模式，按 "Crtl+D" 键可退出该模式
trait Bird {
  def eat():Unit
  def fly():Unit={
    println("I am a bird,I can flay")
  }
}
```

上述代码中，定义了一个特质 Bird。在该特质中，声明了一个方法 eat，该方法只有声明、没有方法体，称为 "抽象方法"。此外，还有一个普通方法 fly。

接下来，定义一个 Parrot 类实现 (混入) 特质 Bird。在 Parrot 类中，实现 Bird 中的抽象方法 eat。因为 Bird 中已经有完整的方法 fly，所以 Parrot 需要加入 override 关键字才可以重写该方法，从而打印出不同的信息。其相关代码如下：

```
scala> :paste
// 进入 paste 模式，按 "Crtl+D" 键可退出该模式
class Parrot(aName:String) extends Bird {        // 定义一个 Parrot 类，实现 ( 混入 ) 特质 Bird
  val name = aName
  def eat():Unit={                               // 实现 Bird 中的抽象方法
    println("I like fruit")
  }
  override def fly():Unit={                       // 重写 Bird 中的 fly 方法
    println(s"I am $name, I can fly.")
  }
}
```

```
// 退出 paste 模式，开始执行上述代码

scala> val polly=new Parrot("Polly")          // 生成 Parrot 对象
scala> polly.fly()                            // 调用 fly 方法
I am Polly, I can fly.
```

2.5.3 单例对象与伴生对象

1. 单例对象

在 Scala 中，没有 static 静态方法或静态字段，所以不能直接使用类名访问类中的方法和字段，但是 Scala 提供了 object 关键字来实现单例模式。另外，只有 object 类对象（单例对象）才可以拥有 main 方法，作为程序的入口。

在本书任务 2.1 中，我们创建了一个 HelloWorld.scala 类，该类就是用 object 关键字定义的，因此包含 main 方法，可以作为独立应用程序的入口。

下面使用 object 关键字定义一个 Calculate 类，该类即为单例对象，它可以包含一个 main 方法（读者可以尝试按照任务 2.1 的方式编译、运行）。其相关代码如下：

```
object Calculate{
  def main(args:Array[String]):Unit={
    val radius=10
    val area=radius*radius* 3.14        // 求半径为 10 的圆形的面积
    println(" 圆形的面积是：  "+area)
  }
}
```

2. 伴生对象

在同一个 Scala 文件中，当单例对象与某个类具有相同的名称时，它被称为这个类的伴生对象。注意，类和它的伴生对象必须存在于同一个文件中，而且可以相互访问私有成员（字段和方法）。

假设在同一个 Scala 文件中，使用 class 关键字定义一个类 Dog，又定义一个单例对象 object Dog，此时 object Dog 称为 class Dog 的伴生对象，而 class Dog 称为 object Dog 的伴生类。其相关代码如下：

```
class Dog{                                    // 定义一个类 Dog
  private var name=""                         // Dog 类有 "私有" 属性 name
  private def outputName() { println(name) }  // "私有" 方法
}

object Dog{                                   // 生成一个伴生对象
  def main(args: Array[String]): Unit = {
    val dog=new Dog
    dog.name="Binngo"                         // 调用 class Dog 的私有成员变量
    dog.outputName                            // 调用 class Dog 的私有成员方法
  }
}
```

上述代码中，Dog 类的属性 name、方法 outputName 前面都有 private 关键字，表明它们是 Dog 类内私有、不能被外界访问 (调用) 的。而在伴生对象 object Dog 内部，可以直接使用 class Dog 内私有的属性和方法。

> 小贴士：通过使用伴生对象，可以实现"单例设计模式"。这在 Spark 中有较多应用。

2.5.4　模式匹配与样例类

1. 模式匹配

if else 语句可以根据不同的条件执行不同的代码，从而实现不同的功能，但当分支条件较多时，书写不够方便，处理的灵活度也不高。为此，Scala 提供了功能强大的模式匹配，可以实现条件判断、类型检查等多种功能。一个模式匹配包含了一系列备选项，每个备选项都从 case 关键字开始，并且都包含了一个模式及一到多个表达式。箭头符号" => "隔开了模式和表达式。模式匹配的用法示例如下：

```scala
scala> def matchTest1(x:Int) = x match {     // 定义一个函数
    case 1 => { println("one") }             // 如果 x 为 1，则打印 one
    case 2 => { println("two") }             // 如果 x 为 2，则打印 two
    case _ => { println("other")}            // 如果 x 为其他值，则打印 other
  }

scala> matchTest1(2)                          // 调用函数
two
```

在上述代码中，首先使用 def 关键字定义了一个函数 matchTest1，函数接收一个 Int 参数。在函数的内部，使用模式匹配。如果 x 为 1，则执行 println("one")；如果 x 为 2，则执行 println("two")；如果 x 为 _，即除了 1、2 的任何值，则执行 println("other")。最后，调用函数 matchTest1，验证结果。

此外，Scala 也可以完成不同类型值的匹配，代码如下：

```scala
scala> def matchTest2(x:Any) = x match {
    case 1 => { println(" 整数 1") }              // x 为 1
    case y:Int => { println(" 除 1 以外的整数 ") }  // x 为除 1 以外的其他整数
    case "two" => { println(" 字符串 two") }       // x 为字符串 two
    case _ => { println(" 其他情况 ") }            // x 为其他情况
    }

scala> matchTest2("Spark")
其他情况
```

> 小贴士：match 表达式按照代码的先后顺序尝试每个模式，只要发现有一个匹配的 case，就不会再继续匹配剩下的 case。

2. 样例类

在 Scala 中，使用了 case 关键字定义的类就是样例类 (case class)，样例类是一种特殊的类，经过优化以用于模式匹配。样例类没有类主体 (无需大括号)，也没有方法。它在 Spark 中常用于快速保存数据，在本书的 Spark SQL 部分将有所应用。样例类示例如下：

```
scala> case class Student(name:String,age:Int,score:Float)
class Student

scala> val tom = new Student("Tom",20,85.5f)
val tom: Student = Student(Tom,20,85.5)
```

任务实施

【源代码：
2.5 任务
实施代码】

本任务的实施思路与过程如下：

(1) 定义一个变量 total，用来存储总销量；定义一个 Car 类，其属性包括 brand、sale，其方法包括 printInfo。其相关代码如下：

```
scala> :paste
// 进入 paste 模式，按 "Crtl+D" 键可退出该模式
val total=521.25                                    // 所有汽车的总销量
class Car(aBrand:String,aSale:Double){              // 定义 Car 类
  var brand=aBrand                                  // 汽车品牌
  var sale=aSale                                    // 销量
  def printInfo()={                                 // 打印相关信息
    val rate=sale / total                           // 计算该品牌市场占有率
    val rateStr=f"${rate * 100}%.2f"                // 市场占有率 ×100，并保留 2 位小数
    println(s"$brand 销量为 $sale 万辆，市场占有率为 $rateStr%")  // 输出销量、占有率百分比
  }
}
// 退出 paste 模式，开始执行上述代码
```

(2) 使用列表 data 存储各品牌及其销量，其代码如下：

```
scala> val data=List((" 比亚迪 ",203.76),(" 广汽埃安 ",20.28),(" 理想汽车 ",28.05),(" 特斯拉 ",46.24),(" 长安汽车 ",17.53))
```

(3) 根据列表 data 中的数据，生成 Car 对象；调用对象方法，打印相关信息，相关代码如下：

```
scala> :paste
// 进入 paste 模式，按 "Crtl+D" 键可退出该模式
println("----------【五大品牌市场占有率】----------")
for (item <- data){
  val aCar=new Car(item._1,item._2)
  aCar.printInfo()
}
println("************************************")
// 退出 paste 模式，开始执行上述代码
```

项 目 小 结

　　Scala 语言是 Spark 编程的首推语言，它既是一种面向对象的语言，又是一种函数式语言。本着学习 Scala "最小子集" 的原则，以新能源汽车的销量分析项目为驱动，首先介绍了 Scala 的基础语法 (数据类型、变量、运算符等)，进而学习了程序设计中两种重要的结构 (分支与循环)；对于批量数据保存，学习了数组、List、Map、Set 等 "容器" 类型，这些 "容器" 将在后续的 Spark 数据分析中有着重要的应用；函数在 Scala 中有着重要的地位，对于函数、匿名函数需重点掌握；而对于面向对象部分，初学者了解基本的概念，会书写简单的类即可。Scala 编程语言的知识体系相当庞杂，但初学者不必掌握所有的技术细节，可以在后续的 Spark 编程中不断强化。

知 识 检 测

1. 判断题

(1) 安装 Scala 之前，必须安装 JDK。(　　)

(2) Scala 是一种面向对象的语言。(　　)

(3) 在 Scala 中，使用 val 定义的变量，其值是可以根据需要改变的。(　　)

(4) 在 Scala 中，可以定义匿名函数，并将其赋值给某变量。(　　)

(5) 在 Map 中，key 只能是字符串，value 只能是数值。(　　)

2. 选择题

(1) 关于 Scala 语言，下列说法错误的是 (　　)。

A. Scala 是面向对象语言 　　　　　　　　B. Scala 是函数式语言

C. Scala 可以运行在 JVM 上 　　　　　　D. Scala 语言扩展性差

(2) 下列不属于 Scala 关键字的是 (　　)。

A. if 　　　　　　　　　　　　　　　　B. for

C. def 　　　　　　　　　　　　　　　　D. void

(3) Scala 中，下列说法正确的是 (　　)。

A. 数组可以存储不同类型的元素 　　　　B. 元组可以包含不同类型的元素

C. 函数不可以作为其他函数的参数 　　　D. List 不可以包含重复元素

(4) 下列方法中，可以得到一个数组长度的是 (　　)。

A. count 　　　　　　　　　　　　　　　B. take

C. sum 　　　　　　　　　　　　　　　　D. length

(5) 关于 List 的定义，下列错误的是 (　　)。

A. val list=List(1,2,3) 　　　　　　　　B. val list=List("spark","hadoop")

C. val list:String=List(1,2,3) 　　　　　D. val list=List[Int](1,2,3)

(6) 关于元组 Tuple 说法错误的是 (　　)。

A. 元组的可以包含不同类型的元素 　　　B. 元组是不可变的

C. 通过脚注可以访问元组的元素 　　　　D. 元组最多只有 256 个元素

(7) 若代码为 val data=List((1,10),(2,20),(3,30))，则 println(data(1)._1) 的结果为 (　　)。

A. 1 　　　　　　　　　　　　B. 2

C. 20 　　　　　　　　　　　 D. 10

(8) Sala 中，下列关于类伴生对象说法错误的是 (　　)。

A. 类和它的伴生对象定义在同一个文件中

B. 类和它的伴生对象可以有不同的名称

C. 类和它的伴生对象可以互相访问私有特性

D. 类和它的伴生对象可以实现既有实例方法又有静态方法

(9) 对于代码 class Cat extends Animal{}，下列说法正确的是 (　　)。

A. Cat 是 Animal 的子类 　　　　　B. Animal 是 Cat 的子类

C. Cat 是 Animal 的超类 　　　　　D. Animal 一定是抽象类

(10) 以下关于 Scala 中函数的描述错误的是 (　　)。

A. 函数是"头等公民"，可以赋值给变量

B. 函数必须有一个或以上的参数

C. 支持非具名函数，也支持匿名函数

D. 可以将函数作为参数，传递给其他函数

素 养 与 拓 展

粮食安全是"国之大者"；悠悠万事，吃饭为大。经过艰苦努力，我国以不足全球 9% 的耕地和 6% 的淡水资源，养育了世界近 1/5 的人口，从当年 4 亿人吃不饱到今天 14 亿多人吃得好，有力地回答了"谁来养活中国"的问题。

耕地是粮食生产的"命根子"。自党的十八大以来,党中央先后实施了一系列有力有效措施，守住了耕地红线，初步遏制了耕地总量持续下滑的趋势。从落实耕地"占补平衡"政策、探索耕地"进出平衡"制度，到建设用地"增减挂钩""增存挂钩"同步推进，我国耕地保护红线越拉越紧，饭碗端得越加牢固。

【拓展案例】

1. 需求说明

为了加深对国家粮食安全问题及耕地红线的认识，收集 2003 年至 2022 年我国的粮食数据并将其保存于 grainyield.txt 中，其中包含粮食总产量、主要农作物产量、耕地数量、主要农作物种植面积、年度人口数量等,数据之间用逗号分隔。要求编写 Scala 程序,开展以下指标的分析：

(1) 计算各年度人均粮食产量。

(2) 计算各年度的人均耕地面积。

(3) 找出粮食总产量最高的年份。

2. 实施思路

(1) 在自己的计算机上安装 Scala(在 Ubuntu 或 Windows 中安装)。

(2) 采用 Source.fromFile 的方式读取 grainyield.txt 数据文件。

(3) 通过 for 循环，逐行计算各年度的人均粮食产量。

(4) 通过 for 循环，逐行计算各年度的人均耕地面积。

(5) 预设变量 maxGrain、maxYear，借助 for 循环逐年比较，找到粮食总产量最高的年份。

3. 总结反思

(1) 在完成本项目的过程中，你遇到了哪些具体问题？你是如何解决这些问题的？

(2) 在学习 Scala 之前，有无学习过其他编程语言？ Scala 的学习给你带来了什么不一样的体验？

(3) 对于粮食问题，众多院校开展了形式多样的"光盘"行动，你认为新时代的青年还应该如何践行粮食安全？

项目 3 简介

项目 3

使用 Spark RDD 分析车辆违章记录

情境导入

近年来，随着人们生活水平的持续提升及汽车技术的跨越式发展，我国成为全球最大的机动车消费市场、最大的新能源汽车生产国和汽车出口最多的国家。机动车在提升物流效率、方便居民出行的同时，亦为交通安全带来了压力。根据公安部交通管理局发布的数据，2023 年全国共发生各类道路交通事故 175 万起，较 2022 年上升了 8%。

遵章守纪、文明驾驶、谦恭礼让，理应成为每个司机的基本准则，也是社会责任与担当。为加强交通管理、减少交通违章行为，某地部署了数百组交通监控设备，用于采集辖区内各类交通违法行为。经数据抽取与整理，得到以下 3 张数据表格：

(1) 违章行为记录表 (record.txt)。该表记录了监控设备采集的车辆违章详情，其字段包括监控设备 ID、日期、车牌号、车道 ID、速度、加速度、违章类型 ID 和交通参与物。

(2) 车主信息表 (owner.txt)。该表记录了车辆所有人信息，其字段包括车牌号、所有者、颜色、品牌、联系方式、车辆类型和车辆状态 (正常、违章未处理、锁定)。

(3) 违章代码表 (violation.txt)。该表记录了交通违章行为处罚条款信息，其字段包括违章类型 ID、扣分、罚款、违章内容和附件处理。

现要求使用 Spark RDD 技术，完成交通违章数据的分析，为相关部门提供各类信息支持。

【PPT：项目 3 使用 Spark RDD 分析车辆违章记录】

项目分解

为了完成交通违章数据的处理，按照业务处理的先后顺序，将本项目划分为 6 个任务。项目分解说明如表 3-1 所示。

表 3-1　项目分解说明

序号	任　务	任　务　说　明
1	根据交通违章数据创建 RDD	将 3 个交通违章数据文件 (txt 格式) 上传到 HDFS 特定目录。读取文件，创建弹性分布式数据集 RDD
2	找出扣分最多的违章类型	根据违章代码表 (violation.txt)，找出其中扣分最多的违章类型 (Top3)
3	查找某车辆的违章记录	根据本地违章行为记录表 (record.txt) 及邻市违章行为记录表 (recordCityB.txt)，找出某车辆在两地区的所有违章记录
4	查找违章 3 次以上的车辆	统计各车辆的违章次数，找出违章次数大于 3 次的车牌号，并打印相关信息
5	找出累积扣 12 分以上的车辆	根据违章数据文件，找出交通违章扣 12 分以上的车牌号；进而结合车主信息表，找出对应的车主姓名、手机号等信息，并模拟发短信提醒
6	将处理结果写入外部文件	整合违章数据，将违章日期、车牌号、扣分数、罚款金额、违章内容等 5 项信息写入 TSV 文件

学习目标

(1) 了解 RDD 的特性及运算的原理，了解 RDD 的执行流程；
(2) 熟悉利用各种数据源创建 RDD 的算子，使用多种方法查看 RDD 的元素；
(3) 熟练使用算子完成 RDD 的转换、排序、过滤、去重等操作；
(4) 能够完成键值对 RDD 的生成、转换等操作；
(5) 根据业务需求，能将 RDD 中的数据输出到文件系统中。

任务 3.1　根据交通违章数据创建 RDD

根据交通违章
数据创建 RDD

任务分析

　　早期的大数据计算引擎 MapReduce 具有自动容错、负载平衡及高拓展性等优点，但在迭代计算过程中，需要进行大量的磁盘读写操作，大大限制了执行效率。Spark RDD 的出现，为解决该问题提供了新思路，极大提升了大数据处理的效率。

　　RDD 是 Spark 的核心数据抽象，是进行 Spark 学习的基础，在使用 Spark RDD 进行数据分析时，首先面临的问题是如何创建 RDD。本任务将使用 Spark 相关方法，读取 HDFS 中的交通违章数据文件，来生成 RDD，为后续数据分析奠定基础。本任务的工作内容及相关知识点如表 3-2 所示。

表 3-2　工作内容及相关知识点

工 作 内 容	相关知识点
将本地数据文件上传到 HDFS 中	HDFS 相关命令
Spark 读取 HDFS 数据,生成 RDD	textFile
查看 RDD 中元素和分区的数量	count、partitions、size

完成上述工作后,程序运行结果如图 3-1 所示。

```
scala> :paste
// Entering paste mode (ctrl-D to finish)

println("由违章数据文件创建了3个RDD,具体情况如下: ")
println(f"弹性分布式数据集record的分区数量为: 【$partitionNum】 ")
println(f"弹性分布式数据集owner的元素数量为: 【$elemNum1】 ")
println(f"文件violation.txt包括【$elemNum2】行文字")

// Exiting paste mode, now interpreting.

由违章数据文件创建了3个RDD,具体情况如下:
弹性分布式数据集record的分区数量为: 【2】
弹性分布式数据集owner的元素数量为: 【22】
文件violation.txt包括【44】行文字
```

图 3-1　程序运行结果

知识储备

3.1.1　认识 RDD

大数据背景下,数据的体量越来越大,可能远远超过了单个计算机的存储与处理能力,因此一个大规模数据集往往被按照某个逻辑切分到集群的不同节点上。为了协调不同节点上的数据片段,发挥集群的存储与计算能力,Spark 提出了 RDD 的概念。

RDD 就是一个分布在集群多节点中数据的集合。虽然一个数据集分散于集群的多个节点,但逻辑上仍然是一个整体(即 RDD),数据处理人员只需对这个整体进行处理,而无须关注底层逻辑与实现方法,从而极大地降低了大数据编程的难度。总之,RDD 可以看作 Spark 对具体数据的抽象(封装),本质上是一个只读的、分区的记录集合,每个分区都是一个数据集片段,可由一个任务来执行。如图 3-2 所示,某 RDD 逻辑上包含 4 个分区,每个分区代表一个数据集(片段),而在物理上,这些数据集(片段)分布于集群的不同节点。当需要对 RDD 进行操作时,则由集群节点分别对各自的数据集(片段)进行计算,从而发挥各节点的计算能力,提升整体效率。

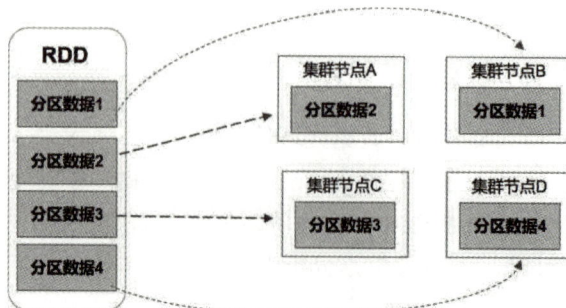

图 3-2　RDD 分区与工作节点示意图

Spark RDD 具有强大的容错能力，当某个节点上的分区出现数据丢失时，RDD 会自动重新计算。通过屏蔽复杂的底层分布式计算，Spark RDD 为用户提供了一组方便的数据转换与求值方法。RDD 的计算过程可以简单抽象为创建 RDD(makeRDD)、转换 (Transformation) 操作和行动 (Action) 操作 3 个阶段，如图 3-3 所示。

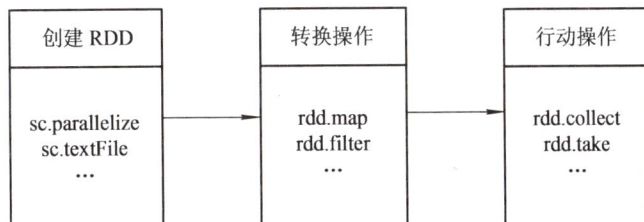

图 3-3　Spark RDD 的计算过程

(1) 创建 RDD：可以通过调用 SparkContext 的 textFile() 方法来读取文件 (如本地文件或 HDFS 文件等)，并创建一个 RDD ；也可以调用 SparkContext 的 parallelize() 或 makeRDD() 方法，然后根据内存数据创建一个 RDD。RDD 一旦被创建，就不可改变，只可执行转换及行动操作。

(2) 转换操作：对已有的 RDD 中的数据执行转换 (计算)，并产生新的 RDD(该过程可能产生若干中间 RDD)。Spark 对于转换阶段采用惰性计算机制，即在转换过程并不会立即计算结果，而是在行动阶段才真正执行计算过程。该阶段包括 map、filter、groupByKey、cache 等方法 (算子)，这些方法仅记录转换的过程、计算逻辑，而不产生结果。

(3) 行动操作：对已有的 RDD 中的数据执行计算并产生结果，同时将结果返回 Driver 程序或写入外部物理存储 (如 HDFS、本地文件系统等)。该阶段包括 reduce、collect、count、take、first、saveAsTextFile 等方法，它们会计算 RDD 中的数据。

3.1.2　创建 RDD

由 Spark RDD 的计算过程可知，使用 Spark RDD 技术进行分布式数据处理，首先要创建 RDD。RDD 的创建方法主要有：① 由程序中的数据集合创建 RDD；② 由外部存储创建 RDD；③ 根据已有的 RDD 创建新的 RDD。下面详细介绍前两种方法。

1. 由程序中的数据集合创建 RDD

针对程序中已有的数据集合 (如 List、Array、Tuple 等)，Spark 提供了两种方法，即 parallelize 和 makeRDD，它们均可在复制数据集合的元素后，创建一个可并行计算的分布式数据集 RDD。

1) parallelize 方法

parallelize 方式适用于做简单的 Spark 程序测试、Spark 学习。根据列表数据创建 RDD 的代码如下：

```
scala> val nums=List(1,2,3,4,5)                  // 包含 5 个整数的列表
nums: List[Int] = List(1, 2, 3, 4, 5)


scala> val numsRDD=sc.parallelize(nums)          // 根据列表 nums，创建一个 RDD(numsRDD)
numsRDD: org.apache.spark.rdd.RDD[Int] = ParallelCollectionRDD[1] at parallelize at <console>:26
```

Spark Shell 本身就是一个驱动节点，它会初始化一个 SparkContext 对象 sc(Spark 程序的入口)，用户可以直接使用。

在上述代码中，首先手工建立了数据集（列表 nums）；接下来通过 sc 调用 parallelize 方法，根据数据集创建了 RDD(numsRDD)。这样列表 nums 中保存的数值变成了 numsRDD 的元素。

大数据环境下，一个 RDD 包含的数据量可能较大。物理上，RDD 可以被切分为多个 Partition(数据分区)，而这些 Partition 可能分布于集群的不同节点。Partition 是 Spark 计算任务的基本处理单位（每一个分区都会被一个 Task 处理），有多少个分区就会有多少个 Task，因此分区决定了并行计算的粒度。使用 parallelize 方法创建 RDD 时，为了充分发挥分布式计算的优势，还可以通过参数指定其分区数量，示例如下：

```
scala> val peoples=List(" 李白 "," 王之涣 "," 韦应物 "," 杜牧 "," 元慎 ")          // 创建包含 5 个字符串元素
                                                                            的列表

peoples: List[String] = List( 李白 , 王之涣 , 韦应物 , 杜牧 , 元慎 )

scala> val peoplesRDD=sc.parallelize(peoples,3)                  // 根据 peoples 创建 RDD，包含 3 个分区
peoplesRDD: org.apache.spark.rdd.RDD[String] = ParallelCollectionRDD[3] at parallelize at <console>:26

scala> peoplesRDD.partitions.size                    // 查看 peoplesRDD 的分区数量
res3: Int = 3
```

以上代码中，针对列表 peoples，使用 sc.parallelize(peoples,3) 语句创建了一个 RDD(命名为 peoplesRDD)，该 RDD 有 3 个分区。列表 peoples 中的 " 李白 " " 王之涣 " 等字符串元素，成为 peoplesRDD 的元素。peoplesRDD.partitions 会返回 RDD 的分区对象集合，而 peoplesRDD.partitions.size 则会返回集合元素的数量（即 RDD 分区的数量）。peoplesRDD 的 3 个分区可能分布于不同的集群节点。通常情况下，需要为 RDD 设置合理的分区数量，如果 Partition 数量太少，则直接导致计算资源不能被充分利用。例如，若分配 16 个 CPU 内核，但 Partition 数量为 8，则将有一半的内核没有被利用。可是如果 Partition 数量太多，虽然计算资源能够被充分利用，但会导致 Task 数量过多，而 Task 数量过多也会影响执行效率 (Task 在序列化和网络传输过程会带来较大的时间开销)。

在 Spark 本地模式下，如果使用 parallelize 创建 RDD 时没有指定分区数量，则分区数量等于分配的 CPU 内核数量。例如，对于 numsRDD，创建语句为 sc.parallelize(nums)，它并没有指定分区数量，则默认分区数量为集群内的 CPU 内核数。在 Spark Standalone 或 Spark on YARN 模式下，默认分区数量为集群中所有 CPU 内核数与 2 的较大值，即最小分区数为 2。根据 Spark 官方建议，集群节点的每个内核分配 2 ～ 4 个分区比较合理。

2) makeRDD 方法

除了 parallelize 方法，Spark 还提供了 makeRDD 方法创建 RDD。makeRDD 方法的使用方法与 parallelize 类似（其底层调用了 parallelize 方法），它有两个参数，分别为 Seq 集合和分区数量。其用法示例如下：

```
scala> val fruits=List("apple","grape","lemon","strawberry")
fruits: List[String] = List(apple, grape, lemon, strawberry)

scala> val fruitsRDD=sc.makeRDD(fruits)                // 根据 fruits 创建 RDD
fruitsRDD: org.apache.spark.rdd.RDD[String] = ParallelCollectionRDD[1] at makeRDD at <console>:26

scala> fruitsRDD.partitions.size                // 查看分区数量，默认为 CPU 内核数
res7: Int = 4
```

```
scala> val numsRDD=sc.makeRDD(1 to 10, 3)        // 根据 range 创建 RDD，指定分区数量为 3
numsRDD: org.apache.spark.rdd.RDD[Int] = ParallelCollectionRDD[3] at makeRDD at <console>:25


scala> numsRDD.partitions.size                   // 查看分区数量
res8: Int = 3
```

2. 由外部存储创建 RDD

在生产环境中，通常需要根据外部存储的数据文件生成 RDD。Spark 提供了 textFile() 方法，该方法可以读取外部文件中的数据来创建 RDD。textFile() 方法支持多种数据源，其参数 URI 可以是本地文件系统的路径，也可以是 Hadoop HDFS 的路径，或者是 Amazon S3 的路径等。

1) 由本地文件创建 RDD

由本地文件创建 RDD，采用 sc.textFile(" 文件路径 ") 形式，路径前面需要加入 "file://" 以表示本地文件 (Spark Shell 环境下，要求所有节点的相同位置均保存该文件)。现有本地文件 guide.txt，其路径为 /home/hadoop/data/guide.txt，借助 textFile() 方法生成 RDD 的代码如下：

```
scala> val fileRDD=sc.textFile("file:///home/hadoop/data/guide.txt")    // 注意路径的写法
fileRDD: org.apache.spark.rdd.RDD[String] = file:///home/hadoop/data/guide.txt MapPartitionsRDD[11] at textFile at <console>:25


scala> fileRDD.count()                // 使用 count() 方法查看 RDD 的元素数量，即 guide.txt 文件的行数
res14: Long = 4
```

上述代码中，借助 sc 调用 textFile() 方法，创建了一个 RDD(fileRDD)。如图 3-4 所示，guide.txt 文件的每一行，均会转换为 RDD 的一个元素。针对该 fileRDD，调用 count() 方法，可以计算出其元素的数量，即 guide.txt 的行数。

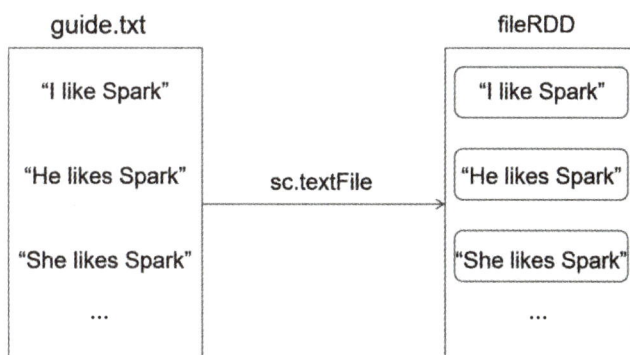

图 3-4　文件生成 RDD 的示意图

2) 由 Hadoop HDFS 文件创建 RDD

在大数据环境下，文件通常存储于 Hadoop HDFS 等分布式文件系统中，因此，由 HDFS 文件创建 RDD 是大数据开发中常用的方法，借助 textFile 读取 HDFS 文件位置，亦可创建 RDD。为了演示该方法，使用如下命令将本地文件 guide.txt 上传到 HDFS 的 /user/hadoop/data 目录中：

```
cd /usr/local/hadoop/sbin
./start-all.sh                                              # 启动 HDFS 等相关服务
cd /usr/local/hadoop/bin
./hdfs dfs -put /home/hadoop/data/guide.txt  /user/hadoop/data    # 上传到 HDFS 中
```

接下来由 HDFS 文件 guide.txt 创建 RDD，代码如下：

```
scala> val hdfsFileRDD=sc.textFile("hdfs://localhost:9000/user/hadoop/data/guide.txt")    //HDFS 文件创建 RDD
hdfsFileRDD: org.apache.spark.rdd.RDD[String] = hdfs://localhost:9000/user/hadoop/data/guide.txt
MapPartitionsRDD[13] at textFile at <console>:25


scala> hdfsFileRDD.count()                                              // 返回 RDD 中元素的个数
res17: Long = 4


scala> val hdfsFileRDD=sc.textFile("/user/hadoop/data/guide.txt", 3)     //HDFS 文件创建 RDD，分区数 3
hdfsFileRDD: org.apache.spark.rdd.RDD[String] = /user/hadoop/data/guide.txt MapPartitionsRDD[17] at
textFile at <console>:25


scala> hdfsFileRDD.partitions.size                                      // 返回 RDD 的分区数量
res24: Int = 3
```

在使用 textFile() 方法的过程中，需要注意以下几点：

(1) 如果使用了本地文件系统的路径，则必须保证所有的工作节点在相同的路径下能够访问该文件，可以将文件复制到所有工作节点的相同目录下，也可以使用网络挂载共享文件系统。

(2) textFile() 方法的输入参数 URI 可以是文件名，也可以是目录或者压缩文件等。比如 textFile("/my/directory") 表示读取某个目录下的所有文件，textFile("/my/directory/*.txt") 表示读取某个目录下所有的扩展名为 .txt 的文件，textFile("/my/directory/*.gz") 表示读取某个目录下的所有 gz 压缩文件。

(3) textFile() 方法可以使用第 2 个参数，用来指定分区的数目。默认情况下，Spark 会为 HDFS 的每个数据块 (block，其大小默认值为 128 MB) 创建一个分区，数据块的数量即分区的数量。用户也可以提供一个比 block 数量更大的值作为分区数目，例如，在上述代码中指定了分区数量为 3。

3.1.3　屏蔽 Spark Shell 日志 INFO

在 Spark Shell 下，执行运算的过程中可能会打印出大量的 INFO 日志信息，这些 INFO 日志展现了 Spark 执行的具体过程 (阶段)。如果不希望看到过多的 INFO 信息，可以在 Spark Shell 下执行如下命令：

```
scala> import org.apache.log4j.Logger
scala> import org.apache.log4j.Level
scala> Logger.getLogger("org").setLevel(Level.OFF)
scala> Logger.getLogger("akka").setLevel(Level.OFF)
```

需要注意的是，上面的命令仅对当前 Shell 有效，当重启 Spark Shell 后则失效。如果想永久地屏蔽冗余的 INFO 信息，可以在 /usr/local/spark/conf 目录 (即 Spark 安装目录的 conf) 下，添加一个 log4j.properties 文件，其内容如下：

```
log4j.rootLogger=ERROR, CONSOLE
log4j.appender.CONSOLE=org.apache.log4j.ConsoleAppender
log4j.appender.CONSOLE.layout=org.apache.log4j.PatternLayout
log4j.appender.CONSOLE.layout.ConversionPattern=%d{yy/MM/dd HH:mm:ss} %p %c{1}: %m%n
log4j.logger.org.apache.spark=ERROR
log4j.logger.akka=ERROR
```

任务实施

本任务的实施思路与过程如下：

【源代码：3.1 任务实施代码】

(1) 现实中，交通违章涉及的数据量可能较大，可以将其存储在 HDFS 中，进而创建 RDD。因此，先将交通违章数据文件 (record.txt、owner.txt、violation.txt) 上传到 HDFS 的 /user/hadoop/data 目录下，命令如下：

```
cd /usr/local/hadoop/bin
./hdfs dfs -mkdir -p /user/hadoop/traffic    # 在 HDFS 中创建一个目录 traffic
./hdfs dfs -put /home/hadoop/data/traffic/record.txt   /user/hadoop/traffic
./hdfs dfs -put /home/hadoop/data/traffic/owner.txt   /user/hadoop/traffic
./hdfs dfs -put /home/hadoop/data/traffic/violation.txt   /user/hadoop/traffic
```

(2) 使用 textFile() 方法，分别读取 HDFS 上的 3 个文件，创建 RDD，相关代码如下：

```
scala> val recordPath="hdfs://localhost:9000/user/hadoop/traffic/record.txt"
scala> val violationPath="hdfs://localhost:9000/user/hadoop/traffic/violation.txt"
scala> val ownerPath="hdfs://localhost:9000/user/hadoop/traffic/owner.txt"

scala> val record=sc.textFile(recordPath)         // 根据 HDFS 中的 record.txt 文件生成 RDD
scala> val violation=sc.textFile(violationPath)    // 根据 HDFS 中的 violation.txt 文件生成 RDD
scala> val owner=sc.textFile(ownerPath)            // 根据 HDFS 中的 owner.txt 文件生成 RDD

scala> record.partitions.size                      // 查看数据集 record 的分区数量
res6: Int = 2

scala> val elemNum1=owner.count()                  // 数据集 owner 的元素数量，即 owner.txt 的行数
elemNum1: Long = 22

scala> val elemNum2=violation.count()              // 数据集 violation 的元素数量，即 violation.txt 的行数
elemNum2: Long = 44

scala> :paste                                      // 进入 paste 模式，书写多行代码，打印相关信息
// 进入 paste 模式，按 "Ctrl+D" 键可退出该模式 ( 编程环境中自动添加的提示信息 )

println(" 由违章数据文件创建了 3 个 RDD，具体情况如下： ")
println(f" 弹性分布式数据集 record 的分区数量为：【$partitionNum】")
println(f" 弹性分布式数据集 owner 的元素数量为：【$elemNum1】")
println(f" 文件 violation.txt 包括【$elemNum2】行文字 ")


// 退出 paste 模式，开始执行上述代码 ( 编程环境中自动添加的提示信息 )


由违章数据文件创建了 3 个 RDD，具体情况如下：
弹性分布式数据集 record 的分区数量为：【2】
弹性分布式数据集 owner 的元素数量为：【22】
文件 violation.txt 包括【44】行文字
```

(3) 通过输出 RDD 分区的数量、RDD 的元素数，验证上述工作是否完成。其相关代码如下：

```
scala> record.partitions.size              // 查看数据集 record 的分区数量
res6: Int = 2

scala> val elemNum1=owner.count()          // 数据集 owner 的元素数量，即 owner.txt 的行数
elemNum1: Long = 22

scala> val elemNum2=violation.count()      // 数据集 violation 的元素数量，即 violation.txt 的行数
elemNum2: Long = 44

scala> :paste                              // 进入 paste 模式，书写多行代码，打印相关信息
// 进入 paste 模式，按 "Crtl+D" 键可退出该模式

println(" 由违章数据文件创建了 3 个 RDD，具体情况如下：")
println(f" 弹性分布式数据集 record 的分区数量为：【$partitionNum】")
println(f" 弹性分布式数据集 owner 的元素数量为：【$elemNum1】")
println(f" 文件 violation.txt 包括【$elemNum2】行文字 ")

// 退出 paste 模式，开始执行上述代码 ( 编程环境中自动添加的提示信息 )

由违章数据文件创建了 3 个 RDD，具体情况如下：
弹性分布式数据集 record 的分区数量为：【2】
弹性分布式数据集 owner 的元素数量为：【22】
文件 violation.txt 包括【44】行文字
```

找出扣分
最多的违章
类型

任务 3.2 找出扣分最多的违章类型

任务分析

如前所述，Spark RDD 的计算过程包含两种类型的操作，即转换 (Transformation) 和行动 (Action)。转换操作是基于现有的 RDD 创建一个新的 RDD，但实际计算并没有立即执行，仅记录该过程。也就是说，整个转换过程只是记录了转换的轨迹 (转换的逻辑过程)，并不会发生真正的计算，只有遇到行动操作时，才会发生真正的计算。行动操作是真正触发计算，Spark 程序执行到行动操作时，才会执行真正的计算。例如，从文件中加载数据来创建 RDD，然后设置若干转换操作 (转换逻辑过程)，最终行动操作时才执行所有计算并得到结果。现有一个文件 violation.txt(违章条目对照表)，其内容如图 3-5 所示，内含违章代码、违章内容、扣分、罚款、附加处理等，数据之间用 "Tab" 键 ("\t") 分隔。

```
文件(F)  编辑(E)  格式(O)  查看(V)  帮助(H)
违章代码      违章内容                 扣分    罚款    附加处理
10391        机动车违反规定停车         0      200
1102         不按规定使用灯光的          1      200
1301         机动车逆向行驶的            3      200
1329         故意遮挡机动车号牌的        9      200
1330         故意污损机动车号牌的        9      200
142004       超过规定时速50%的          12     1000
1604         饮酒后驾驶机动车的          12     2000    可以并处暂扣驾照6月
1605         醉酒驾驶机动车的            12     2000    驾照吊销(5年)
```

图 3-5　violation.txt 文件数据

本任务要求利用违章条目对照表产生 RDD，再利用多种算子 (方法) 找出扣分最多的交通违章类型，并打印相关信息。本任务的工作内容及相关知识点如表 3-3 所示。

表 3-3　工作内容及相关知识点

工　作　内　容	相关知识点
根据违章条目对照表，调用 textFile() 方法生成 RDD	textFile
对 RDD 中的数据，施加 map 算子 (操作)，将 RDD 的每个元素切割成违章代码、违章内容、扣分、罚款和附加处理 5 个部分	map、toInt
使用 sortBy 算子，对 RDD 进行排序 (按照扣分降序排列)。借助 take 算子，获取 Top3	sortBy、take
打印输出相关信息 (扣分最多的违章类型)	foreach

完成上述任务后，程序运行结果如图 3-6 所示。

```
println("---扣分最多的项目Top3---")
sortViolation.take(3).foreach(tup=>{
    val id=tup._1
    val content=tup._2
    val deduct=tup._3
    println(f"<$id> $content---扣【$deduct】分")
})

// Exiting paste mode, now interpreting.

---扣分最多的项目Top3---
<142004> 超过规定时速50%的---扣【12】分
<1604> 饮酒后驾驶机动车的---扣【12】分
<1605> 醉酒驾驶机动车的---扣【12】分
```

图 3-6　程序运行结果

📋 知识储备

3.2.1　查看 RDD 中的元素

为了满足处理各类数据的需求，SparK RDD 提供了 100 多个算子，读者无须全部掌握，本任务也仅介绍最常用的部分算子。当读者需要了解某个算子的用法时，可以查询 Spark 官网的 API 文档 (网址为 https://spark.apache.org/docs/latest/index.html)，如图 3-7 所示。

图 3-7　Spark 官网的 API 文档

✎　　在学习或测试代码时，为了便于掌控计算过程、及时发现问题，可以使用 collect 操作查看 RDD 内元素的值。collect 操作会将 RDD 的所有元素组成一个数组并返回给 Driver 端，其用法示例如下：

```
scala> val nums=List(1,2,3,4,5)
nums: List[Int] = List(1, 2, 3, 4, 5)

scala> val numsRDD=sc.parallelize(nums)          // 根据列表 nums 创建 RDD
numsRDD: org.apache.spark.rdd.RDD[Int] = ParallelCollectionRDD[4] at parallelize at <console>:26

scala> numsRDD.collect()                          // 查看 RDD 的元素值
res5: Array[Int] = Array(1, 2, 3, 4, 5)
```

分布式环境下，collect 操作需要从集群的各个节点收集数据，而后经过网络传输，并加载到 Driver 端内存中。因此，如果数据量过大，collect 操作将会给网络传输带来压力，同时可能为 Driver 端带来内存溢出（超出 Driver 端节点内存容量）的风险。为了降低风险，可以使用 take 方法查看 RDD 的前 N 个元素，示例如下：

```
scala> val numsRDD=sc.makeRDD(1 to 1000000)
numsRDD: org.apache.spark.rdd.RDD[Int] = ParallelCollectionRDD[1] at makeRDD at <console>:25

scala> numsRDD.take(3)           // 获取前 3 个元素，并返回一个数组 Array
res3: Array[Int] = Array(1, 2, 3)
```

上述代码中，val numsRDD=sc.makeRDD(1 to 1000000) 创建了一个包含百万整数元素的 RDD；numsRDD.take(3) 则获取了 RDD 的前 3 个元素，组成了一个数组 Array 并返回。

除了使用 collect 或 take 操作，还可以使用 first 操作查看 RDD 的第一个元素值，其用法示例如下：

```
scala> val users=List("Tom","Jerry","Petter")
users: List[String] = List(Tom, Jerry, Petter)

scala> val usersRDD=sc.makeRDD(users)
usersRDD: org.apache.spark.rdd.RDD[String] = ParallelCollectionRDD[3] at makeRDD at <console>:26

scala> usersRDD.first()          // 获取 RDD 的第一个元素值
res6: String = Tom

scala> usersRDD.take(1)          // 获取 RDD 第一个元素组成的数组
res7: Array[String] = Array(Tom)
```

上述代码中，使用 firts 操作直接得到了 usersRDD 的第一个元素 Tom；而使用 take(1) 操作，虽然也能查看 usersRDD 的第一个元素，但得到的数据类型为数组 Array。

3.2.2　map 与 flatMap 操作

1. map 操作

map 操作是最常用的转换操作，该操作接收一个函数作为参数，进而将 RDD 中的每个元素作为参数传入该函数，函数处理完后的返回值组成一个新的 RDD。map 操作的目的是根据现有的 RDD，经过函数处理，最终得到一个新的 RDD(因为 RDD 是不可变的数据集，所以要对其数据做任何改变，必然会产生一个新的 RDD)。map 操作的应用示例如下：

```scala
scala> val data=List(1,2,3,4,5,6)
scala> val dataRDD=sc.parallelize(data)
scala> val newDataRDD=dataRDD.map(x => x*2)     // 元素的值乘以 2
newDataRDD: org.apache.spark.rdd.RDD[Int] = MapPartitionsRDD[11] at map at <console>:25

scala> newDataRDD.collect()
res10: Array[Int] = Array(2, 4, 6, 8, 10, 12)
```

上述代码中，data=List(1,2,3,4,5,6) 创建了一个列表 data，它包含 6 个整数元素；代码 val dataRDD=sc.parallelize(data) 根据列表 data 创建了一个数据集 dataRDD；代码 val newDataRDD=dataRDD.map(x => x*2) 则逐个取出 dataRDD 的元素，并将其交给匿名函数 x=>x*2 处理 (赋值给匿名函数的参数 x)，匿名函数处理的返回值 (即 dataRDD 元素的值乘以 2) 组成一个新的 RDD，这个新 RDD 命名为 newDataRDD。最终，newDataRDD 同样有 6 个元素，分别为 2、4、6、8、10、12，其执行过程如图 3-8 所示。RDD 的 map 算子与 Scala 的 map 操作非常相似，但 Scala 的 map 操作是处理单机数据的，而 RDD 的 map 算子是处理分布式数据的。

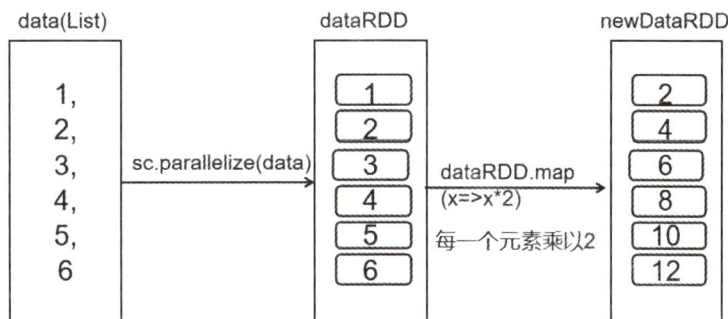

图 3-8　map 操作示意图

除了可以实现 RDD 元素数值的改变，map 操作还可以完成形式多样的 RDD 元素转换。例如，若 peopleRDD 的元素为字符串，则代码 peoplesRDD.map(x=>x.toUpperCase()) 会将 peopleRDD 的元素 (字符串) 转为大写形式，得到新的 RDD，其代码如下：

```scala
scala> val peoples=List("tom","jerry","petter","ken")
scala> val peoplesRDD=sc.makeRDD(peoples)
scala> val newPeoplesRDD=peoplesRDD.map(x=>x.toUpperCase())     // 将字符串元素转为大写形式
newPeoplesRDD: org.apache.spark.rdd.RDD[String] = MapPartitionsRDD[8] at map at <console>:25

scala> newPeoplesRDD.collect()
res8: Array[String] = Array(TOM, JERRY, PETTER, KEN)
```

借助 map 操作，RDD 可以完成众多灵活的转换。例如，studentRDD 中存储了学生的姓名、年龄信息，使用 map 操作将其年龄加 1，并为每个学生设置一个邮箱 (姓名 @huawei.com)，其代码如下：

```
scala> val students=List(("Tom",20),("Jerry",18))          // 列表中嵌套元组，用于存储学生姓名、年龄
scala> val studentRDD=sc.makeRDD(students)                   // 根据列表 students 创建 RDD
scala> studentRDD.first()                                    // studentRDD 的元素为二元组，如 (Tom,20)
res4: (String, Int) = (Tom,20)
// 使用 map 转换元素的样式，例如将 (Tom,20) 转为 (Tom,20,Tom@huawei.com)
scala> val studentRDD2=studentRDD.map(x=>(x._1, x._2+1, x._1+"@huawei.com"))
studentRDD2: org.apache.spark.rdd.RDD[(String, Int, String)] = MapPartitionsRDD[3] at map at <console>:23

scala> studentRDD2.collect()
res2: Array[(String, Int, String)] = Array((Tom,21,Tom@huawei.com), (Jerry,19,Jerry@huawei.com))
```

上述代码中，studentRDD.map(x=>(x._1, x._2+1, x._1+"@huawei.com")) 表示将 studentRDD 元素交给匿名函数处理，x 代表 studentRDD 的元素，x._1 代表姓名，x._2 表示年龄。最终返回由 (姓名 , 年龄 +1, 姓名 @huawei.com) 组成的新 RDD(即 studentRDD2)。

在前面 Scala 语言的学习中，介绍过"模式匹配"，我们也可以使用模式匹配来实现上一段代码的功能。示例如下：

```
scala> val students=List(("Tom",20),("Jerry",18))          // 列表中嵌套元组，用于存储学生姓名、年龄
scala> val studentRDD=sc.makeRDD(students)                   // 根据列表 students 创建 RDD
scala> val studetnRDD2=studentRDD.map{case(name,age)=>(name,age+1,name+"@huawei.com")} // 模式匹配
studetnRDD2: org.apache.spark.rdd.RDD[(String, Int, String)] = MapPartitionsRDD[5] at map at <console>:23

scala> studentRDD2.collect()
res5: Array[(String, Int, String)] = Array((Tom,21,Tom@huawei.com), (Jerry,19,Jerry@huawei.com))
```

代码 studentRDD.map{case(name,age)=>(name,age+1,name+"@huawei.com")} 中引入了模式匹配，表示如果 studentRDD 的元素符合 (name,age) 形式 (即由姓名 name、年龄 age 组成的二元组)，则将其转换为三元组 (name,age+1,name+"@huawei.com")。这种书写方法比较容易理解，受到部分 Spark 程序员的推崇。

2. flatMap 操作

flatMap 与 map 操作类似，也是一个转换操作。flatMap 是将函数应用于 RDD 中的每个元素，而后展平结果 (去掉嵌套)，最终得到一个新的 RDD。该方法可用于切割字符串和单词等场景。下面的代码演示了 map 与 flatMap 的区别：

```
scala> val text=List("I like Spark","He likes Spark","She likes Spark and Hadoop")
scala> val textRDD=sc.makeRDD(text)
textRDD: org.apache.spark.rdd.RDD[String] = ParallelCollectionRDD[4] at makeRDD at <console>:26

scala> val rdd1=textRDD.map(x=> x.split(" "))
rdd1: org.apache.spark.rdd.RDD[Array[String]] = MapPartitionsRDD[5] at map at <console>:25

scala> rdd1.collect()
res8: Array[Array[String]] = Array(Array(I, like, Spark), Array(He, likes, Spark), Array(She, likes, Spark, and, Hadoop))

scala> val rdd2=textRDD.flatMap(x=> x.split(" "))
rdd2: org.apache.spark.rdd.RDD[String] = MapPartitionsRDD[6] at flatMap at <console>:25

scala> rdd2.collect()
res9: Array[String] = Array(I, like, Spark, He, likes, Spark, She, likes, Spark, and, Hadoop)
```

上述代码中，对于 map 操作产生的数据集 rdd1，其元素为数组，如 Array(I, like, Spark)、Array(He, likes, Spark)；而对于 flatMap 产生的 rdd2，其元素为单词字符串，如 "I" 和 "like" 等。flatMap 操作的部分执行过程如图 3-9 所示，可以将该过程看作两个步骤：首先对 textRDD 元素 (字符串类型) 进行切分，每个字符串变为一个数组 (由若干单词组成)；然后对得到的两个数组进行 "flat 拍扁"，将 Array 的元素全部 "拍扁" 出来，组成新的数据集 rdd2。

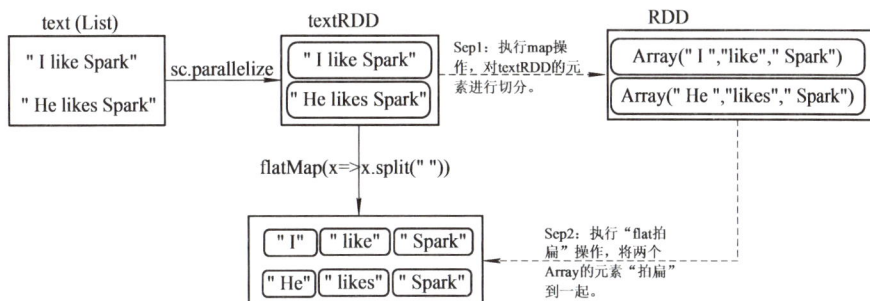

图 3-9　flatMap 操作的部分执行过程示意图

3.2.3　sortBy 排序操作

sortBy 操作可以对 RDD 元素进行排序，并返回排好序的新 RDD，其用法说明如下：

```
def sortBy[K](f: (T) ⇒ K, ascending: Boolean = true, numPartitions: Int = this.partitions.length): RDD[T]
Return this RDD sorted by the given key function
```

sortBy 有以下 3 个参数：

(1) 参数 1：f: (T) ⇒ K，左边为要排序的 RDD 的每一个元素，右边返回要进行排序的值。

(2) 参数 2：ascending(可选项)，升序或降序排列标识，默认为 true，即升序排列。若要降序排列，则需写 false。

(3) 参数 3：numPartitions(可选项)，排序后新 RDD 的分区数量，默认分区数量与原 RDD 相同。

sortBy 操作针对某个 RDD，将 RDD 的元素数据交给 f: (T) ⇒ K 函数进行处理，而后按照函数运算的返回值进行排序，默认为升序排列。其用法示例如下：

```
scala> val numsRDD=sc.makeRDD(List(3,1,2,9,10,5,8,4,7,6))
scala> val newNumsRDD=numsRDD.sortBy(x=>x, false)          // 根据 numsRDD 元素的值排序
scala> newNumsRDD.collect()
res3: Array[Int] = Array(10, 9, 8, 7, 6, 5, 4, 3, 2, 1)

scala> val students=List(("Tom",20),("Jerry",19),("Bob",22),("Ken",21))   // 列表 students 的元素为元组
scala> val studentsRDD=sc.makeRDD(students)
scala> val newStudentsRDD=studentsRDD.sortBy(x=>x._2, true)    // 根据元素 ( 元组 ) 的第 2 个值升序排列
scala> newStudentsRDD.collect()
res4: Array[(String, Int)] = Array((Jerry,19), (Tom,20), (Ken,21), (Bob,22))
```

上述代码中，numsRDD.sortBy(x=>x,false) 是指将 numsRDD 的元素交给匿名函数 x=>x 处理 (赋值给 x)，函数返回值 (x) 作为排序的依据，即按照 numsRDD 元素值降序排列，从而得到一个新 RDD(newNumsRDD)。列表 students 记录了学生的姓名、年龄，其元素为二元组，如 ("Tom",20)。studentsRDD.sortBy(x=>x._2,true) 表示按照二元组的第 2 个元素值进行升序排列，即按照年龄进行排序，返回一个新的 RDD(newStudentsRDD)。

3.2.4 数值型 RDD 的统计操作

对于数值元素组成的 RDD，Spark 提供了 max、min、sum 等若干统计算子，可以完成简单的统计分析。相关示例如下：

```
scala> val data=sc.makeRDD(List(8,10,7,4,1,9,6,3,5,2))
data: org.apache.spark.rdd.RDD[Int] = ParallelCollectionRDD[0] at makeRDD at <console>:25


scala> data.max()        // 返回 RDD 中的最大值
res9: Int = 10


scala> data.min()        // 返回 RDD 中的最小值
res10: Int = 1


scala> data.mean()       // 返回 RDD 元素的平均值
res11: Double = 5.5


scala> data.sum()        // 返回 RDD 元素的和
res12: Double = 55.0


scala> data.stdev()      // 返回 RDD 元素的标准差
res13: Double = 2.8722813232690143
```

任务实施

【源代码：3.2 任务实施代码】

本任务的实施思路与过程如下：

(1) violation.txt 文件的第 1 行为违章代码、扣分等表头信息，为了便于后续分析，需将第 1 行去掉。使用如下的 Linux 命令去掉文件首行 (不熟悉 Linux 命令的读者也可以使用 Windows 下的记事本或 Ubuntu get 等编辑器)，然后将处理后的文件上传到 HDFS 中：

```
sed  'ld' violation.txt > violation_temp.txt        # 去掉 violation.txt 的第一行，将其另存为 violation_temp.txt
cd /usr/local/hadoop/bin                            # 进入 Hadoop 的 bin 路径
./hdfs dfs -put /home/hadoop/data/traffic/violation_temp.txt  /user/hadoop/traffic       # 上传到 HDFS 中
```

(2) 由 violation_temp.txt 文件生成 RDD。要想获取扣分最多的交通违法条目，需要对 RDD 的每一个元素进行字符串切割 (按 "Tab" 键将其切割为违章代码、违章内容、扣分、罚款、附加处理等 5 个值)。其相关代码如下：

```
scala> val violationPath="hdfs://localhost:9000/user/hadoop/traffic/violation_temp.txt"
violationPath: String = hdfs://localhost:9000/user/hadoop/traffic/violation_temp.txt


scala> val violation=sc.textFile(violationPath)
violation: org.apache.spark.rdd.RDD[String] = hdfs://localhost:9000/user/hadoop/traffic/violation_temp.txt
MapPartitionsRDD[11] at textFile at <console>:26


scala> val splitViolation=violation.map(x=>x.split("\t"))        // 数据转为 Array(违章代码,违章内容,扣分,
                                                                 //              罚款,附加处理)
splitViolation: org.apache.spark.rdd.RDD[Array[String]] = MapPartitionsRDD[12] at map at <console>:25
```

(3) 在大数据分析中，为了提高运算效率，可以减少无关数据列。因此，针对 splitViolation 数据集，使用 map 操作保留违章代码、违章内容、扣分 3 个字段，数据样式转为三元组，即 (违章代码 , 违章内容 , 扣分)。为了找出扣分最多的条目 Top3，需要将扣分字段转换为 Int 类型 (字符串切割后，数据类型仍为字符串，可以使用 toInt 方法进行强制转换)。其相关代码如下：

```
scala> val tupleViolation=splitViolation.map(x=>(x(0),x(1),x(2).toInt))    // 数据转为三元组，即 ( 违章代码 ,
                                                                              违章内容 , 扣分 )
tupleViolation: org.apache.spark.rdd.RDD[(String, String, Int)] = MapPartitionsRDD[16] at map at <console>:25


scala> tupleViolation.take(3).foreach(println)          // 抽取 RDD 的 3 个元素并输出，检查是否符合预期
(1001B,驾驶拼装的机动车上道路行驶的 ,0)
(1002B,驾驶已达报废标准的车辆上道路行驶的 ,0)
(1003,造成交通事故后逃逸，构成犯罪的 ,0)
```

(4) 数据集 tupleViolation 的元素类型为三元组，元素样式为 (违章代码 ,违章内容 ,扣分)。使用 sortBy 操作对其进行排序 (根据第 3 个值 "扣分" 降序排列)，得到排序后的新 RDD，即 sort_violation。相关代码如下：

```
scala> val sortViolation=tupleViolation.sortBy(x=>x._3,false)  // 根据元组第 3 个值 ( 扣分 ) 降序排列
sortViolation: org.apache.spark.rdd.RDD[(String, String, Int)] = MapPartitionsRDD[21] at sortBy at
<console>:25
```

(5) 对于排序后的 sortViolation 数据集，使用 take 方法获取扣分最多的 3 种交通违法行为。相关代码如下：

```
scala> val top3=sortViolation.take(3)        // take 操作，获取 Top3
top3: Array[(String, String, Int)] = Array((142004,超过规定时速 50% 的,12), (1604,饮酒后驾驶机动车的,12),
(1605,醉酒驾驶机动车的 ,12))
```

(6) 为了输出这 3 种交通违法行为信息，使用 foreach 方法打印 top3 的内容。由输出结果可知，"<142004> 超过规定时速 50% 的""<1604> 饮酒后驾驶机动车的" 和 "<1605> 醉酒驾驶机动车的" 均可扣除 12 分。其相关代码如下：

```
scala> :paste              // 进入 paste 模式，书写多行代码，打印 Top3 详情
// 进入 paste 模式，按 "Ctrl+D" 键可退出该模式 ( 编程环境中自动添加的提示信息 )
println("------ 扣分最多的项目 Top3------")
top3.foreach(tup=>{
  val id=tup._1
  val content=tup._2
  val deduct=tup._3
  println(f "<$id> $content------ 扣【$deduct】分 ")
})
// 退出 paste 模式，开始执行上述代码 ( 编程环境中自动添加的提示信息 )


------ 扣分最多的项目 Top3------
<142004> 超过规定时速 50% 的 ------ 扣【12】分
<1604> 饮酒后驾驶机动车的 ------ 扣【12】分
<1605> 醉酒驾驶机动车的 ------ 扣【12】分
```

任务 3.3　查找某车辆的违章记录

查找某车辆的违章记录

任务分析

records.txt 文件记录了本市车辆违章信息（包括日期、监控设备 ID、车牌号、违章代码等，如图 3-10 所示）。recordsCityB.txt 记录相邻的 B 城市车辆违章信息，其结构与 records.txt 的一致。

record - 记事本

文件(F) 编辑(E) 格式(O) 查看(V) 帮助(H)

监控设备ID	日期	车牌号	车道ID	速度	违章代码	交通参与物
A301	2023-05-31	CZ8463	1	87	1625	car
A301	2023-05-31	MU0066	3	42	142003	car
A177	2023-06-01	C50500	1	54	1223	truck
B041	2023-06-02	CL0807	2	40	7207	car
A301	2023-06-02	CZ8463	1	28	1625	car
A192	2023-06-06	CT2994	1	69	1229	bus
B050	2023-06-07	CZ8463	2	135	1223	car
C009	2023-06-07	M98772	4	39	7207	motorbike
A150	2023-06-15	MU0066	2	69	1625	car
B066	2023-06-27	MU0066	3	84	1229	car
A301	2023-06-28	CZ8463	4	147	1625	car
B055	2023-06-29	CZ8463	5	139	142003	car
A301	2023-06-30	MU0066	2	92	1625	car
C009	2023-07-02	CZ8463	2	94	1625	moto
B070	2023-07-02	QR1253	2	77	1223	car

图 3-10　违章记录数据样式

根据有关部门要求，需要查找车辆 MU0066 在本地及邻市的交通违章记录。为了完成该项任务，可以根据违章信息文件生成 RDD，进而借助 filter、union 等操作，找出所需的信息。本任务的工作内容及相关知识点如表 3-4 所示。

表 3-4　工作内容及相关知识点

工　作　内　容	相关知识点
Spark 读取违章数据文件，生成 RDD	textFile
将两地的违章 RDD 合并	union
过滤出车牌号 MU0066 的违章记录	map、filter
对过滤出的违章记录按照时间进行排序	sortBy

完成上述工作后，程序运行结果如图 3-11 所示。

```
scala> :paste
// Entering paste mode (ctrl-D to finish)

println("------车辆MU0066的违章信息如下------")
sub.collect().foreach(x=>{
    val date=x(1)
    val violationID=x(5)
    val monitorID=x(0)
    println(f"日期：【$date】，监控设备号：【$monitorID】,违章代码
：【$violationID】")
  })

// Exiting paste mode, now interpreting.

------车辆MU0066的违章信息如下------
日期：【2023-05-31】，监控设备号：【A301】,违章代码：【142003】
日期：【2023-06-15】，监控设备号：【A150】,违章代码：【1625】
日期：【2023-06-27】，监控设备号：【B066】,违章代码：【1229】
日期：【2023-06-30】，监控设备号：【A301】,违章代码：【1625】
日期：【2023-05-30】，监控设备号：【2011】,违章代码：【1625】
日期：【2023-06-25】，监控设备号：【1032】,违章代码：【1625】
```

图 3-11　程序运行结果

知识储备

3.3.1　filter 操作过滤 RDD 的元素

filter 是一个转换操作，可用于筛选出满足特定条件的元素，并返回一个新的 RDD。其用法如下：

```
def filter(f: (T) ⇒ Boolean): RDD[T]
Return a new RDD containing only the elements that satisfy a predicate.
```

filter 方法的参数为一个函数 f: (T) ⇒ Boolean，表示将 RDD 元素作为函数 f 的参数，经过函数 f 计算后，若函数返回值为 True，则保留该元素。最终，由这些元素组成一个新的 RDD 并返回。filter 的应用示例如下：

```scala
scala> val numsRDD=sc.makeRDD(List(3,1,2,9,10,5,8,4,7,6))
numsRDD: org.apache.spark.rdd.RDD[Int] = ParallelCollectionRDD[27] at makeRDD at <console>:25

scala> val rdd1=numsRDD.filter(x=> x%2==0)          // 过滤出偶数元素，组成一个新 RDD 并返回
rdd1: org.apache.spark.rdd.RDD[Int] = MapPartitionsRDD[28] at filter at <console>:25

scala> rdd1.collect()
res5: Array[Int] = Array(2, 10, 8, 4, 6)

scala> val textsRDD=sc.makeRDD(List("I like Spark","He like Hadoop","She like Spark"))
textsRDD: org.apache.spark.rdd.RDD[String] = ParallelCollectionRDD[29] at makeRDD at <console>:26

scala> val rdd2=textsRDD.filter(x=> x.contains("Spark")) // 过滤出含有字符串 Spark 的元素
rdd2: org.apache.spark.rdd.RDD[String] = MapPartitionsRDD[30] at filter at <console>:25

scala> rdd2.collect()
res6: Array[String] = Array(I like Spark, She like Spark)
```

上述代码中，numsRDD.filter(x=> x%2==0) 可过滤出符合 x%2==0 条件的元素（即元素值为偶数），这些元素组成一个新的数据集 rdd1。代码 textsRDD.filter(x=> x.contains("Spark")) 可过滤出符合 x.contains("Spark") 条件的元素（即包含 Spark 字符串的元素），这些元素组成一个新的数据集 rdd2。

3.3.2　distinct 方法去除重复元素

RDD 的元素可能存在重复的情况，此时可以使用 distinct 方法去除重复元素，然后返回一个新的 RDD。下面创建包含重复元素的 RDD，然后使用 distinct 方法进行去重，得到一个不含重复元素的新 RDD。其相关代码如下：

```
scala> val dataRDD=sc.makeRDD(List(3,5,7,3,4,8,5))                    // dataRDD 内有重复元素 3 和 5
dataRDD: org.apache.spark.rdd.RDD[Int] = ParallelCollectionRDD[0] at makeRDD at <console>:25

scala> val newDataRDD=dataRDD.distinct()                              // 去除重复元素
newDataRDD: org.apache.spark.rdd.RDD[Int] = MapPartitionsRDD[3] at distinct at <console>:25

scala> newDataRDD.collect()                                          // 检查是否成功去重
res2: Array[Int] = Array(4, 8, 5, 3, 7)

scala> val studentsRDD=sc.makeRDD(List(("Tom",20),("Jerry",18),("Tom",20)))     // 重复元素 ("Tom",20)
studentsRDD: org.apache.spark.rdd.RDD[(String, Int)] = ParallelCollectionRDD[4] at makeRDD at
<console>:25

scala> studentsRDD.collect()
res3: Array[(String, Int)] = Array((Tom,20), (Jerry,18), (Tom,20))

scala> studentsRDD.distinct().collect()
res5: Array[(String, Int)] = Array((Jerry,18), (Tom,20))
```

3.3.3　计算两个 RDD 的并集、交集与差集

　　union 方法可将两个 RDD 的元素合并为一个新 RDD，即得到两个 RDD 的并集。需要注意：该操作不会去重，结果可能存在重复元素。下面使用 union 方法，合并 rdd1、rdd2，得到一个新的数据集 rdd3(rdd3 含有重复元素 3)。如果希望没有重复元素，可以继续执行 rdd3.distinct()，从而完成去重。其相关代码如下：

```
scala> val rdd1=sc.makeRDD(List(1,2,3))
rdd1: org.apache.spark.rdd.RDD[Int] = ParallelCollectionRDD[8] at makeRDD at <console>:25

scala> val rdd2=sc.makeRDD(List(3,4,5))
rdd2: org.apache.spark.rdd.RDD[Int] = ParallelCollectionRDD[9] at makeRDD at <console>:25

scala> val rdd3=rdd1.union(rdd2)            // 合并两个 RDD
rdd3: org.apache.spark.rdd.RDD[Int] = UnionRDD[10] at union at <console>:26

scala> rdd3.collect()                       // 合并后的 RDD 有重复元素 3
res8: Array[Int] = Array(1, 2, 3, 3, 4, 5)

scala> val rdd4=rdd3.distinct()             // 使用 distinct 去重
res4: org.apache.spark.rdd.RDD[Int] = MapPartitionsRDD[5] at distinct at <console>:26

scala> rdd4.collect()                       //rdd4 中没有重复元素
res5: Array[Int] = Array(1, 2, 3, 4, 5)
```

　　union 操作要求被合并的两个 RDD 的元素类型、结构必须相同，否则会报错。例如，strRDD1 元素为 (String, Int) 类型的二元组，而 strRDD2 元素为 (String, Int, String) 类型的三元组，两个 RDD 结构不同，因此，strRDD1、strRDD2 不能直接合并。其相关代码如下：

```
scala> val strRDD1=sc.makeRDD(List(("Tom",20),("Jerry",18)))
strRDD1: org.apache.spark.rdd.RDD[(String, Int)] = ParallelCollectionRDD[11] at makeRDD at <console>:25

scala> val strRDD2=sc.makeRDD(List(("Petter",20,"Male"),("Marry",21,"Female")))
strRDD2: org.apache.spark.rdd.RDD[(String, Int, String)] = ParallelCollectionRDD[12] at makeRDD at <console>:25

scala> val strRDD3=strRDD1.union(strRDD2)       // 两个 RDD 的元素结构不同，不能合并
<console>:26: error: type mismatch;
 found   : org.apache.spark.rdd.RDD[(String, Int, String)]
 required: org.apache.spark.rdd.RDD[(String, Int)]
       val strRDD3=strRDD1.union(strRDD2)
                                ^
```

　　intersection 可以求两个 RDD 的交集，即两个 RDD 的相同元素。例如，下面代码中的 rdd1、rdd2 有相同元素 (4 和 5)，经过 intersection 操作后返回一个新 RDD(interRDD，含有 2 个元素 4 和 5)；fruits1、fruits2 有 1 个相同元素 ("Grape",16.0)，经过 intersection 操作后返回一个新 RDD，其元素为 ("Grape",16.0)。

```
scala> val rdd1=sc.makeRDD(List(1,2,3,4,5))
rdd1: org.apache.spark.rdd.RDD[Int] = ParallelCollectionRDD[13] at makeRDD at <console>:25

scala> val rdd2=sc.makeRDD(List(4,5,6,7,8))
rdd2: org.apache.spark.rdd.RDD[Int] = ParallelCollectionRDD[14] at makeRDD at <console>:25

scala> val rdd3=rdd1.intersection(rdd2)
rdd3: org.apache.spark.rdd.RDD[Int] = MapPartitionsRDD[20] at intersection at <console>:26

scala> rdd3.collect()
res9: Array[Int] = Array(4, 5)

scala> val fruits1=sc.makeRDD(List(("Apple",8.5),("Banana",4.6),("Grape",16.0)))
fruits1: org.apache.spark.rdd.RDD[(String, Double)] = ParallelCollectionRDD[21] at makeRDD at <console>:25

scala> val fruits2=sc.makeRDD(List(("Lemon",22.4),("Grape",16.0),("Strawberry",36.0)))
fruits2: org.apache.spark.rdd.RDD[(String, Double)] = ParallelCollectionRDD[22] at makeRDD at <console>:25

scala> fruits1.intersection(fruits2).collect()
res11: Array[(String, Double)] = Array((Grape,16.0))
```

类似于数学中集合的差集运算，可以使用 subtract 来求两个 RDD 的差集。例如，使用代码 rdd1.subtract(rdd2) 可返回在 rdd1 中出现但不在 rdd2 中出现的元素，并组成的新 RDD。其相关代码如下：

```
scala> val rdd1=sc.makeRDD(List(1,2,3,4,5))
rdd1: org.apache.spark.rdd.RDD[Int] = ParallelCollectionRDD[29] at makeRDD at <console>:25

scala> val rdd2=sc.makeRDD(List(4,5,6,7,8))
rdd2: org.apache.spark.rdd.RDD[Int] = ParallelCollectionRDD[30] at makeRDD at <console>:25

scala> val rdd3=rdd1.subtract(rdd2)    // 在 rdd1 中但不在 rdd2 中的元素
rdd3: org.apache.spark.rdd.RDD[Int] = MapPartitionsRDD[34] at subtract at <console>:26

scala> rdd3.collect()
res12: Array[Int] = Array(1, 2, 3)
```

> 小贴士：执行代码 rdd1.subtract(rdd2) 与 rdd2.subtract(rdd1) 的结果并不会相同，读者可以自行验证。

3.3.4 计算两个 RDD 的笛卡尔积

cartesian 用于求两个 RDD 的笛卡尔积，并将两个集合元素组合成一个新的 RDD。例如，下面代码中的 rdd1 元素为 1、3、5、7，rdd2 元素为 apple、orange、banana，使用代码 rdd1. cartesian(rdd2) 返回的新 RDD 共有 12 个元素。

```
scala> val rdd1=sc.makeRDD(List(1,3,5,7))
rdd1: org.apache.spark.rdd.RDD[Int] = ParallelCollectionRDD[39] at makeRDD at <console>:25

scala> val rdd2=sc.makeRDD(List("apple","banana","orange"))
rdd2: org.apache.spark.rdd.RDD[String] = ParallelCollectionRDD[40] at makeRDD at <console>:25

scala> rdd1.cartesian(rdd2).collect()
res15: Array[(Int, String)] = Array((1,apple), (1,banana), (1,orange), (3,apple), (3,banana), (3,orange), (5,apple), (5,banana), (5,orange), (7,apple), (7,banana), (7,orange))
```

任务实施

【源代码：3.3 任务实施代码】

本任务的实施思路与过程如下：

(1) 将 recordsCityB.txt 上传到 HDFS 中，此过程可参照前述任务。然后根据两地交通违章数据文件创建两个 RDD。其相关代码如下：

```
scala> val recordPath1="hdfs://localhost:9000/user/hadoop/traffic/record.txt"
recordPath1: String = hdfs://localhost:9000/user/hadoop/traffic/record.txt

scala> val recordPath2="hdfs://localhost:9000/user/hadoop/traffic/recordCityB.txt"
recordPath2: String = hdfs://localhost:9000/user/hadoop/traffic/recordCityB.txt

scala> val record1=sc.textFile(recordPath1)
record1: org.apache.spark.rdd.RDD[String] = hdfs://localhost:9000/user/hadoop/traffic/record.txt
MapPartitionsRDD[23] at textFile at <console>:26

scala> val record2=sc.textFile(recordPath2)
record2: org.apache.spark.rdd.RDD[String] = hdfs://localhost:9000/user/hadoop/traffic/recordCityB.txt
MapPartitionsRDD[25] at textFile at <console>:26

scala> record1.take(3)     // 观察 record1 数据集，其第一个元素为表头信息，而非违章数据
res25: Array[String] = Array( 监控设备 ID 日期   车牌号   车道 ID   速度   违章代码   交通参与物 , A301
    2023-05-31  CZ8463  1  87  1625  car, A301  2023-05-31MU0066  3  42  142003  car)
```

(2) 因为 records.txt 和 recordsCityB.txt 都含有表头信息，所以 record1 和 record2 的第一个元素均为表头而非实际违章数据。为此，可以使用 filter 操作将 RDD 中的第一个元素去掉，然后生成新 RDD。其相关代码如下：

```
scala> val first1=record1.first()                     // 取出 record1 的第一个元素，即表头信息
first1: String = 监控设备 ID      日期      车牌号      车道 ID      速度      违章代码      交通参与物

scala> val first2=record2.first()                     // 取出 record2 的第一个元素，即表头信息
first2: String = 监控设备 ID      日期      车牌号      车道 ID      速度      违章代码      交通参与物

scala> val recordLocal=record1.filter(x=>x !=first1)  // 过滤掉 record1 的第一个元素
recordLocal: org.apache.spark.rdd.RDD[String] = MapPartitionsRDD[26] at filter at <console>:26

scala> val recordCityB=record2.filter(x=>x !=first2)  // 过滤掉 record2 的第一个元素
recordCityB: org.apache.spark.rdd.RDD[String] = MapPartitionsRDD[27] at filter at <console>:26
```

> **小贴士**：对于 records.txt 和 recordsCityB.txt 中的第一行，也可以采用任务 3.2 中的做法，手工去除，然后创建 RDD。

(3) 使用 union 操作将 recordLocal 和 recordCityB 合并，即将两地违章记录整合到一个 RDD 中。其相关代码如下：

```
scala> val recordAll=recordLocal.union(recordCityB)
recordAll: org.apache.spark.rdd.RDD[String] = UnionRDD[28] at union at <console>:26
```

(4) 使用 map 操作, 将 recordAll 的元素 (字符串类型, 如 "A301 2023-05-31 CZ8463 1 87 1625 car") 进行切割, 得到新 RDD(即 splitRecord), 其数据样式为 (监控设备 ID, 日期, 车牌号, 车道 ID, 车速, 违章代码, 交通参与物)。然后针对 splitRecord 使用 filter 过滤操作, 找出车牌号为 MU0066 的违章记录。其相关代码如下:

```
scala> val splitRecord=recordAll.map(x=>x.split("\t"))        // 按照 "\t" 进行切割
splitRecord: org.apache.spark.rdd.RDD[Array[String]] = MapPartitionsRDD[31] at map at <console>:25

scala> val sub=splitRecord.filter(x=>x(2) == "MU0066")    // 找出车牌号为 MU0066 的违章记录
sub: org.apache.spark.rdd.RDD[Array[String]] = MapPartitionsRDD[32] at filter at <console>:25
```

(5) 打印输出车牌号为 MU0066 的违章信息, 共 6 条。其相关代码如下:

```
scala> :paste
// Entering paste mode (ctrl-D to finish)
println("------ 车辆 MU0066 的违章信息如下 ------")
sub.collect().foreach(x=>{
  val date=x(1)
  val violationID=x(5)
  val monitorID=x(0)
  println(f" 日期：【$date】, 监控设备号：【$monitorID】,违章代码：【$violationID】")
})
// Exiting paste mode, now interpreting.


------ 车辆 MU0066 的违章信息如下 ------
日期：【2023-05-31】, 监控设备号：【A301】,违章代码：【142003】
日期：【2023-06-15】, 监控设备号：【A150】,违章代码：【1625】
日期：【2023-06-27】, 监控设备号：【B066】,违章代码：【1229】
日期：【2023-06-30】, 监控设备号：【A301】,违章代码：【1625】
日期：【2023-05-30】, 监控设备号：【2011】,违章代码：【1625】
日期：【2023-06-25】, 监控设备号：【1032】,违章代码：【1625】
```

任务 3.4　查找违章 3 次以上的车辆

查找违章
3 次以上
的车辆

任务分析

根据交通安全检查工作的需要, 查找本市违章记录数据 (records.txt) 中违章 3 次以上的车辆, 并予以重点关注。为此, 可以借助一种特殊的 RRD——键值对 RDD。键值对 RDD 具有 reduceByKey、mapValues 等若干特殊的操作, 可以便捷地完成某些数据统计分析。本任务的工作内容及相关知识点如表 3-5 所示。

表 3-5　工作内容及相关知识点

工 作 内 容	相关知识点
与 record.txt 生成 RDD，并去掉表头元素	textFile、filter
将 RDD 的元素按"Tab"键切割，并转换成键值对 RDD，其元素样式为 (车牌号，1)	map、split
统计每个车牌出现的次数，即为各车辆的违章次数	reduceByKey、groupByKey、mapValues
找出违章次数大于 3 次的车牌	filter

完成本项任务后，程序运行结果如图 3-12 所示。

```
scala> :paste
// Entering paste mode (ctrl-D to finish)

println("------违章次数大于3次的车辆信息------")
resultRecord.collect().foreach(x=>{
    val car=x._1
    val num=x._2
    println(f"车牌号：【$car】，违章次数：【$num】")
  })

// Exiting paste mode, now interpreting.

------违章次数大于3次的车辆信息------
车牌号：【CZ8463】，违章次数：【6】
车牌号：【MU0066】，违章次数：【4】
```

图 3-12　程序运行结果

知识储备

3.4.1　键值对 RDD 的创建

所谓键值对 RDD(Pair RDD)，是指 RDD 元素为 (key,value) 键值类型 (即二元组)。普通 RDD 里面存储的数据类型是 Int、String 等，而键值对 RDD 里面存储的数据类型是"键值对"，"键值对"在分组和聚合操作中经常会用到。生成键值对 RDD 主要有两种方法：一种是通过内存数据直接创建 Pair RDD，另一种是将普通 RDD 转换为 Pair RDD。

1. 通过内存数据直接创建 Pair RDD

下面的代码中，首先定义一个列表 scores，scores 的每个元素为二元组，记录学生的姓名及考试成绩，然后使用 parallelize 方法生成键值对 RDD(scoresRDD)，scoresRDD 元素的类型为二元组。

```
scala> val scores=List(("张小帅",84),("孙田",80),("马莉",92))    //scores 的元素为二元组，如("张小帅",84)
scores: List[(String, Int)] = List((张小帅,84), (孙田,80), (马莉,92))


scala> val scoresRDD=sc.parallelize(scores)                //scoresRDD 即键值对 RDD
scoresRDD: org.apache.spark.rdd.RDD[(String, Int)] = ParallelCollectionRDD[0] at parallelize at <console>:26


scala> scoresRDD.collect()                                //scoresRDD 的元素为二元组
res2: Array[(String, Int)] = Array((张小帅,84), (孙田,80), (马莉,92))
```

2. 将普通 RDD 转换为 Pair RDD

将普通 RDD 转换为 Pair RDD 有两种方法，即使用 map 操作和使用 zip 操作。

1) 使用 map 操作转换为 Pair RDD

下面的代码中，首先定义一个普通 RDD(rdd1)，其元素为普通字符串，然后使用 map 操作，根据 rdd1 生成一个新的 RDD(pairRDD1)，其元素为由字符串、字符串长度组成的二元组，如 (apple,5)。

```
scala> val rdd1=sc.makeRDD(List("apple","grape","banana","watermelon"))
rdd1: org.apache.spark.rdd.RDD[String] = ParallelCollectionRDD[1] at makeRDD at <console>:25

scala> val pairRDD1=rdd1.map(x=>(x,x.length()))
pairRDD1: org.apache.spark.rdd.RDD[(String, Int)] = MapPartitionsRDD[2] at map at <console>:25

scala> pairRDD1.collect()
res3: Array[(String, Int)] = Array((apple,5), (grape,5), (banana,6), (watermelon,10))
```

下面的代码中，首先定义一个 rdd2，rdd2 的元素为字符串，然后通过 flatMap、map 操作，将元素转换为 (单词，1) 的形式。

```
scala> val rdd2=sc.makeRDD(List("I like Spark","He likes Spark"))
rdd2: org.apache.spark.rdd.RDD[String] = ParallelCollectionRDD[6] at makeRDD at <console>:25

scala> val pairRDD2=rdd2.flatMap(x=>x.split(" ")).map(x=>(x,1))
pairRDD2: org.apache.spark.rdd.RDD[(String, Int)] = MapPartitionsRDD[8] at map at <console>:25

scala> pairRDD2.collect()
res4: Array[(String, Int)] = Array((I,1), (like,1), (Spark,1), (He,1), (likes,1), (Spark,1))
```

> **小贴士**：上述操作在词频统计等场景中经常使用。

2) 使用 zip 操作生成 Pair RDD

除了使用 makeRDD、map 操作创建键值对 RDD，还可以使用 zip 操作 (亦称为"拉链操作") 将两个元素数量相同、分区数相同的普通 RDD 组合成一个键值对 RDD。

若 rdd1 有 3 个元素 (分区数量默认)，rdd2 也有 3 个元素 (分区数量默认)，则代码 rdd1. zip(rdd2) 可将前述两个 RDD 组合成一个新的键值对 RDD。其相关代码如下：

```
scala> val rdd1=sc.makeRDD(List(" 东岳 "," 西岳 "," 南岳 "," 北岳 "," 中岳 "))
rdd1: org.apache.spark.rdd.RDD[String] = ParallelCollectionRDD[1] at makeRDD at <console>:25

scala> val rdd2=sc.makeRDD(List(" 泰山 "," 华山 "," 衡山 "," 恒山 "," 嵩山 "))
rdd2: org.apache.spark.rdd.RDD[String] = ParallelCollectionRDD[2] at makeRDD at <console>:25

scala> rdd1.zip(rdd2).collect()     //rdd1、rdd2 组成一个键值对 RDD，并输出其元素
res3: Array[(String, String)] = Array(( 东岳,泰山 ), ( 西岳,华山 ), ( 南岳,衡山 ), ( 北岳,恒山 ), ( 中岳,嵩山 ))
```

需要注意的是，如果两个 RDD 元素数量或分区数量不同，进行 zip 操作则会抛出错误。例如，创建一个包含 4 个元素的 rdd3，再执行 rdd1.zip(rdd3) 语句时，就会报错。这是因为 rdd1、 rdd3 元素数量不一致。其相关代码如下：

```
scala> val rdd3=sc.makeRDD(List(1,2,3,4))      //rdd3 有 4 个元素
rdd3: org.apache.spark.rdd.RDD[Int] = ParallelCollectionRDD[4] at makeRDD at <console>:25


scala> rdd1.zip(rdd3).collect()                //rdd1 有 5 个元素，与 rdd3 的元素数量不一致，报错
org.apache.spark.SparkException: Job aborted due to stage failure: Task 3 in stage 2.0 failed 1 times, most recent
failure: Lost task 3.0 in stage 2.0 (TID 11) (10.0.2.15 executor driver): org.apache.spark.SparkException: Can only zip
RDDs with same number of elements in each partition
```

3.4.2　keys、values 操作得到一个新的 RDD

键值对 RDD 的元素为 (key，value) 形式的二元组。keys 操作可以获取键值对 RDD 中所有的 key，组成一个新的 RDD 并返回；values 操作会把键值对 RDD 中的所有 value 返回，形成一个新的 RDD。两个操作的用法示例如下：

```
scala> val data=List(("Spark",1),("Hadoop",2),("Flink",3),("kafka",4))
data: List[(String, Int)] = List((Spark,1), (Hadoop,2), (Flink,3), (kafka,4))


scala> val pairRDD=sc.makeRDD(data)
pairRDD: org.apache.spark.rdd.RDD[(String, Int)] = ParallelCollectionRDD[9] at makeRDD at <console>:26


scala> val keysRDD=pairRDD.keys             // 获取所有的 key，组成新的 RDD
keysRDD: org.apache.spark.rdd.RDD[String] = MapPartitionsRDD[10] at keys at <console>:25


scala> keysRDD.collect()
res6: Array[String] = Array(Spark, Hadoop, Flink, kafka)


scala> val valuesRDD=pairRDD.values            // 获取所有的 value，组成新的 RDD
valuesRDD: org.apache.spark.rdd.RDD[Int] = MapPartitionsRDD[12] at values at <console>:25


scala> valuesRDD.collect()
res7: Array[Int] = Array(1, 2, 3, 4)
```

上述代码中，由 ("Spark",1)、("Hadoop",2) 等 4 个键值对构成了 pairRDD，执行 pairRDD.keys 操作后，获取了所有的 key(Spark、Hadoop 等 4 个字符串)，组成了一个新的 RDD(keysRDD)。执行 pairRDD.values 操作后，得到了一个新的 RDD(valuesRDD)，其元素为 1、2、3、4。

3.4.3　lookup 操作查找 value

lookup 操作用于查找某个 key 所对应的 value 值。

例如，对于键值对数据集 stuRDD，若执行代码 stuRDD.lookup("Tom")，则会获取 key=Tom 的所有 value，并返回一个数组 WrappedArray(80,75)。其相关代码如下：

```
scala> val stuRDD=sc.makeRDD(List(("Tom",80),("Jerry",82),("Tom",75),("Petter",90)))
stuRDD: org.apache.spark.rdd.RDD[(String, Int)] = ParallelCollectionRDD[14] at makeRDD at <console>:25


scala> stuRDD.lookup("Tom")
res9: Seq[Int] = WrappedArray(80, 75)
```

3.4.4 ByKey 相关操作

对于键值对 RDD，Spark 提供了 groupByKey、reduceByKey、sortByKey 等若干 ByKey 相关操作。

(1) groupByKey 是根据 key 对 value 进行分组。其用法演示如下：

```
scala> val fruits= List((apple,5.5), (orange,3.0), (apple,8.2), (banana,2.7), (orange,4.2))

scala> val fruitsRDD=sc.makeRDD(fruits)
fruitsRDD: org.apache.spark.rdd.RDD[(String, Double)] = ParallelCollectionRDD[23] at makeRDD at <console>:26

scala> val groupedRDD=fruitsRDD.groupByKey()    // 按照 key 对 value 进行分组
groupedRDD: org.apache.spark.rdd.RDD[(String, Iterable[Double])] = ShuffledRDD[25] at groupByKey at <console>:25

scala> groupedRDD.collect()
res22: Array[(String, Iterable[Double])] = Array((banana,CompactBuffer(2.7)), (orange,CompactBuffer(3.0, 4.2)), (apple,CompactBuffer(5.5, 8.2)))
```

上述代码中，furitsRDD 有 5 个元素，分别为 (apple,5.5)、(orange,3.0)、(apple,8.2)、(banana,2.7) 和 (orange,4.2)，施加 groupByKey 操作后，对 value 值完成分组，得到新的 RDD(gruped)，其元素为 (banana,CompactBuffer(2.7))、(orange,CompactBuffer(3.0, 4.2)) 和 (apple,CompactBuffer(5.5, 8.2))。

> **小贴士**：CompactBuffer 类似于可变数组，它是 Spark 定义的数据结构，它继承了迭代器和序列，支持循环遍历等操作。

(2) reduceByKey(func) 是根据 key 进行分组，使用 func 函数聚合同组内的 value 值，返回一个新的 RDD，其元素为二元组，即 (key, 聚合后的值)。其演示代码如下：

```
scala> val fruits=List(("apple",5.5),("orange",3.0),("apple",8.2),("banana",2.7),("orange",4.2))
fruits: List[(String, Double)] = List((apple,5.5), (orange,3.0), (apple,8.2), (banana,2.7), (orange,4.2))

scala> val fruitsRDD=sc.makeRDD(fruits)
fruitsRDD: org.apache.spark.rdd.RDD[(String, Double)] = ParallelCollectionRDD[23] at makeRDD at <console>:26

scala> val reducedRDD=fruitsRDD.reduceByKey((a,b)=>a+b)    // 按照 key 汇总 value 值
reducedRDD: org.apache.spark.rdd.RDD[(String, Double)] = ShuffledRDD[24] at reduceByKey at <console>:25

scala> reducedRDD.collect()                                // reducedRDD 元素为二元组
res21: Array[(String, Double)] = Array((banana,2.7), (orange,7.2), (apple,13.7))
```

上述代码中，调用 reduceByKey((a,b) => a+b) 方法，对具有相同 key 的键值对进行聚合 (value 相加合并)，得到的结果为 (banana,2.7)、(orange,7.2) 和 (apple,13.7)。该操作过程如图 3-13 所示，在 (a,b) => a+b 这个匿名函数中，a 和 b 都是指 value，其作用是将 key 相同的所有 value 累加。

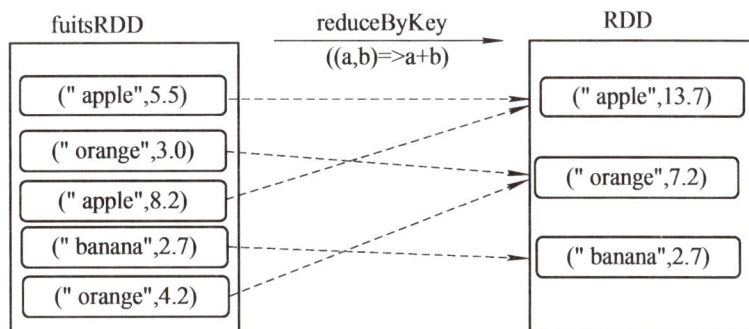

图 3-13　reduceByKey 操作过程示意图

(3) sortByKey 是根据 key 进行排序，即返回一个根据键排序的 RDD，示例如下：

```
scala> val peoples=List((20,"Tom"),(18,"Jerry"),(21,"Bob"),(17,"Ben"))
peoples: List[(Int, String)] = List((20,Tom), (18,Jerry), (21,Bob), (17,Ben))

scala> val peoplesRDD=sc.makeRDD(peoples)
peoplesRDD: org.apache.spark.rdd.RDD[(Int, String)] = ParallelCollectionRDD[26] at makeRDD at <console>:26

scala> val sortedRDD=peoplesRDD.sortByKey()
sortedRDD: org.apache.spark.rdd.RDD[(Int, String)] = ShuffledRDD[29] at sortByKey at <console>:25

scala> sortedRDD.collect()
res23: Array[(Int, String)] = Array((17,Ben), (18,Jerry), (20,Tom), (21,Bob))
```

上述代码中，由 (20,"Tom")、(18,"Jerry")、(21,"Bob") 和 (17,"Ben")4 个键值对构成的键值对 peoplesRDD，在执行 sortByKey 操作 (按照 key 进行排序) 后，返回了排序后的新 RDD。

sortByKey 可以加入 1 个布尔型参数，若要降序排列，则使用 sortByKey(false)；若要升序排列，则使用 sortByKey(true) 或 sortByKey()，即默认的排序方式为升序。示例如下：

```
scala> val sortedRDD=peoplesRDD.sortByKey(false)      // 按照 key 降序排列
sortedRDD: org.apache.spark.rdd.RDD[(Int, String)] = ShuffledRDD[32] at sortByKey at <console>:25

scala> sortedRDD.collect()
res24: Array[(Int, String)] = Array((21,Bob), (20,Tom), (18,Jerry), (17,Ben))
```

3.4.5　mapValues 对 value 进行处理

实际业务中，可能会遇到只对键值对 RDD 的 value 部分进行处理，而保持 key 不变的情况。这时，可以使用 mapValues(func)，它的功能是将 RDD 元组中的 value 交给函数 func 处理。示例如下：

```
scala> val fruits=List(("apple",6.5),("banana",3.8),("blueberry",19.9))
fruits: List[(String, Double)] = List((apple,6.5), (banana,3.8), (blueberry,19.9))

scala> val fruitsRDD=sc.makeRDD(fruits)
fruitsRDD: org.apache.spark.rdd.RDD[(String, Double)] = ParallelCollectionRDD[5] at makeRDD at
<console>:26

scala> val fruitsRDD2=fruitsRDD.mapValues(x=>x+5)          // 所有的 value 加 5
fruitsRDD2: org.apache.spark.rdd.RDD[(String, Double)] = MapPartitionsRDD[6] at mapValues at <console>:25

scala> fruitsRDD2.collect()
res3: Array[(String, Double)] = Array((apple,11.5), (banana,8.8), (blueberry,24.9))
```

上述代码中，由 ("apple",6.5)、("banana",3.8) 和 ("blueberry",19.9)3 个键值对构成的键值对 RDD(fruitsRDD)，执行 mapValues(x => x+5) 将 value 部分加 5，得到了一个新的键值对 RDD(即 fruitsRDD2)。fruitsRDD2 包含 (apple,11.5)、(banana,8.8) 和 (blueberry,24.9)3 个键值对，可以看出原有的 key 部分不变，但 value 加了 5。

任务实施

【源代码:
3.4 任务
实施代码】

违章记录 (records.txt) 的每一行代表一个违章记录，因此只要找出车牌号出现 3 次以上的车辆即可。本任务的实施思路与过程如下：

(1) 调用 sc.textFile() 算子，由 records.txt 创建 RDD。因 record.txt 文件包括表头信息行，故使用 filter 操作，去掉 RDD 的第一个元素。相关代码如下：

```
scala> val recordPath="hdfs://localhost:9000/user/hadoop/traffic/record.txt"
scala> val record=sc.textFile(recordPath)              // 生成 RDD

scala> val firstLine=record.first()                    // 获取 record.txt 的首行字符串
firstLine: String = 监控设备 ID   日期      车牌号   车道 ID  速度    违章代码        交通参与物

scala> val recordReal=record.filter(x=> x != firstLine)  // 过滤掉首行
recordReal: org.apache.spark.rdd.RDD[String] = MapPartitionsRDD[3] at filter at <console>:26
```

(2) 依据 "\t" 切割，将 recordReal 的元素切割为数组 Array[String]，得到新的 RDD(命名为 splitRecord)，其元素样式为 Array(监控设备 ID, 日期, 车牌号, 车道 ID, 速度, 违章代码, 交通参与物)。相关代码如下：

```
scala> val splitRecord=recordReal.map(x=> x.split("\t"))    // 按照 "\t" 切割
splitRecord: org.apache.spark.rdd.RDD[Array[String]] = MapPartitionsRDD[5] at map at <console>:25
```

(3) 针对 splitRecord，使用 map 算子将其转换为键值对 RDD(命名为 pairRecord)，元素样式为 (车牌号，1)。相关代码如下：

```
scala> val pairRecord=splitRecord.map(x=> (x(2),1))
pairRecord: org.apache.spark.rdd.RDD[(String, Int)] = MapPartitionsRDD[6] at map at <console>:25
```

(4) 针对 pairRecord，使用 reduceByKey 操作便可统计出每个车牌号出现的次数。车牌号出现一次，代表该车辆有一次违章，因而求得车辆违章次数。相关代码如下：

```
scala> val statRecord=pairRecord.reduceByKey((a,b)=>a+b)        // 统计违章次数
statRecord: org.apache.spark.rdd.RDD[(String, Int)] = ShuffledRDD[8] at reduceByKey at <console>:25
```

代码 pairRecord.reduceByKey((a,b)=>a+b) 按照 key(车牌号) 分组汇总 value，计算出新的数据集，并将其命名为 statRecord，其元素样式为 (车牌号，违章次数)。实际业务中，解决问题的方法有很多。本步骤也可以采用 groupByKey、mapValues 等方法达到同样的效果，相关代码如下：

```
scala> val groupRecord=pairRecord.groupByKey()
groupRecord: org.apache.spark.rdd.RDD[(String, Iterable[Int])] = ShuffledRDD[9] at groupByKey at <console>:25

scala> val statRecord=groupRecord.mapValues(x=>x.size)
statRecord: org.apache.spark.rdd.RDD[(String, Int)] = MapPartitionsRDD[11] at mapValues at <console>:25
```

(5) 借助 filter 操作，找出违章次数大于 3 次的车辆。相关代码如下：

```
scala> val resultRecord=statRecord.filter(x=> x._2>3)
resultRecord: org.apache.spark.rdd.RDD[(String, Int)] = MapPartitionsRDD[12] at filter at <console>:25
```

statRecord 的元素样式为 (车牌号，违章次数)，x._2 代表违章次数；使用代码 statRecord.filter(x=> x._2>3) 可过滤出违章超过 3 次的数据。

(6) 在 paste 模式下，打印相关信息。相关代码如下：

```
scala> :paste
// 进入 paste 模式，按 "Crtl+D" 键可退出该模式
println("------ 违章次数大于 3 次的车辆信息 ------")
resultRecord.collect().foreach(x=>{
  val car=x._1
  val num=x._2
  println(f" 车牌号：【$car】，违章次数：【$num】")
})
// 退出 paste 模式，开始执行上述代码

------ 违章次数大于 3 次的车辆信息 ------
车牌号：【CZ8463】，违章次数：【6】
车牌号：【MU0066】，违章次数：【4】
```

任务 3.5　找出累计扣 12 分以上的车辆

任务分析

累计扣 12 分以上的车辆为重点检查与治理车辆。现需要从本市违章记录数据文件中，找出违章扣 12 分以上的车辆，进而根据车辆所有人预留电话，模拟发一条短信 (打印一句话)，

找出累计扣 12 分以上的车辆

提醒其到交管部门处理违章。本任务的工作内容及相关知识点如表 3-6 所示。

表 3-6 工作内容及相关知识点

工 作 内 容	相关知识点
读取 3 个文件生成 RDD	textFile、filter
根据违章记录、违章代码，计算所有违章车辆的扣分，进而找出扣分超过 12 分的车牌号	map、reduceByKey、filter、join
结合车主信息数据，找出对应的车主信息 (如姓名、电话等)	map、join
根据车主电话，模拟发送短信 (打印相关信息)	collect、foreach

任务完成后，程序运行结果如图 3-14 所示。

```
scala> :paste
// Entering paste mode (ctrl-D to finish)

println("------短信平台发出信息------")
result.collect().foreach(x=>{
    val car=x._1
    val deduct=x._2
    val name=x._3
    val phone=x._4
    println(f"$phone: 【$name】，您名下车辆【$car】违章扣分达$deduct 分,请及时处理! ")
})

// Exiting paste mode, now interpreting.

------短信平台发出信息------
1704321155: 【梁灿明】，您名下车辆【CZ8463】违章扣分达33 分,请及时处理!
1502382392: 【温济欢】，您名下车辆【MU0066】违章扣分达19 分,请及时处理!
```

图 3-14　程序运行结果

知识储备

3.5.1　join 操作连接两个 RDD

join 的概念来自关系数据库领域，Spark RDD 中的 join 类型包括内连接 (join)、左外连接 (leftOuterJoin)、右外连接 (rightOuterJoin) 和全连接 (fullOuterJoin) 等。其中，join 是在给定的两个键值对 RDD(数据类型为 (K,V1) 和 (K,V2)) 中都存在 key 时才会被输出，最终得到一个 (K,(V1,V2)) 类型的 RDD。其用法示例如下：

```
scala> val rdd1=sc.makeRDD(List(("tom",1),("jerry",2),("petter",3)))
rdd1: org.apache.spark.rdd.RDD[(String, Int)] = ParallelCollectionRDD[6] at makeRDD at <console>:25

scala> val rdd2=sc.makeRDD(List(("tom",5),("ben",2),("jerry",6)))
rdd2: org.apache.spark.rdd.RDD[(String, Int)] = ParallelCollectionRDD[7] at makeRDD at <console>:25

scala> rdd1.join(rdd2).collect()    //rdd1、rdd2 中有相同的 key: tom、jerry
res5: Array[(String, (Int, Int))] = Array((tom,(1,5)), (jerry,(2,6)))
```

上述代码中，rdd1 键值对元素包括 ("tom",1)、("jerry",2) 和 ("petter",3)，rdd2 键值对元素包括 ("tom",5)、("ben",2) 和 ("jerry",6)；代码 rdd1.join(rdd2) 会收集 rdd1、rdd2 中相同 key 的元素，组成 rdd3；rdd3 的元素为 (tom,(1,5)), (jerry,(2,6))。

3.5.2　rightOuterJoin 右外连接

rightOuterJoin 类似于 SQL 中的右外连接 (right outer join)，其作用是根据两个 RDD 的 key 进行右外连接，返回结果以右边 (第二个) 的 RDD 为主，关联不上的记录为空 (None 值)。其用法示例如下：

```scala
scala> val rdd1=sc.makeRDD(List(("tom",1),("jerry",2),("petter",3)))
rdd1: org.apache.spark.rdd.RDD[(String, Int)] = ParallelCollectionRDD[14] at makeRDD at <console>:25


scala> val rdd2=sc.makeRDD(List(("tom",5),("apple",2),("jerry",6)))
rdd2: org.apache.spark.rdd.RDD[(String, Int)] = ParallelCollectionRDD[15] at makeRDD at <console>:25


scala> val rdd4=rdd1.rightOuterJoin(rdd2)        // 两个 RDD 右外连接
rdd4: org.apache.spark.rdd.RDD[(String, (Option[Int], Int))] = MapPartitionsRDD[18] at rightOuterJoin at <console>:26


scala> rdd4.collect()
res8: Array[(String, (Option[Int], Int))] = Array((tom,(Some(1),5)), (apple,(None,2)), (jerry,(Some(2),6)))
```

上述代码中，rdd1、rdd2 右外连接，以 rdd2 为主。如果 rdd1 中没有对应的键，则显示 None 值。例如，rdd1 中没有 key 为 apple 的元素，而 rdd2 中有 key 为 apple 的元素 ("apple",2)，则右外连接后产生了键值对 (apple,(None,2))。如果 rdd1 中有相应的键，则显示 Some 类型。例如，rdd1 中有 key 为 tom 的元素 ("tom",1)，rdd2 中也有 key 为 tom 的元素 ("tom",5)，则右外连接后产生了键值对 (tom,(Some(1),5))。

> 小贴士：在 Scala 中，Some、None 均为 Option 的子类。对于 Some 类型的数据，可以使用 get 方法获取其中的值。例如，对于变量 val data=Some(10)，可以使用 data.get 语句获取数值 10。

3.5.3　leftOuterJoin 左外连接

leftOuterJoin 类似于 SQL 中的左外连接 (left outer join)，可以根据两个 RDD 的 key 进行左外连接，返回结果以左边 (第一个) 的 RDD 为主，关联不上的记录为空 (None 值)。其用法示例如下：

```scala
scala> val rdd1=sc.makeRDD(List(("tom",1),("jerry",2),("petter",3)))
rdd1: org.apache.spark.rdd.RDD[(String, Int)] = ParallelCollectionRDD[24] at makeRDD at <console>:25


scala> val rdd2=sc.makeRDD(List(("tom",5),("apple",2),("jerry",6)))
rdd2: org.apache.spark.rdd.RDD[(String, Int)] = ParallelCollectionRDD[25] at makeRDD at <console>:25


scala> val rdd5=rdd1.leftOuterJoin(rdd2)        // 两个 RDD 左外连接
rdd5: org.apache.spark.rdd.RDD[(String, (Int, Option[Int]))] = MapPartitionsRDD[28] at leftOuterJoin at <console>:26


scala> rdd5.collect()
res11: Array[(String, (Int, Option[Int]))] = Array((tom,(1,Some(5))), (jerry,(2,Some(6))), (petter,(3,None)))
```

上述代码中，rdd1、rdd2 左外连接，以 rdd1 为主。如果 rdd2 中没有对应的键，则显示 None 值。例如，rdd1 中有 key 为 petter 的元素 ("petter",3)，而 rdd2 中没有 key 为 petter 的元素，则左外连接后产生了键值对 (petter,(3,None))。如果 rdd2 中有相应的键，则显示 Some 类型。例如，rdd1 中有 key 为 tom 的元素 ("tom",1)，rdd2 中也有 key 为 tom 的元素 ("tom",5)，则左外连接后产生了键值对 (tom,(1,Some(5)))。

3.5.4　fullOuterJoin 全连接

fullOuterJoin 是全连接，会保留两个 RDD 的所有 key 的连接结果，用法示例如下：

```
scala> val rdd1=sc.makeRDD(List(("tom",1),("jerry",2),("petter",3)))
rdd1: org.apache.spark.rdd.RDD[(String, Int)] = ParallelCollectionRDD[29] at makeRDD at <console>:25


scala> val rdd2=sc.makeRDD(List(("tom",5),("apple",2),("jerry",6)))
rdd2: org.apache.spark.rdd.RDD[(String, Int)] = ParallelCollectionRDD[30] at makeRDD at <console>:25


scala> val rdd6=rdd1.fullOuterJoin(rdd2)        // 两个 RDD 全连接
rdd6: org.apache.spark.rdd.RDD[(String, (Option[Int], Option[Int]))] = MapPartitionsRDD[33] at fullOuterJoin at <console>:26


scala> rdd6.collect()
res13: Array[(String, (Option[Int], Option[Int]))] = Array((tom,(Some(1),Some(5))), (apple,(None,Some(2))), (jerry,(Some(2),Some(6))), (petter,(Some(3),None)))
```

任务实施

【源代码：3.5 任务实施代码】

针对车辆违章数据，若想找出累计扣 12 分以上的车辆，并输出车牌号、车主姓名、车主电话等相关信息，则需要用到 record.txt、violation.txt、owner.txt 等 3 个文件。本任务的实施思路与过程如下：

(1) 根据数据文件生成 RDD，并参照前述任务去掉首行 (RDD 第 1 个元素)。相关代码如下：

```
scala> val recordPath="hdfs://localhost:9000/user/hadoop/traffic/record.txt"
scala> val violationPath="hdfs://localhost:9000/user/hadoop/traffic/violation.txt"
scala> val ownerPath="hdfs://localhost:9000/user/hadoop/traffic/owner.txt"
scala> val record=sc.textFile(recordPath)
scala> val violation=sc.textFile(violationPath)
scala> val owner=sc.textFile(ownerPath)
scala> val firstLine1=record.first()                    // 获取第 1 个元素 ( 文件的第 1 行文本 )
scala> val recordReal=record.filter(x=>x != firstLine1)  // 去掉第 1 个元素
scala> val firstLine2=violation.first()
scala> val violationReal=violation.filter(x=>x != firstLine2)
scala> val firstLine3=owner.first()
scala> val ownerReal=owner.filter(x=>x != firstLine3)
```

(2) 通过 map 操作，将 violationReal 的数据元素转为 (违章代码 , 扣分) 样式，生成新数据集 kvViolation；通过 map 操作，将 recordReal 的数据元素转为 (违章代码 , 车牌号) 样式，生成新数据集 kvRecord。相关代码如下：

```
scala> val kvViolation=violationReal.map(x=>x.split("\t")).map(x=>(x(0),x(2)))    // 数据样式为 ( 违章代码 , 扣分 )
kvViolation: org.apache.spark.rdd.RDD[(String, String)] = MapPartitionsRDD[34] at map at <console>:25
```

```
scala> val kvRecord=recordReal.map(x=>x.split("\t")).map(x=>(x(5),x(2)))    // 数据样式为 ( 违章代码 , 车
                                                                               牌号 )
kvRecord: org.apache.spark.rdd.RDD[(String, String)] = MapPartitionsRDD[38] at map at <console>:25
```

(3) 使用 leftOuterJoin 操作，将 kvRecord、kvViolation 连接，生成新数据集 joinRecord Violation，其元组数据样式为 (违章代码，(车牌号，Some(扣分)))。相关代码如下：

```
scala> val joinRecordViolation=kvRecord.leftOuterJoin(kvViolation)
joinRecordViolation: org.apache.spark.rdd.RDD[(String, (String, Option[String]))] = MapPartitionsRDD[41] at
leftOuterJoin at <console>:26
```

(4) 通过 map 操作，将 joinRecordViolation 的数据样式转为 (车牌号，扣分)，生成新的数据集 records。相关代码如下：

```
scala> val records=joinRecordViolation.map(x=>(x._2._1, x._2._2.get.toInt))
records: org.apache.spark.rdd.RDD[(String, Int)] = MapPartitionsRDD[43] at map at <console>:25
```

本步骤也可以借助模式匹配匿名函数完成，代码如下：

```
scala> val records=joinRecordViolation.map{ case (code,(carNO,Some(gap))) => (carNO,gap.toInt) }
records: org.apache.spark.rdd.RDD[(String, String)] = MapPartitionsRDD[19] at map at <console>:28
```

在上述代码中，code、carNO、gap 均为临时变量，分别表示违章代码、车牌号、扣分。通过模式匹配，可抽取车牌号、扣分。

(5) 使用 reduceByKey 计算每个车辆总的扣分数，生成新数据集 penalize，其数据样式为 (车牌号，总的扣分数)，然后借助 filter 过滤出扣分超过 12 分的车牌号，形成数据集 penalizeOver12。相关代码如下：

```
scala> val penalize=records.reduceByKey((a,b)=>a+b)    // 计算每辆汽车总的扣分，其数据样式为 ( 车牌
                                                          号，总的扣分数 )
penalize: org.apache.spark.rdd.RDD[(String, Int)] = ShuffledRDD[47] at reduceByKey at <console>:25
```

```
scala> val penalizeOver12=penalize.filter(x=>x._2 > 12)    // x._2 表示扣分
penalizeOver12: org.apache.spark.rdd.RDD[(String, Int)] = MapPartitionsRDD[48] at filter at <console>:25
```

(6) 使用 map 操作将 ownerReal 数据转换为 (车牌号，(车辆所有人，联系方式)) 样式，生成数据集 splitOwner。然后，splitOwner 与 penalizeOver12 进行连接，生成新的数据集 infor，其数据样式为 (车牌号，(扣分，Some((车辆所有人，联系方式))))。相关代码如下：

```
scala> val splitOwner=ownerReal.map(x=> x.split("\t")).map(x=> (x(0),(x(1),x(4))))
splitOwner: org.apache.spark.rdd.RDD[(String, (String, String))] = MapPartitionsRDD[55] at map at
<console>:25
scala> val infor=penalizeOver12.leftOuterJoin(splitOwner)
infor: org.apache.spark.rdd.RDD[(String, (Int, Option[(String, String)]))] = MapPartitionsRDD[58] at
leftOuterJoin at <console>:26
```

(7) 将数据集 infor 的元素转换成 (车牌号，扣分数，车辆所有人，联系方式) 样式，生成新 RDD (即 result)。相关代码如下：

```
scala> val result=infor.map(x=>(x._1, x._2._1, x._2._2.get._1, x._2._2.get._2))
result: org.apache.spark.rdd.RDD[(String, Int, String, String)] = MapPartitionsRDD[59] at map at <console>:25
scala>              // 也可以使用下面的模式匹配方式
scala> val result=infor.map{ case (carNO,(gap,Some((name,phone)))) => (carNO,gap,name,phone) }
```

（8）针对结果集 result，使用 collect 方法得到一个 Array，然后使用 foreach 方法处理 Array 中的每个元素，打印提示短信。相关代码如下：

```
scala> :paste
// 进入 paste 模式，按 "Ctrl+D" 键可退出该模式（编程环境中自动添加的提示信息）
println("------ 短信平台发出信息 ------")
result.collect().foreach(x=>{
  val car=x._1
  val deduct=x._2
  val name=x._3
  val phone=x._4
  println(f"$phone：【$name】，您名下车辆【$car】违章扣分达 $deduct 分, 请及时处理！")
})
// 退出 paste 模式，开始执行上述代码


------ 短信平台发出信息 ------
1704321155：【梁灿明】，您名下车辆【CZ8463】违章扣分达 33 分, 请及时处理！
1502382392：【温济欢】，您名下车辆【MU0066】违章扣分达 19 分, 请及时处理！
```

将处理
结果写入
外部文件

任务 3.6　将处理结果写入外部文件

任务分析

本任务继续处理交通违章数据文件，将 records.txt、violation.txt 中的信息整合后，抽取日期、车牌号、扣分数、罚款金额、违章名称等 5 项信息，保存为 TSV 格式文件。本任务的工作内容及相关知识点如表 3-7 所示。

表 3-7　工作内容及相关知识点

工　作　内　容	相关知识点
读取 2 个文件生成 RDD，初步清洗	textFile、filter
生成数据集 kvRecord，其数据格式为（违章代码，（日期，车牌号））	map、split
生成数据集 kvViolation，其数据格式为（违章代码，（扣分数，罚款金额，违章名称））	map、split
使用 join 操作连接 kvRecord、kvViolation，抽取违章日期、车牌号等 5 项信息	rightOuterJoin
使用 map 操作，将 RDD 元素转为字符串，为写入文件做好准备	map
使用 saveAsTextFile 方法，将 RDD 的数据写入 TSV 文件	saveAsTextFile

完成上述工作后，生成的 TSV 文件如图 3-15 所示。

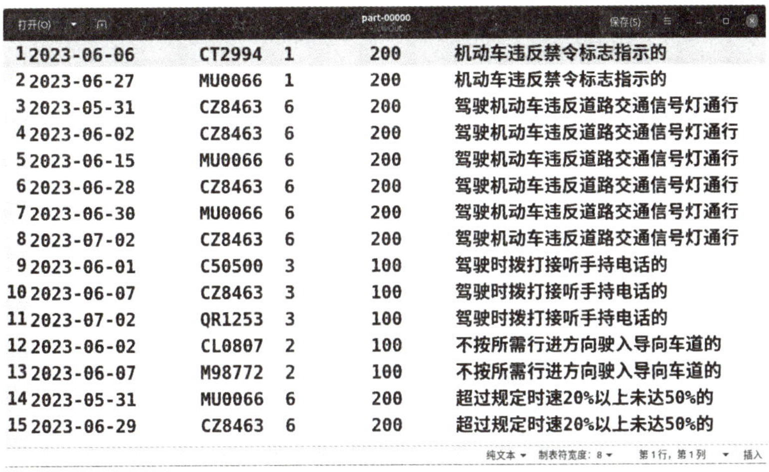

1	2023-06-06	CT2994	1	200	机动车违反禁令标志指示的
2	2023-06-27	MU0066	1	200	机动车违反禁令标志指示的
3	2023-05-31	CZ8463	6	200	驾驶机动车违反道路交通信号灯通行
4	2023-06-02	CZ8463	6	200	驾驶机动车违反道路交通信号灯通行
5	2023-06-15	MU0066	6	200	驾驶机动车违反道路交通信号灯通行
6	2023-06-28	CZ8463	6	200	驾驶机动车违反道路交通信号灯通行
7	2023-06-30	MU0066	6	200	驾驶机动车违反道路交通信号灯通行
8	2023-07-02	CZ8463	6	200	驾驶机动车违反道路交通信号灯通行
9	2023-06-01	C50500	3	100	驾驶时拨打接听手持电话的
10	2023-06-07	CZ8463	3	100	驾驶时拨打接听手持电话的
11	2023-07-02	QR1253	3	100	驾驶时拨打接听手持电话的
12	2023-06-02	CL0807	2	100	不按所需行进方向驶入导向车道的
13	2023-06-07	M98772	2	100	不按所需行进方向驶入导向车道的
14	2023-05-31	MU0066	6	200	超过规定时速20%以上未达50%的
15	2023-06-29	CZ8463	6	200	超过规定时速20%以上未达50%的

图 3-15　生成的 TSV 文件

知识储备

3.6.1　读写文本文件

由文本文件创建 RDD 是常见的需求，可以使用 textFile(" 文件位置 ") 方法读取文件的内容并生成 RDD，文件的每一行文本 (字符串) 变为 RDD 的一个元素。新建一个文本文件 myfile.txt，内容如下：

```
I like spark and bigdata!
He likes spark.
She likes spark,too.
```

将文件 myfile.txt 置于 /home/hadoop/data 目录下，可以使用下面的方法读取该文件：

```
scala> val path="file:///home/hadoop/data/myfile.txt"
path: String = file:///home/hadoop/data/myfile.txt

scala> val fileRDD=sc.textFile(path,2)          // 创建 RDD，指定分区数量为 2
fileRDD: org.apache.spark.rdd.RDD[String] = file:///home/hadoop/data/myfile.txt MapPartitionsRDD[13] at
textFile at <console>:26

scala> fileRDD.collect().foreach(println)      // 打印输出 fileRDD 中的每个元素
I like spark and bigdata!
He likes spark.
She likes spark,too.
```

上述代码中，fileRDD=sc.textFile(path,2) 读取文件并生成 fileRDD，同时指定了 fileRDD 有 2 个分区。fileRDD.collect() 收集 fileRDD 的所有元素，并以 Array 的形式返回；foreach(println) 则是调用 Array 的 foreach 方法，将元素交给 println 函数处理，即打印 Array 中的每个元素数据。

对于已有的 RDD，可以调用 saveAsTextFile 操作，将 RDD 中的元素存储到文本文件中。saveAsTextFile 接收一个存储路径，该路径可以是 HDFS，也可以是本地文件系统 (如 Linux、Windows 等)。saveAsTextFile 的用法示例如下：

```
scala> fileRDD.saveAsTextFile("file:///home/hadoop/data/output")         // 将 fileRDD 数据保存到本地文件中
fileRDD.saveAsTextFile("hdfs://localhost:9000/user/hadoop/output")      // 将 fileRDD 数据保存到 HDFS 中
```

执行完毕后，可以发现 /home/hadoop 目录下产生了一个 output 文件夹。打开该文件夹，发现有 3 个文件，分别为 part_00000、part_00001 和 _SUCCESS。其中，part_00000、part_00001 存储了 fileRDD 的数据。

> 小贴士：在调用 saveAsTextFile 操作时，RDD 的每个分区都会产生一个 "part_×××" 样式的文件。上述代码中，textFile 有 2 个分区，因此在 output 文件夹下有 3 个文件（包含一个 _SUCCESS 标记文件，其内容为空，仅表示正确写入了数据）。

3.6.2 读写 CSV、TSV 格式文件

在文本文件中，还有两种常见的格式，即 CSV(Comma-Separated Values，逗号分隔值)、TSV(Tab-Separated Values，制表符分隔值)，它们的读取方式与普通文本文件基本一致。CSV 文件的每行数据以英文","分隔，可以使用记事本、Excel 等打开。现有 CSV 文件 author.csv(置于 /home/hadoop/data 目录下)，其数据格式如下：

```
李清照 , 女 , 宋 , 词人 ,71
陆游 , 男 , 宋 , 词人 ,85
孟浩然 , 男 , 唐 , 诗人 ,51
```

下面的代码中，先由文件 author.csv 生成 RDD，为进一步数据分析做准备，然后再将 RDD 中的数据保存为本地 CSV 文件。

```
scala> val csvPath="file:///home/hadoop/data/author.csv"
csvPath: String = file:///home/hadoop/data/author.csv

scala> val csvRDD=sc.textFile(csvPath)      // 读取 CSV 文件，生成 RDD；文件的每一行成为 RDD 的一个元素
csvRDD: org.apache.spark.rdd.RDD[String] = file:///home/hadoop/data/author.csv MapPartitionsRDD[1] at textFile at <console>:26

scala> val splitCsvRDD=csvRDD.map(x=>x.split(","))      // 按照逗号切割 splitCsvRDD 元素，形成新 RDD
splitCsvRDD: org.apache.spark.rdd.RDD[Array[String]] = MapPartitionsRDD[2] at map at <console>:25

scala> splitCsvRDD.collect()         //splitCsvRDD 的元素为数组，如 Array( 李清照 , 女 , 宋 , 词人 ,71)
res3: Array[Array[String]] = Array(Array( 李清照 , 女 , 宋 , 词人 ,71), Array( 陆游 , 男 , 宋 , 词人 ,85), Array ( 孟浩然 , 男 , 唐 , 诗人 ,51))

scala> val csvRDD2=splitCsvRDD.map(x=>x.mkString(","))   // 将 splitCsvRDD 的元素 (Array) 转为字符串
csvRDD2: org.apache.spark.rdd.RDD[String] = MapPartitionsRDD[3] at map at <console>:25

scala> csvRDD2.collect().foreach(println)                     // 打印输出 csvRDD2 的每个元素
李清照 , 女 , 宋 , 词人 ,71
陆游 , 男 , 宋 , 词人 ,85
孟浩然 , 男 , 唐 , 诗人 ,51

scala> csvRDD2.saveAsTextFile("file:///home/hadoop/data/csvout")        // 将 RDD 的数据保存到文件中
```

上述代码中，使用 textFile 操作读取 CSV 文件，生成了 csvRDD。接下来，csvRDD.map(x=>x.split(",")) 将 csvRDD 的字符串类型元素切割 (按照逗号进行切割)，得到的字符串数组 (Array[String]) 构成了一个新 RDD(即 splitCsvRDD)。代码 splitCsvRDD.map(x=>x.mkString(",")) 调用数组的 mkString 方法，将 splitCsvRDD 的元素 (字符串数组 Array[String] 类型) 转成字符串，从而形成了一个新 RDD(即 csvRDD2)。代码 csvRDD2.saveAsTextFile 将 csvRDD2 的元素保存到了文件中。

TSV 也是一种文本文件，其数据之间用 "\t" (即键盘上的 "Tab" 键) 进行分隔，可以使用记事本等编辑。现有 TSV 文件 car.tsv(置于 /home/hadoop/data 目录下)，其数据内容如下：

比亚迪	唐 DMI	混动	22.5
理想	L8	混动	28.8
特斯拉	Model3	电动	31.2
广汽	GS8	燃油	19.5
奥迪	Q5L	燃油	42.0

下面由文件 car.tsv 生成 RDD，为进一步数据分析做准备，再使用匿名函数 x=>x.split("t") 对其元素进行切割。相关代码如下：

```
scala> val tsvPath="file:///home/hadoop/data/car.tsv"
scala> val carRDD=sc.textFile(tsvPath)                    // 读取 TSV 文件，生成 RDD
scala> val splitRDD=carRDD.map(x=>x.split("\t"))          // 针对 carRDD 的字符串元素，按照 "\t"
                                                            进行切割

scala> splitRDD.collect()
res8: Array[Array[String]] = Array(Array( 比亚迪 , 唐 DMI, 混动 , 22.5), Array( 理想 , L8, 混动 , 28.8),
Array( 特斯拉 , Model3, 电动 , 31.2), Array( 广汽 , GS8, 燃油 , 19.5), Array( 奥迪 , Q5L, 燃油 , 42.0))

scala> val carRDD2=splitRDD.map(x=>x.mkString("\t"))      // 将 splitRDD 的元素 (Array[String]) 转为
                                                            字符串

scala> carRDD2.collect().foreach(println)
比亚迪        唐 DMI          混动      22.5
理想          L8             混动      28.8
特斯拉        Model3         电动      31.2
广汽          GS8            燃油      19.5
奥迪          Q5L            燃油      42.0

scala> carRDD2.saveAsTextFile("file:///home/hadoop/data/tsvout")    // 将 carRDD2 的数据保存到本地文件中
```

上述代码中，使用 textFile 操作读取 TSV 文件，生成了 carRDD。接下来，使用 carRDD.map(x=>x.split("\t")) 将字符串类型元素切割 (按 "Tab" 键进行切割)，得到的字符串数组 (Array[String]) 组成了一个新 RDD(即 splitRDD)。代码 splitRDD.map(x=>x.mkString("\t")) 调用数组的 mkString 方法，将 splitRDD 的元素 (字符串数组 Array[String] 类型) 转成字符串，从而形成了一个新 RDD(即 carRDD2)。代码 csvRDD2.saveAsTextFile 则将 csvRDD2 的元素保存到了文件中。

3.6.3 读写 Sequence 文件

Sequence 文件的格式较为特殊，只有键值对形式的数据才可以保存为 Sequence 文件格式。sequenceFile 可以对数据进行逐条压缩，也可以压缩整个数据块，默认情况下不启用压缩。例如，RDD 保存了键值对数据，可以使用 saveAsSequenceFile 方法将其中数据保存为 Sequence 文件。其用法示例如下：

```
scala> val city=List((" 广东 "," 广州 "),(" 江苏 "," 南京 "),(" 山东 "," 济南 "))
city: List[(String, String)] = List(( 广东 , 广州 ),( 江苏 , 南京 ),( 山东 , 济南 ))

scala> val cityRDD=sc.makeRDD(city)
cityRDD: org.apache.spark.rdd.RDD[(String, String)] = ParallelCollectionRDD[10] at makeRDD at <console>:26

scala> cityRDD.saveAsSequenceFile("file:///home/hadoop/data/seqout")          // 保存为 Sequence 文件
```

Sequence 格式的文件是无法直接人工阅读的，但是可以使用 sequenceFile 方法读取已有的 Sequence 文件，并创建 RDD。其用法示例如下：

```
scala> val cityRDD2=sc.sequenceFile[String,String]("file:///home/hadoop/data/seqout")     // 读取 Sequence 文件
cityRDD2: org.apache.spark.rdd.RDD[(String, String)] = MapPartitionsRDD[13] at sequenceFile at <console>:25

scala> cityRDD2.collect().foreach(println)                                      // 查看 RDD 的内容
( 山东 , 济南 )
( 广东 , 广州 )
( 江苏 , 南京 )
```

上述代码中，sc.sequenceFile[String,String] 用于约束读取的数据封装成何种数据类型，表明生成的键值对 RDD 的 key、value 均为 String 类型；通过 cityRDD2.collect().foreach(println) 可以发现成功还原了原始数据。

3.6.4 读取文件进行词频统计并存储结果

WordCount(单词计数 / 词频统计) 是大数据学习中的经典案例，其主旨是统计一段文本中的单词出现的频率。现有一文本文件 wordcount.txt(置于 /home/hadoop/data 目录下)，其内容如下：

```
I like Spark
He likes Spark
She likes Spark
Hadoop is a bigdata platform
Spark is a bigdata platform
Spark is an engine
```

下面采用 RDD 的方式读取该文件的内容，并进行单词词频统计，然后将统计结果降序排列后存储到本地文本文件中。相关代码如下：

```
scala> val inputPath="file:///home/hadoop/data/wordcount.txt"
scala> val inputRDD=sc.textFile(inputPath)
scala> val splited=inputRDD.flatMap(x=>x.split(" "))              // 将 inputRDD 的字符串元素切割为单词
scala> val wordPair=splited.map(x=>(x,1))                         //wordPair 元素为 (String,1) 类型
scala> val reduced=wordPair.reduceByKey((a,b)=>a+b)               //reduced 元素为 ( 单词 , 出现次数 ) 样式
scala> val sorted=reduced.sortBy(x=>x._2,false)                   // 根据每个单词出现的频率，降序排列
scala> sorted.collect().foreach(println)                         // 查看 sorted 元素是否降序排列
(Spark,5)
(is,3)
(likes,2)
(bigdata,2)
(a,2)
( 此处省略部分输出内容！ )
scala> val outputPath="file:///home/hadoop/data/wordOutput"
scala> sorted.saveAsTextFile(outputPath)                          // 将 RDD 元素存储到 outputPath 中
```

上述代码中，首先由 wordcount.txt 文件生成 RDD(即 input)，然后 input 调用 flatMap 方法对其元素 (字符串) 按照空格进行切分，得到 splited；进而使用 map、reduceByKey 方法完成各个单词的词频统计；最后，使用 sortBy、saveAsTextFile 操作完成排序及保存为文本文件。执行完毕后，可以发现 /home/hadoop/data 目录下产生了一个 wordOutput 文件夹，打开该文件夹，会看到有若干 "part_00×××" 样式的文件，即存储了词频统计结果。

3.6.5　Spark RDD 的执行流程

前面学习的 collect、take、first、saveAsTextFile、reduce、count 为 Spark RDD 操作中的行动操作，其余操作为转换操作。由于 RDD 的不可修改性，需要由旧 RDD 不断产生新 RDD，直到最后一个 RDD 经过行动操作后，才会产生需要的结果并输出。

需要指出的是，RDD 采用了惰性计算机制，即在 RDD 的执行过程中，真正的计算发生在 RDD 的行动操作时刻，对于行动之前的所有转换操作，Spark 只是记录转换操作使用的部分基础数据集以及 RDD 生成的轨迹，即 RDD 之间的依赖关系，而不会触发真正的计算。

如图 3-16 所示，对于输入数据 Input，Spark 从逻辑上生成 RDD1 和 RDD2 两个 RDD，经过一系列转换操作，逻辑上生成了 RDDn；但上述 RDD 并未真正生成，它们是逻辑上的数据集，Spark 只是记录了 RDD 之间的生成和依赖关系。当 RDDn 要进行输出时 (执行行动操作，例如通过 collect、first 等操作输出 RDD 中的元素)，Spark 才会根据 RDD 的依赖关系生成 DAG 图，并从起点开始执行计算。

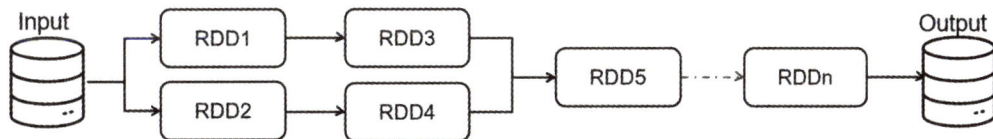

图 3-16　RDD 执行过程

上述处理过程中，RDD 之间前后相连，形成了 "血缘" 关系，通过 "血缘" 关系连接起来的一系列 RDD 操作就可以实现管道化，避免了多次转换操作之间等待数据同步，而且不用担心有过多的中间数据，一个操作得到的结果不需要保存为中间数据，而是直接管道式地流入到

下一个操作进行处理。同时，这种通过"血缘"关系把一系列操作进行管道化连接的设计方式，也使得管道中每次操作的计算变得相对简单，保证了每个操作在处理逻辑上的单一性。与之相对，在 Hadoop MapReduce 的设计中，为了尽可能地减少 MapReduce 过程，在单个 MapReduce 中往往需要写入复杂的逻辑。

3.6.6 RDD 间的依赖关系

RDD 的每次转换操作都会产生一个新的 RDD，那么前后 RDD 之间便形成了一定的依赖关系。RDD 中的依赖关系分为窄依赖 (Narrow Dependency) 与宽依赖 (Wide Dependency)，图 3-17 为两种依赖示意图。

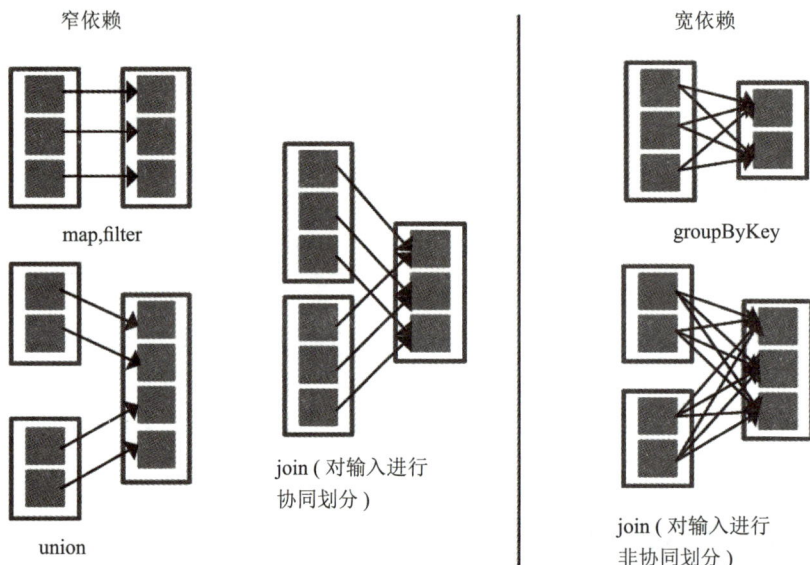

图 3-17　RDD 窄依赖 (左) 和宽依赖 (右) 示意图

(1) 窄依赖。一个 RDD 对它的父 RDD，只有简单的一对一的依赖关系，也就是说，RDD 中的每个 Partition 仅仅依赖于父 RDD 中的一个 Partition，父 RDD 和子 RDD 的 Partition 之间是一对一的关系。这种情况是简单的 RDD 之间的依赖关系，也被称为窄依赖。

(2) 宽依赖。该依赖本质是 Shuffle，每一个父 RDD 中 Partition 的数据都可能会传输一部分到下一个 RDD 的每一个 Partition，即每一个父 RDD 和子 RDD 的 Partition 之间具有交互错杂的关系。这种情况下两个 RDD 之间就是宽依赖，同时它们之间发生的操作是 Shuffle。

总体而言，如果父 RDD 的一个分区只被子 RDD 的一个分区所使用，这两个 RDD 之间就是窄依赖，否则就是宽依赖。窄依赖典型的操作包括 map、filter、union 等，宽依赖典型的操作包括 groupByKey、sortByKey 等。Spark 的这种依赖关系设计，使其具有了天生的容错性，大大加快了 Spark 的执行速度。因为 RDD 数据集通过"血缘"关系记住了其产生的过程，当这个 RDD 的部分分区数据丢失时，它可以通过"血缘"关系获取足够的信息来重新运算和恢复丢失的数据分区，由此带来了性能的提升。相对而言，在两种依赖关系中，窄依赖的失败恢复更为高效，它只需要根据父 RDD 分区重新计算丢失的分区即可 (不需要重新计算所有分区)，而且可以并行地在不同节点进行重新计算。对于宽依赖，通常子 RDD 分区来自多个父 RDD 分区，重新计算的开销较大 (极端情况下，所有的父 RDD 分区都要重新进行计算)。

图 3-18 中，RDDa、RDDb 之间是窄依赖，当 RDDb 的分区 b1 丢失时，只需要重新计算父 RDDa 的 a1 分区即可。而 RDDc、RDDe 之间为宽依赖，当 RDDe 的分区 e1 丢失时，则需要重新计算 RDDc 的所有分区，这就产生了冗余计算 (c1、c2、c3 中对于 e2 的数据)。

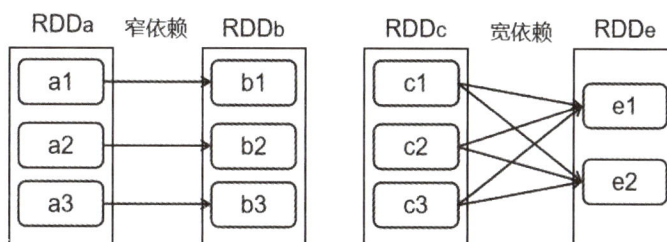

图 3-18　RDD 窄依赖和宽依赖中容错分析

【源代码：
3.6 任务
实施代码】

任务实施

本任务的实施思路与过程如下：

(1) 根据文本文件 records.txt、violation.txt 创建 RDD，进而去掉表头信息。相关代码如下：

```
scala> val recordPath="hdfs://localhost:9000/user/hadoop/traffic/records.txt"
scala> val violationPath="hdfs://localhost:9000/user/hadoop/traffic/violation.txt"
scala> val record=sc.textFile(recordPath)
scala> val violation=sc.textFile(violationPath)
scala> val firstLine1=record.first()
scala> val recordReal=record.filter(x=>x != firstLine1)
scala> val firstLine2=violation.first()
scala> val violationReal=violation.filter(x=>x != firstLine2)
```

(2) 针对 recordReal，使用 map 操作创建键值对 RDD(即 kvRecord)，其数据格式为 (违章代码 ,(日期 , 车牌号))；针对 violationReal，再次使用 map 操作创建键值对 RDD(即 kvViolation)，其数据格式为 (违章代码 ,(扣分数 , 罚款数 , 违章名称))。相关代码如下：

```
scala> val kvRecord=recordReal.map(x=>x.split("\t")).map(x=>(x(5), (x(1),x(2))))
kvRecord: org.apache.spark.rdd.RDD[(String, (String, String))] = MapPartitionsRDD[11] at map at <console>:28

scala> val kvViolation=violationReal.map(x=>x.split("\t")).map(x=>(x(0),(x(2),x(3),x(1)) ))
kvViolation: org.apache.spark.rdd.RDD[(String, (String, String, String))] = MapPartitionsRDD[13] at map at <console>:28
```

(3) 使用连接操作连接 kvRecord、kvViolation，产生的新 RDD，其元素样式为 (违章代码 ,(Some((日期 , 车牌号),(扣分数 , 罚款金额 , 违章名称)))。相关代码如下：

```
scala> val full=kvViolation.rightOuterJoin(kvRecord)
full: org.apache.spark.rdd.RDD[(String, (Option[(String, String, String)], (String, String)))] = MapPartitionsRDD[19] at rightOuterJoin at <console>:29

scala> full.first()        // 注意 full 的元素样式
res13: (String, (Option[(String, String, String)], (String, String))) = (1229,(Some((1,200,机动车违反禁令标志指示的 )),(2023-06-06,CT2994)))
```

(4) 使用 map 操作，将 full 的元素格式转换为“日期 车牌号 扣分数 罚款金额 违章名称”样式字符串 (数据之间按“Tab”键分隔)。相关代码如下：

```
scala> val result=full.map(x=>Array(x._2._2._1, x._2._2._2, x._2._1.get._1, x._2._1.get._2, x._2._1.get._3 ))
result: org.apache.spark.rdd.RDD[Array[String]] = MapPartitionsRDD[20] at map at <console>:28


scala> val resultStr=result.map(x=>x.mkString("\t"))
resultStr: org.apache.spark.rdd.RDD[String] = MapPartitionsRDD[21] at map at <console>:28
```

在生成 result 的过程中，大量使用了元组的索引（如 x._2._2._1、x._2._1.get._1），从而获取相应的数据。也可以使用模式匹配匿名函数的方式，生成 result。例如，下面代码中 code、grap、fine、detail、date、carNO 均为临时变量，分别表示违章代码、扣分、罚款金额、违章内容、日期、车牌号。在 full.map() 操作中，使用 case 模式匹配生成 result，相关代码如下：

```
scala> val result2=full.map{case (code,(Some((grap,fine,detail)),(date,carNO))) => Array(date,carNO,grap,fine,detail) }
scala> val resultStr=result.map(x=>x.mkString("\t"))
```

（5）使用 saveAsTextFile 方法，将 RDD 的数据写入 TSV 文件。完成操作后，在相应目录下会发现 part-00000，该文件即存储了处理后的数据。相关代码如下：

```
scala> val savePath="file:///home/hadoop/data/traffic/out"
scala> resultStr.saveAsTextFile(savePath)        // 保存 RDD 的数据到文件中
```

项 目 小 结

Spark 的核心数据抽象是 RDD，Spark 为 RDD 提供了丰富的操作（算子）。Spark RDD 可以由内存数据生成，也可以读取文本文件、TSV 文件、CSV 文件等生成。Spark RDD 的操作包括转换操作和行动操作两大类，其中转换操作主要由一个 RDD 生成一个新的 RDD（包括 map、flatMap、filter、join 等），而行动操作则是向驱动器程序返回结果或把结果写入外部系统的操作，会触发实际的计算（包括 count、first、collect 等）。通过组合使用 RDD 算子，可以完成大数据分析的工作。

知 识 检 测

1. 判断题

（1）RDD 是只读的，即一旦生成，则不允许修改其元素的值。（   ）

（2）map 方法与 flatMap 方法作用是一样的，都是对 RDD 的元素进行处理。（   ）

（3）distinct 方法可以过滤出 RDD 中的不同元素。（   ）

（4）Spark RDD 只有执行行动操作时，才真正触发实际计算，因此仅靠行动操作即可完成绝大多数的数据分析任务。（   ）

（5）对于 JSON 文件，只有转换为 TXT 文件后，方可生成 RDD。（   ）

（6）已知 val rdd=sc.makeRDD(List(1,2,3))，则 rdd.filter(x=>x>1) 返回一个数组 Array(2,3)。（   ）

（7）已知 val rdd=sc.makeRDD(List(1,2,3))，则 rdd.take(1) 返回 1。（   ）

(8) 已知 val rdd=sc.makeRDD(List(1,3,2))，则 rdd.sortBy(x=>x) 返回降序排列的新 RDD。(　　)

(9) 通常 Spark 数据处理需要经过若干个 RDD 的转换，因此 RDD 的执行过程有时过于复杂，效率低于 MapReduce。(　　)

(10) 对于原始数据中的缺失值，可以采取丢弃、填充等措施加以处理。(　　)

2．选择题

(1) 下列不属于创建 RDD 的方法的是 (　　)。

A. makeRDD　　　　　　　　　　　B. parallelize

C. textFile　　　　　　　　　　　　D. fromFile

(2) 现有一个 RDD，其元素为整数，找出其中的偶数组成一个新的 RDD，可以使用下列 (　　) 方法。

A. filter(x=>x%2==0)　　　　　　　B. filter(x=>x%2=0)

C. map(x=>x%2==0)　　　　　　　　D. map(x=>x%2=0)

(3) 下列 (　　) 操作后，得到的仍是一个 RDD。

A. take　　　　　　　　　　　　　B. reduceByKey

C. collect　　　　　　　　　　　　D. first

(4) 对于 union 操作，下列说法错误的是 (　　)。

A. 用于合并两个 RDD　　　　　　　B. 合并两个 RDD 后，可能存在重复元素

C. 两个 RDD 的元素类型可以不同　　D. 返回的仍然是一个 RDD

(5) 对于两个数据集 rdd1、rdd2，下列说法正确的是 (　　)。

A. rdd1.join(rdd2) 操作会获取两个 RDD 的并集

B. rdd1.intersection(rdd2) 将得到同时属于 rdd1 和 rdd2 的元素

C. rdd1.leftOuterJoin(rdd2) 与 rdd2.leftOuterJoin(rdd1) 的效果一样

D. rdd1.leftOuterJoin(rdd2) 与 rdd2.join(rdd1) 的效果不一样

素养与拓展

随着城市化进程的不断推进、人民群众物质生活的不断丰富，各种机动车成为生活的重要组成部分。"文明出行，人人有责"是现代社会的一个价值观念，正逐步深入人心。它强调了每个人在出行过程中都应当遵循文明用车的原则，尊重他人的生命财产安全，共同维护公共秩序和社会道德。文明出行有助于提高社会文明程度，营造一个和谐、友善的社会环境，也能有效降低交通事故的发生率，减少人员伤亡和财产损失。对于驾驶员而言，遵守道路交通安全法是基本底线，文明礼让是更高境界。文明是双向的，行人也需要文明出行。根据有关部门统计，行人很多不良行为也是导致交通事故的重要因素，具体包括闯红灯，不走斑马线，横穿马路，翻越护栏，在快速道和机动车道上行走、逗留，过马路低头看书、看手机。

【拓展案例】

1．需求说明

为了更加清醒地认识当前的交通安全形势，使用 Spark RDD 技术分析一组交通事故数据 accident.csv，该数据集记录了 2000 年至 2019 年我国严重交通事故数量、车祸死亡人数情况。此外，accident_car.csv 文件则记录了各年份机动车保有量 (单位为万台)。要求开展如下维度的

分析：

(1) 计算全部交通事故发生次数。

(2) 计算全部车祸死亡人数。

(3) 按照交通事故发生次数排序，找出最多的年份 Top3。

(4) 计算万车交通事故数量 (即交通事故数量除以当年的机动车保有量)，找出 Top3。

(5) 将上述分析结果保存到 HDFS 中 (CSV 格式)。

2. 实施思路

(1) 读取 accident.csv 数据文件，创建初始的 RDD。

(2) 借助 map、sum 等算子，计算全部交通事故发生次数。

(3) 借助 map、sum 等算子，计算全部车祸死亡人数。

(4) 借助 sortBy，按照交通事故发生次数排序 (降序排列)，找出最多的年份 Top3。

(5) 读取 accident_car.csv 数据文件，创建初始的 RDD。该 RDD 与之前的 RDD(由 accident.csv 生成) 做 join 操作。借助 map 产生新数据字段"万车交通事故数量"，然后按照该指标排序，找出 Top3。

(6) 启动 HDFS 服务，借助 saveAsTextFile 方法，将数据保存到 HDFS 中。

3. 总结反思

(1) 在使用 RDD 进行本案例的数据分析过程中，你遇到了哪些具体问题？你是如何逐个解决的？

(2) 当前越来越多的大学生学习驾驶、考取驾照，但大学生驾驶机动车违法问题也屡见不鲜，你认为怎样才能成为一名合格的司机？怎样消除青年群体的"路怒症"问题？

项目 4 简介

项目 4

IDEA 开发环境下分析碳排放数据

情境导入

　　工业革命以来，人类活动对气候的影响日渐显现。工业化进程消耗了大量化石资源，造成了碳排放量的急剧增加，进而导致了温室效应。由于全球变暖，热浪、洪水、干旱、森林火灾、海平面上升等一系列极端天气屡见不鲜，生物多样性亦受到严重破坏。因此减少碳排放，珍爱地球、人与自然和谐共生已成为全人类共同的心声。

　　我国政府高度重视减碳工作，在 2022 年政府工作报告中明确提出，持续改善生态环境，推动绿色低碳发展。现有一组我国碳排放数据 (carbon.csv，如图 4-1 所示)，反映了 1997—2019 年各种燃料的二氧化碳排放量，要求使用 Spark RDD 相关技术，借助 IntelliJ IDEA(简称 IDEA) 开发工具，完成对该组数据的分析，从而提升公众对碳排放的认识，为减碳宣传提供参考。此外，真实的大数据开发，往往需要面对有限的计算资源与海量数据之间的矛盾，需要以实际业务情况开展各种性能优化工作，本项目也将介绍部分 RDD 优化措施。

年份	原煤	洗精煤	焦炭	煤气	原油	汽油	煤油	柴油	燃料油	液化石油气	天然气
1997	1837.27	31.08	286.67	28.33	15.72	96.73	20.66	163.5	112.99	31.26	32.77
1998	1766.73	31.2	297.06	27.24	17.25	97.22	20.37	163.22	117.28	36.85	32.03
1999	1721.72	26.37	278.6	26.15	16.56	98.69	25.01	192.75	120.51	37.56	34.81
2000	1766.97	24.65	295.75	27.9	19.9	102.07	26.41	205.87	106.99	45.38	39.11
2001	1868.23	25.28	325.58	29.05	20.15	104.77	26.75	220.7	115.77	42.59	44.33
2002	2049.29	20.58	350.09	30.16	21.17	110.81	27.56	240.21	112.21	49.06	47.43
2003	2433.87	34.31	435.22	33.58	25.12	122.26	28.62	264.5	130.7	55	56.63
2004	2787.68	50.92	493.85	40.16	22.55	137.05	32.01	314.94	147.11	61.4	66.48
2005	3151.09	53.69	687.29	58.18	26.33	141.85	32.6	339.1	129.69	62.17	90.08
2006	3488.05	58.78	763.42	62.84	29.24	158.27	34.65	373.16	136.4	67.05	103.47
2007	3752.11	65.5	852.7	61.02	24.89	161.19	37.59	385.66	127.26	70.73	129.06
2008	3872.21	80.38	875.59	78	19.62	179.5	39.1	418.16	98.52	64.12	148.85
2009	4163.5	86.89	992.24	76.53	20.1	180.35	43.95	418.64	85.69	64.83	166.31
2010	4407.76	88.1	1071.56	83.66	19.76	203.22	53.32	454	84.24	67.33	182.58
2011	4917.7	98.45	1169.05	93.16	13.74	222.09	55.04	483.04	76.73	69.57	224.29
2012	5076.8	98.06	1242.01	91.41	16.15	238.78	59.3	523.39	71.3	68.56	244.51
2013	5271.81	98.38	1265.43	96.5	16.68	273.8	65.61	529.69	71.83	78.14	276.21
2014	5009.92	116.71	1294.29	97.62	16.8	285.81	70.82	529.97	70.17	88.75	298.55
2015	4844.12	120.98	1212.1	92.75	20.01	332.44	80.79	534.66	69.34	104.82	316.77
2016	4807.12		1233.41	93.17	18.51	346.84	90.09	517.82	69.25	127.16	326.74
2017	4903.24		1212.39	96.22	11.38	359.58	100.9	517.78	71.11	139.22	357.68
2018	4956.71		1220.43	101.6	10.92	381.35	110.85	505.57	69.47	146.02	399.5
2019	4911.85		1292.59	113.12	10.29	397.96	119.56	458.43	74.08	155.28	426.62

图 4-1　碳排放数据 (1997—2019 年)

项目分解

按照项目开展的先后顺序，把整个项目划分为 4 个任务。项目分解说明如表 4-1 所示。

表 4-1 项目分解说明

序号	任务	任务说明
1	配置 IntelliJ IDEA 开发环境	下载 IntelliJ IDEA 开发工具，完成相关配置，并初步体验 IDEA 下的 Spark 应用开发
2	IDEA 下编写碳排放分析程序	在 IntelliJ IDEA 工具下，使用 Spark RDD 技术，完成碳排放数据的分析
3	使用 RDD 持久化提升运行效率	引入 RDD 缓存机制、检查点，提升程序执行效率
4	认识 RDD 共享变量	引入共享变量机制，提升程序执行效率

学习目标

(1) 能够配置 IDEA 工具，并创建工程、修改 pom.xml；
(2) 能够在 IDEA 下编写 Spark 程序，并运行、打包；
(3) 理解 RDD 持久化策略，根据需求设置 RDD 检查点、缓存；
(4) 了解累加器，能够使用简单的广播变量来实现数据共享。

配置 IntelliJ IDEA 开发环境

任务 4.1 配置 IntelliJ IDEA 开发环境

任务分析

前期学习中，我们在 Spark Shell 下采用 RDD 完成了数据分析。Spark Shell 具有交互式特点，适合初学者及代码调试。但在现实业务中，为了完成一个数据分析任务，可能需要用到很多类方法、编写很多行代码，这时使用 Spark Shell 可能会力不从心，因此需要用到 IntelliJ IDEA 等专业的开发工具。

本任务将介绍如何安装 IntelliJ IDEA 和插件以及创建工程、编写代码等工作。针对提供的碳排放数据文件 carbon.csv，在 IDEA 下创建工程，编写 Scala 代码，读取 carbon.csv 碳排放数据文件并创建 RDD，打印 RDD 的前 3 行。本任务的工作内容及相关知识点如表 4-2 所示。

表 4-2 工作内容及相关知识点

工作内容	相关知识点
安装配置 IntelliJ IDEA，创建工程及 Scala 程序文件	IntelliJ IDEA 的安装与配置、创建工程及 Scala 文件
读取碳排放文件 carbon.csv，创建 RDD	RDD 的创建
打印输出文件的前 3 行数据	take、println

完成上述工作后，程序运行结果如图 4-2 所示。

```
----------------打印文件前3行----------------
年份,原煤,洗精煤,焦炭,煤气,原油,汽油,煤油,柴油,燃料油
1997,1837.27,31.08,286.67,28.33,15.72,96.73,20
1998,1766.73,31.2,297.06,27.24,17.25,97.22,20.
****************************************
```

图 4-2　程序运行结果

知识储备

4.1.1　下载安装 IntelliJ IDEA

1. 下载安装包

IntelliJ IDEA 是 JetBrains 公司推出的一款流行的集成开发环境工具，借助 IDEA 可以便捷地开发 Java、Scala 等各种应用。使用浏览器进入 JetBrains 官网 (https://www.jetbrains.com/idea/)，下载 IntelliJ IDEA 社区版 (Community 版)。下载前根据页面提示选择对应的操作系统及所需的格式 (例如，在 Ubuntu 中可选 .tar.gz 包)，单击"Download"按钮即可，如图 4-3 所示。

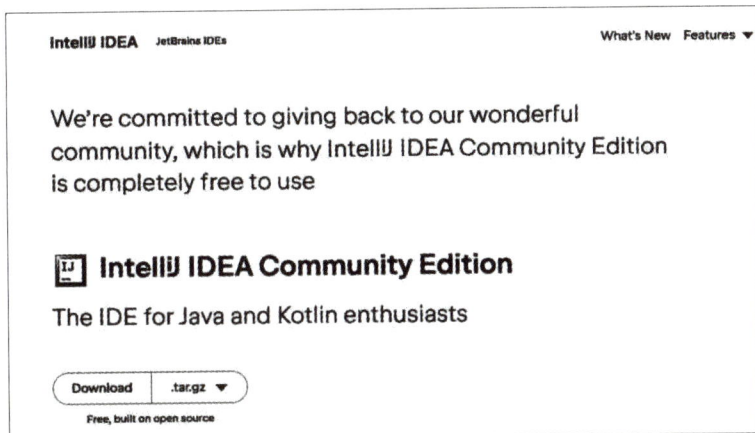

图 4-3　IntelliJ IDEA 下载

> 小贴士：IDEA 社区版是免费版本，可完全满足 Spark 学习的需求；商业版具有更多功能，但仅提供 30 天试用期 (后期需要付费)。本书的配套资料中包含了社区版的 ideaIC-2023.3.2.tar.gz，可直接使用。

2. 安装 IntelliJ IDEA

下载完毕后，打开 Ubuntu 终端，使用以下命令将安装包解压到 /usr/local 目录下：

```
sudo tar -zxvf ideaIC-2023.3.2.tar.gz -C /usr/local    // 解压到指定目录下
```

解压完毕后，使用以下命令进入 IDEA 安装目录，执行 idea.sh 即可启动 IntelliJ IDEA 工具：

```
cd /usr/local/idea-IC-233.13135.103/bin                // 进入 IDEA 的 bin 目录
./idea.sh                                              // 启动 IDEA
```

3. 配置 IntelliJ IDEA

IDEA 启动完毕后，出现欢迎界面 (如图 4-4 所示)。在该界面中，可单击"Customize"选项，完成个性化设置，例如设置个人喜爱的颜色主题 (如图 4-5 所示) 等。

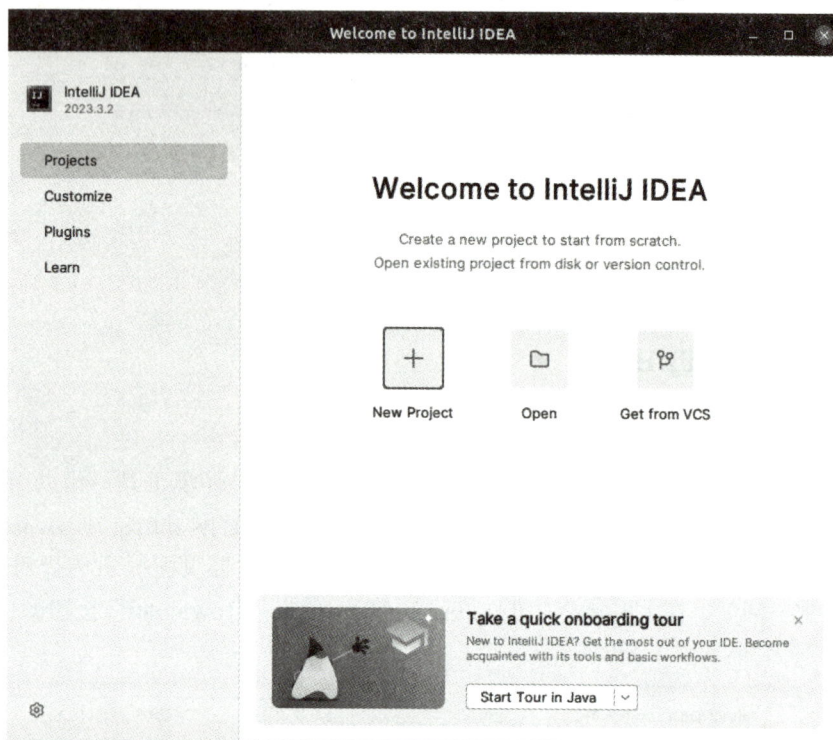

图 4-4　IDEA 欢迎界面

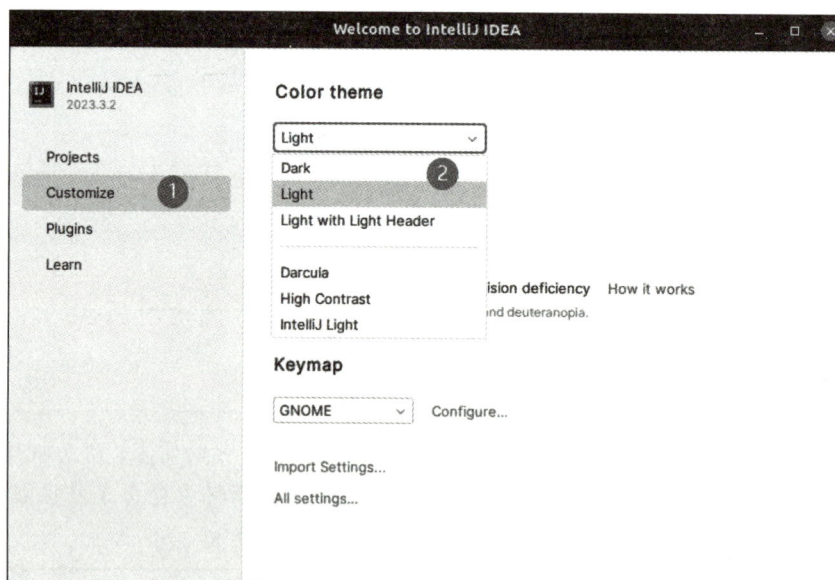

图 4-5　IDEA 个性化设置

4. 下载 Scala 插件

要想在 IDEA 下编写 Scala 代码，需要安装 Scala 支持插件。在图 4-6 所示的 IDEA 欢迎界面中，单击左侧的"Plugins"选项，然后在中间的"Marketplace"列表中选择"Scala"插件，再单击"Install"按钮完成安装 (如果页面中未发现 Scala 插件，可以在"Marketplace"下的搜索栏中搜索)。插件安装完毕后，根据提示重启 IDEA。

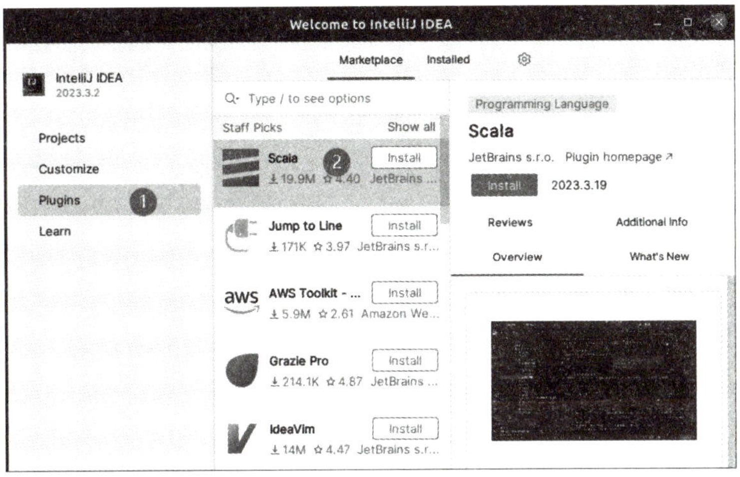

图 4-6　安装 Scala 插件

4.1.2　创建 Maven 工程

在 IDEA 的"New Project"界面中，单击"New Project"按钮，进入新建工程页面 (如图 4-7 所示)。在该页面的左侧选择"Maven Archetype"；在页面右侧输入工程名称，并选择工程所在位置；在"Archetype"下拉框中，可以选择"org.apache.maven.archetypes:maven-archetype-quickstart"选项 (或 site、site-simple 均可)；最后，单击页面右下角的"Create"按钮，完成工程的创建，进入工程页面。

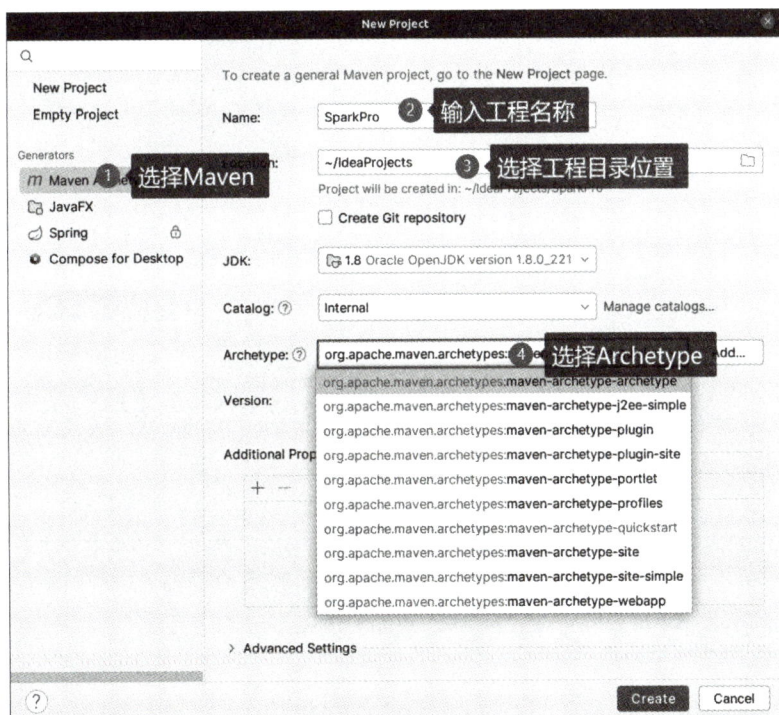

图 4-7　创建工程

在图 4-8 所示的工程文件组织结构中，展示了本工程包含的文件夹 (目录)、资源、外部库等。为了编写 Scala 程序，需要在 main 文件夹 (目录) 下创建一个子文件夹 (目录)scala。选中左侧工程文件组织结构中的"main"文件夹，单击右键弹出菜单项；在菜单项中选择"New"，再在级联菜单中选择"Directory"。在弹出的"New Directory"窗口中输入文件夹的名字"scala"，即可在左侧的工程文件组织结构中看到创建的文件夹 (目录)scala。

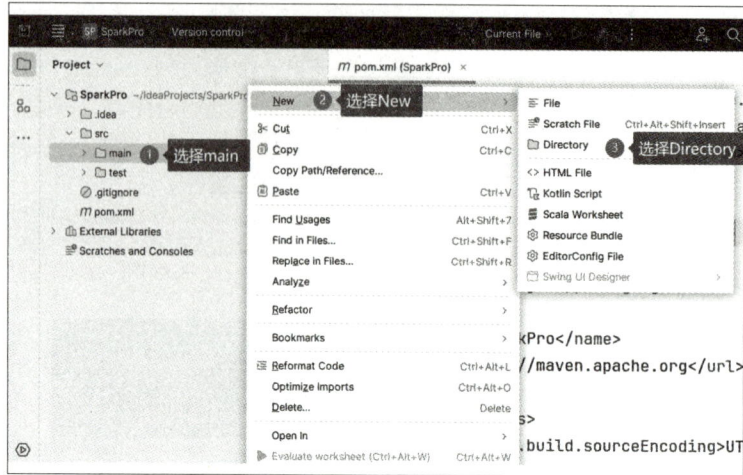

图 4-8　创建 Directory

如图 4-9 所示，选中刚创建的 scala 目录，单击右键弹出功能菜单。在菜单中，依次选择"Mark Directory as""Sources Root"，这样就将 scala 目录设置为了程序源文件夹（可以在该目录下，创建 scala 源程序文件）。

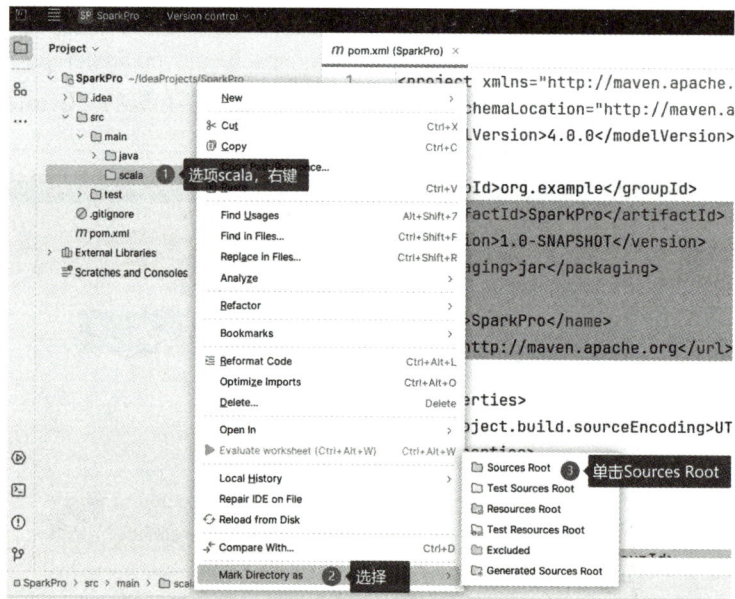

图 4-9　设置 Source Root

> **小贴士**：在工程文件组织目录中，main 文件夹下有名为 java 的程序源文件夹（Sources Root）。因本书采用 Scala 语言，也可将该 java 文件夹删除。

IDEA 默认的编程语言是 Java，为了编写 Scala 代码，还需为本工程添加 Scala SDK 支持。如图 4-10 所示，在选择工程菜单"File"后，单击"Project Structure"。

在弹出的"Project Structure"界面（如图 4-11 所示）中，在左侧菜单栏选择"Modules"后，单击"+"号，然后在弹出的"Add"菜单中选择"Scala"；进而弹出"Add Scala Support"对话框，再在"Use library"列表框中选择合适的 Scala SDK 版本（若没有显示任何 scala-sdk 版本，则单击"Create"按钮，找到系统中已经安装好的 Scala），单击"OK"按钮；最后，在"Project Structure"界面的右下角，单击"Apply"和"OK"按钮即可。

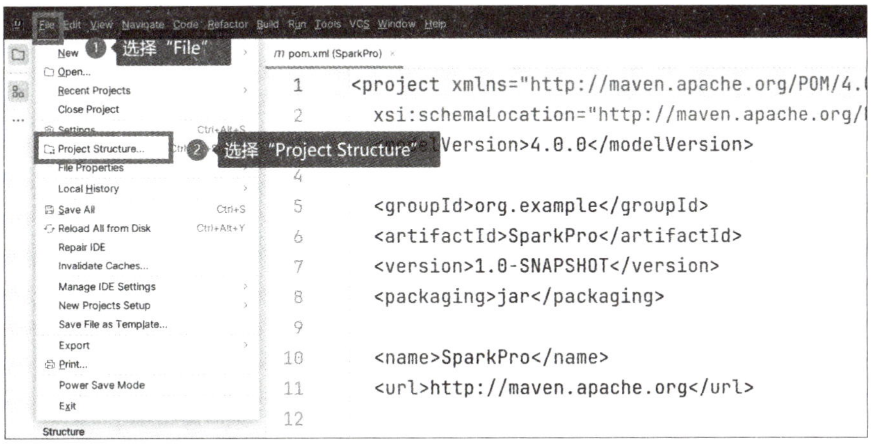

图 4-10　选择"Project Structure"

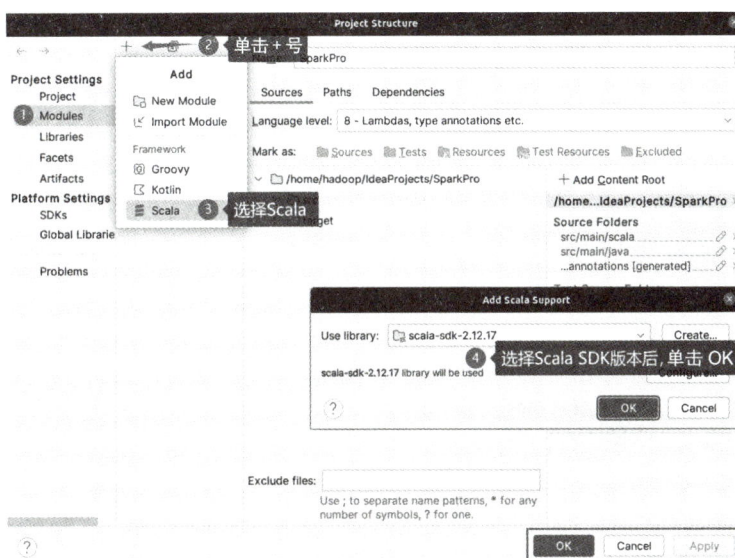

图 4-11　添加 Scala Support

在工程界面右侧编辑区可以看到，IDEA 默认创建并打开了一个名为 pom.xml 的文件，该文件描述了本工程的配置信息、程序运行所需的包等。为了编写 Spark RDD 程序，需要修改该文件，以便自动加载所需的 Spark 包。为此在 pom.xml 文件的 <dependencies> </dependencies> 标签内部添加如图 4-12 所示的 Spark Core 依赖。

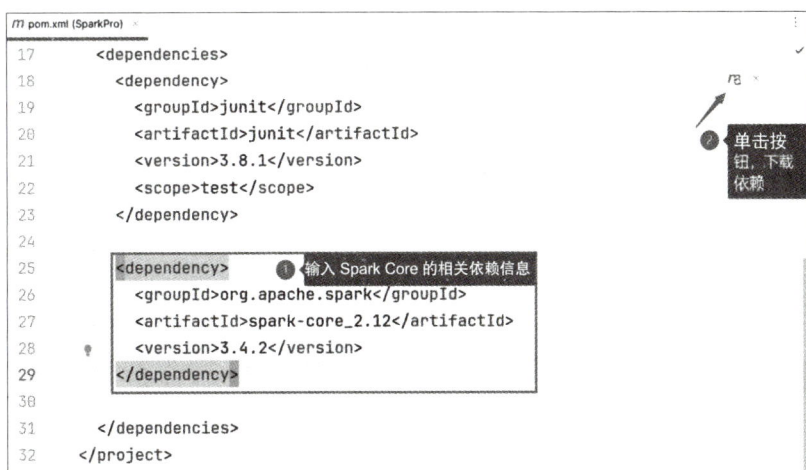

图 4-12　修改 pom.xml

修改完 pom.xml 文件后，单击右侧的按钮"Load Maven Changes"下载相关的依赖包。也可以单击鼠标右键，在弹出的菜单中选择"Maven"，再在级联菜单中继续选择"Download Sources and Documentation"，从而完成相关资源的下载。

> 小贴士：在添加的 <dependency> 标签中，"spark-core_2.12"表示 Scala 的版本为 2.12，"<version>3.4.2</version>"表示当前 Spark 的版本为 3.4.2，这两个版本号需要与当前 Spark 环境匹配。首次加载依赖需要花费一定的时间（由网络情况决定时长），下载完毕前请耐心等待。

4.1.3 编写并运行程序

创建好 Project 工程后，还需创建用于书写代码的 Scala 程序文件。在工程界面左侧的组织结构中，选择前面创建的 scala 文件夹，单击右键；在弹出的菜单中选择"New"，再在级联菜单中选择"Scala Class"，如图 4-13 所示。

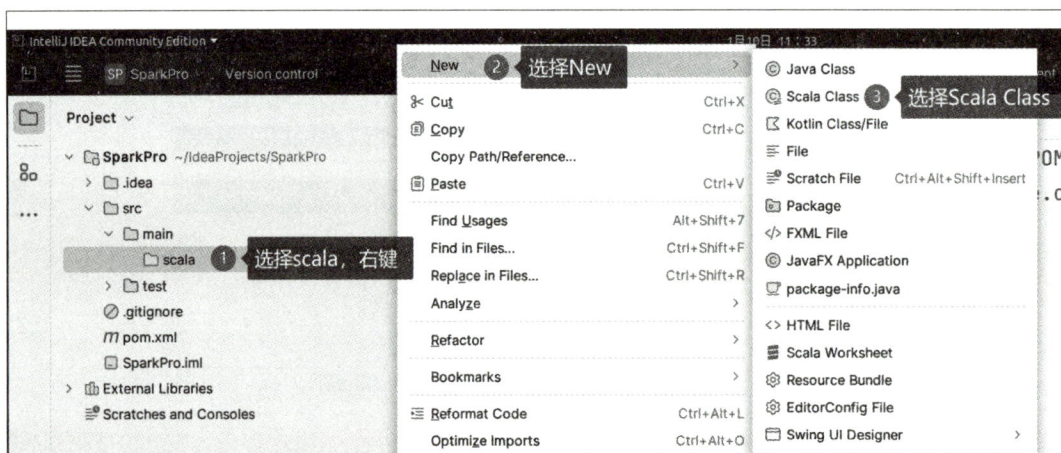

图 4-13　创建 Scala 文件

> 小贴士：如果自己的 IDEA 环境中，看不到图 4-13 所示的"Scala Class"选项，可尝试按照图 4-11 的做法再次添加 Scala Support。

在弹出的"Create New Scala Class"窗口中，选择"Object"项；在文本框中输入 Scala 文件的名字"SparkTest"后，按"Enter"键完成程序文件的创建，如图 4-14 所示。

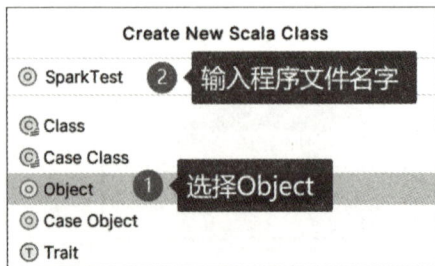

图 4-14　"Create New Scala Class"窗口

在新建的 SparkTest.scala 文件中，写入一段 Spark RDD 处理代码，计算 1 到 100 的偶数之和，其代码如下：

```scala
// 导入 SparkContext、SparkConf 两个类
import org.apache.spark.SparkContext
import org.apache.spark.SparkConf
object SparkTest {
  def main(args: Array[String]): Unit = {
// 创建 SparkConf 对象 conf
    val conf=new SparkConf().setMaster("local[*]")
      .setAppName("Spark RDD Test")
// 根据 conf 创建 SparkContext 对象 sc
    val sc=new SparkContext(conf)
    val data=1 to 100
    val rdd1 = sc.makeRDD(data)        // 创建包含 1 到 100 整数的 RDD
    val rdd2 = rdd1.filter(x=>x%2==0)   // 过滤出偶数
    val result = rdd2.reduce(_+_)       // 所有偶数相加
    println(s"1 到 100 的偶数之和为 $result")
  }
}
```

【源代码：SparkTest.scala】

在上述代码中，首先使用 import 关键字引入了 SparkConf、SparkContext 类，然后定义 object 类 WordCount(只有 object 类才可以拥有 main 方法)；在 WordCount 内部定义 main 方法，实现求和功能。

注意，IDEA 环境与 Spark Shell 环境会有所不同。Spark Shell 自带一个 SparkContext 实例 sc，但在 IDEA 下需要自己创建 SparkContext 对象。

接下来，可以单击图 4-15 中的三角形运行程序；也可以选择在代码右侧的空白区单击右键，然后选择 "Run 'SparkTest'" 运行程序。Scala 程序运行完毕后，工程界面下边的控制台会输出较多信息，可以拖动滚动条找到执行结果。

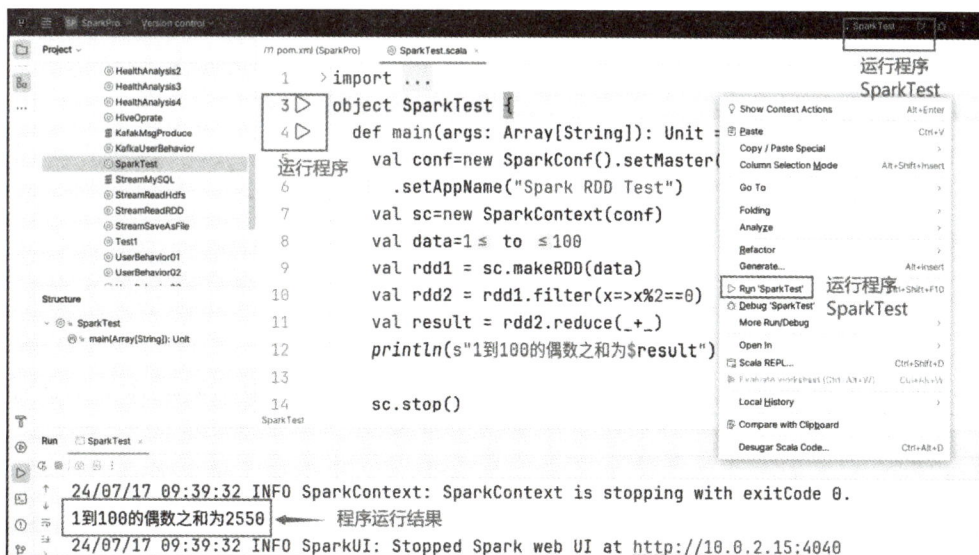

图 4-15　运行程序

在实际项目中，通常需要对程序进行打包 (生成 jar 包)，然后将 jar 包提交到 Spark 集群中运行。如图 4-16 所示，单击工程界面右上角的 "m" 图标 (Maven 图标)，再在弹出的菜单中

依次选择"Liefcyle""package"，然后开始打包。打包完毕后，在工程文件组织结构的"target"文件夹下，可以看到生成的程序 jar 包"SparkPro-1.0-SNAPSHOT.jar"。

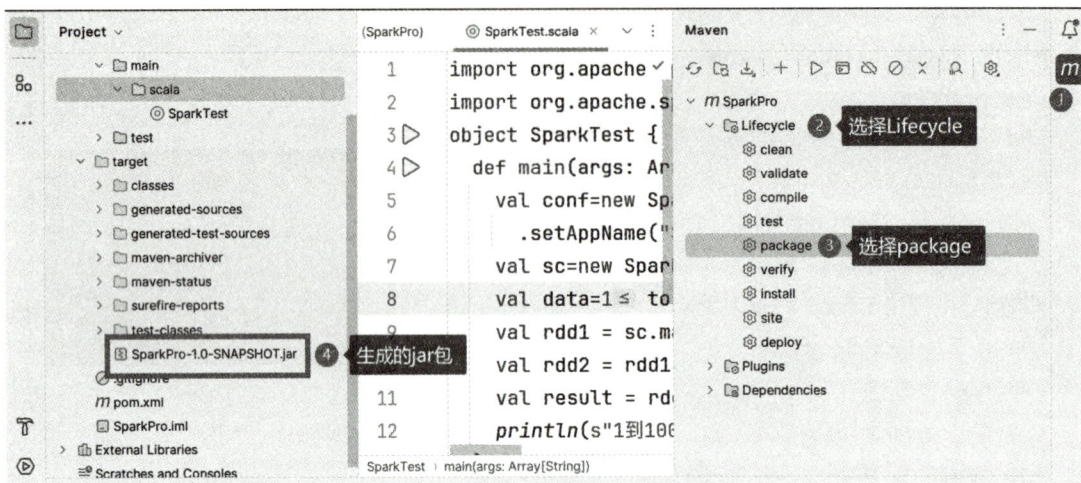

图 4-16　工程打包

选择刚生成的"SparkPro-1.0-SNAPSHOT.jar"包，单击鼠标右键，在弹出的菜单中选择"Copy Path/Reference"；然后在弹出的"Copy"窗口中，选择"Absolute Path Ctrl+Shift+C"，即可获得该 jar 包的路径，如图 4-17 所示。

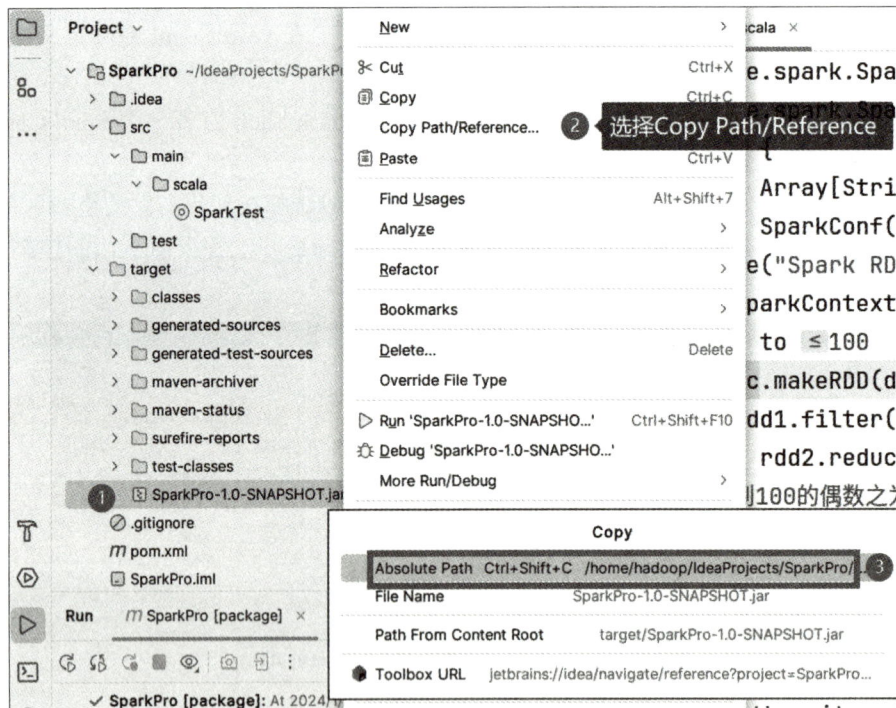

图 4-17　复制 jar 包的路径

复制了 SparkPro-1.0-SNAPSHOT.jar 包的路径后，在 Linux 终端中，可以使用命令"/usr/local/spark/bin/spark-submit --class WordCount 复制得到的 jar 包路径"来执行程序。如果要将程序放置到集群中执行，需要做如下修改：

(1) WordCount.scala 程序中 setMaster("local[*]") 的 local[*] 需要修改为"spark:// 集群主机IP:7077"。其中 7077 为 Spark 默认的端口号（若已经修改，则根据情况调整）。

(2) 进入 Spark 的安装目录后，提交和运行程序的命令如下：

```
bin/spark-submit \
--class mysparkproject.WordCount \
--master spark:// 主机 IP:7077  \
--executor-memory 2G  \
--total-executor-cores 4 \
/***jar 所在包目录 ***/mysparkproject-1.0-SNAPSHOT.jar
```

任务实施

本任务的实施思路与过程如下：

(1) 参照知识储备相关内容，在自己的计算机上完成 IntelliJ IDEA 的安装。

(2) 创建工程 SparkPro 及 Scala 程序文件 CarbonEmission.scala。

(3) 在 CarbonEmission.scala 文件中，编写 Scala 代码读取 carbon.csv 文件，并打印前 3 行。
相关代码如下：

【源代码：
CarbonEmission.
scala】

```scala
import org.apache.spark.SparkContext
import org.apache.spark.SparkConf
object CarbonEmission {
 def main(args: Array[String]): Unit = {
  val conf=new SparkConf().setMaster("local[*]")
    .setAppName("Spark RDD Test")
  val sc=new SparkContext(conf)
  sc.setLogLevel("ERROR")              // 控制台去掉过多的 INFO 提示，仅输出错误信息
  val filtPath="/home/hadoop/data/carbon.csv"
  val rdd=sc.textFile(filtPath)
  println("---------------- 打印文件前 3 行 ----------------")
  rdd.take(3).foreach(println)         // 获取 RDD 的前 3 个元素，并打印输出
  println("*******************************************")
 }
```

上述代码中，sc.setLogLevel("ERROR") 的目的是去掉控制台输出的冗余信息 (INFO 提示信息)，仅输出错误信息，从而方便观察输出结果；rdd.take(3) 则是获取 RDD 的前 3 个元素 (对应文件的前 3 行)，返回一个数组 Array[String]；针对这个数组，借助 foreach(println) 方法，打印数组的每个元素。

任务 4.2　IDEA 下编写碳排放分析程序

IDEA 下编写碳
排放分析程序

任务分析

针对 carbon.csv 文件中的碳排放数据，要求在 IDEA 环境下，使用 Spark RDD 技术分析以下指标：

(1) 煤炭在电力、化工、建材等行业有着重要用途，也是碳排放、空气污染的重要来源之一。

要求找出煤炭排放量最高的年份 Top3。

(2) 我国石油对外依存度较高，石油问题也是社会关注的热点。计算 2010—2019 年这 10 年间石油类能源的碳排放总量。

本任务的工作内容及相关知识点如表 4-3 所示。

表 4-3　工作内容及相关知识点

工　作　内　容	相关知识点
去掉数据文件的首行 (头部)	sed 命令、filter
填充数据文件中的缺失值	模式匹配
找出煤炭排放量最高的年份 Top3	map、sortBy
计算石油类能源的总碳排量	map、reduce
计算 2010—2019 年碳排放总量	map、reduce

任务实施完毕后，程序运行结果如图 4-18 所示。

```
----------煤炭排放Top3---------
2013年，排放量为6635.62 万吨
2014年，排放量为6420.92 万吨
2012年，排放量为6416.87 万吨
*****************************
2010—2019年，石油排放量9056.74万吨
-------------------------------
```

图 4-18　程序运行结果

知识储备

4.2.1　文件首行的处理

在很多原始数据文件中，文件的第一行并不是真正需要分析的数据，而是表头信息，即表明文件的字段 (列名称) 等。采用 RDD 技术进行数据分析前，需要去掉这样的表头。本项目所使用的数据文件 carbon.csv 包含首行信息，因此需要提前去掉。对此，可以借助工具或者 Linux 命令完成该工作。例如，借助 sed 命令，可以去掉 carbon.csv 文件的第 1 行，并将剩余的数据另存为 carbon-without-head.csv，具体命令如下：

```
cd  /home/hadoop/data                              # 进入 carbon.csv 的存储目录
sed  '1d' carbon.csv > carbon-without-head.csv      # 去掉文件首行，另存为新文件
```

除了使用 sed 命令，通过编程的方式也可以去掉数据文件的首行。例如，在本书的项目 3 中，读取交通违章文件生成 RDD，然后使用 filter 操作过滤掉了首行。还可以通过 Scala 代码直接去掉首行，相关示例如下：

```
import java.io._                                              // 导入 java.io 包
val inputFilePath = "/home/hadoop/data/carbon.csv"           // 输入文件路径
val outputFilePath = "/home/hadoop/data/carbon-without-head.csv"  // 输出文件路径
val reader = new BufferedReader(new FileReader(inputFilePath))     // 创建 BufferReader 对象
val writer = new PrintWriter(new FileWriter(outputFilePath))       // 创建 PrintWriter 对象
var lineNumber = 0
```

```
while (reader.ready()) {
  if (lineNumber > 0) {
    val currentLine = reader.readLine()                    // 读取一行数据
    writer.println(currentLine)                            // 写入一行数据
  } else {
    reader.readLine()                                      // 跳过第一行
  }
  lineNumber += 1
}
reader.close()
writer.close()
```

4.2.2　缺失值的处理

数据分析领域有个共识，即"垃圾进，垃圾出"，要想获得高质量的分析结果，必须保证输入数据的质量。在数据分析之前，需要观察数据源，找出其中的"脏数据"，然后根据业务需求，针对这些"脏数据"实施修正、丢弃、填充等策略。

观察图 4-1 所示的数据文件，可以发现 2016—2019 年洗精煤对应的排放量缺失。假设通过市场调研得知，2015—2019 年全国洗精煤的耗用量稳定，因此决定使用 2015 年的洗精煤排放数据 (120.98) 填充 4 个缺失值。为此，可以使用如下代码 (DataCleaning.scala) 完成缺失值的填充工作：

【源代码：
DataCleaning.
scala】

```
import org.apache.spark.SparkContext                    // 导入相关包
import org.apache.spark.SparkConf
object DataCleaning {
  def main(args: Array[String]): Unit = {
    val conf=new SparkConf().setMaster("local[*]")
      .setAppName("Spark RDD Test")
    val sc=new SparkContext(conf)
    val filePath="/home/hadoop/data/carbon-without-head.csv"
    val rdd1=sc.textFile(filePath)
    val rdd2=rdd1.map(x=>x.split(","))
    // x(2) 代表洗精煤。通过模式匹配：若 x(2) 为空字符串，则修改为 120.98
    // 修改完毕后，借助 mkString 方法连接成字符串
    val rdd3=rdd2.map(x=> x(2) match {
      case "" =>{x(2)="120.98"; x.mkString(",")}          // 若 x(2) 为空串，则修改为 120.98，然后 x
                                                          //   的所有元素连接成字符串
      case _ =>x.mkString(",")                            // 如果 x(2) 为非空字符串，则直接将数组 x 的
                                                          //   所有元素连接成字符串
    } )
    rdd3.saveAsTextFile("/home/hadoop/data/carbon_done")  // 清洗后的数据写入本地文件
    sc.stop()                                             // 关闭 sc，释放资源
  }
}
```

✍ 上述代码中，rdd1 的元素为字符串（文件中的一行文本），rdd2 的元素为数组 Array，其样式为 Array(年份 , 原煤 , 洗精煤 , 焦炭 ,…)，因此 x(2) 代表洗精煤。接下来，引入模式匹配，如果 x(2) 为空字符串，则将其修改为 120.98；然后借助 mkString 方法，x 由 Array 类型转为字符串类型，即 rdd3 的元素类型字符串。最后，使用 saveAsTextFile 方法将 rdd3 的元素存储到本地目录中。SparkContext 对象 sc 是程序的入口，负责 Spark 程序与集群计算资源的交互。程序结束后，最好使用 stop 方法关闭 SparkContext 对象 sc，从而释放占用的资源。

> **小贴士**：数组、列表等均有 mkString(sep) 方法，可以将其所有元素连接成一个字符串（按照 sep 分隔）。

📋 任务实施

【源代码：CarbonStat.scala】

本任务的实施思路与过程如下：

(1) 在 IntelliJ IDEA 下，创建 Scala 代码文件 CarbonStat.scala。

(2) 在 CarbonStat.scala 中，创建基本框架，代码如下：

```
import org.apache.spark.SparkContext
import org.apache.spark.SparkConf
object CarbonStat {
  def main(args: Array[String]): Unit = {
    val conf=new SparkConf().setMaster("local[*]")
      .setAppName("Spark RDD Test")
    val sc=new SparkContext(conf)
    sc.setLogLevel("ERROR")
    // 此处继续添加代码
  }
}
```

(3) 在前述准备工作中，已经将清洗后的数据置于 /home/hadoop/data/carbon_done 目录中。接下来读取该目录中的文件，生成数据集 rdd1，然后使用 map 操作、split 方法，将 rdd1 的元素切割，得到一个新数据集 rdd2，其元素样式为 Array(年份 , 原煤 , 洗精煤 , 焦炭 ,…)。在 CarbonStat.scala 中继续添加如下代码：

```
val rdd1=sc.textFile("/home/hadoop/data/carbon_done")
val rdd2=rdd1.map(x=>x.split(","))
```

(4) 煤炭包括原煤、洗精煤、焦炭 3 种形式，计算煤炭排放量时，应将三者相加。据此，得到数据集 rdd3，其数据样式为二元组（年份，煤炭排放量）。根据排放量，对 rdd3 进行排序，打印 Top3 的信息。相关代码如下：

```
val rdd3=rdd2.map(x=>(x(0),x(1).toDouble+x(2).toDouble+x(3).toDouble))
val rdd4=rdd3.sortBy(x=>x._2,false)        // 按照排放量降序排列
println("--------- 煤炭排放 Top3--------")
rdd4.take(3).foreach(x=> println(f"${x._1} 年，排放量为 ${x._2}%.2f 万吨 "))
println("************************")
```

代码 rdd2.map(x=>(x(0),x(1).toDouble+x(2).toDouble+x(3).toDouble)) 表示对 rdd2 的数据进行处理，x 代表 rdd2 的元素；因此，x(0) 表示年份，x(1) 表示原煤量，x(2) 表示洗精煤，x(3) 表示焦煤。经过上述处理，rdd3 的元素样式为 (年份 , 煤炭排放量)。

(5) 针对 rdd2，使用 filter 操作，过滤出 2010—2019 年的排放数据，得到数据集 rdd5；将每个年度的原油、汽油、柴油、煤油数据相加，得到当年石油类排放量，得到数据集 rdd6；使用 reduce 操作，计算出 10 年内石油类的排放总量；最终打印相关信息。相关代码如下：

```
val rdd5=rdd2.filter(x=>x(0)>="2010")
val rdd6=rdd5.map(x=>x(5).toDouble+x(6).toDouble+x(7).toDouble+x(8).toDouble)
val totalOil=rdd6.reduce(_+_)
sc.stop()                // 关闭 sc，释放资源
println(f"2010-2019 年，石油排放量 $totalOil%.2f 万吨 ")
println("-----------------------------")
```

(6) 将上述代码组合起来，运行程序，即可得到如下结果：

```
---------- 煤炭排放 Top3---------
2013 年，排放量为 6635.62 万吨
2014 年，排放量为 6420.92 万吨
2012 年，排放量为 6416.87 万吨
*******************************
2010-2019 年，石油排放量 9056.74 万吨
-----------------------------
```

任务 4.3　使用 RDD 持久化提升运行效率

使用 RDD
持久化提升
运行效率

任务分析

Spark 是基于内存的分布式计算框架，为了节约计算资源、提升运算效率，有时需要对反复使用的 RDD 数据进行缓存处理，而对于某些宽依赖中的计算冗余问题，Spark 引入了检查点机制。本任务要求在任务 4.2 实施代码的基础上，加入缓存及检测点，从而提升程序运行的效率。本任务的工作内容及相关知识点如表 4-4 所示。

表 4-4　工作内容及相关知识点

工 作 内 容	相关知识点
将多次使用的 RDD 缓存起来，从而提升计算效率	cache、persist
在 HDFS 中，创建目录，用于存储 checkpoint 的 RDD 数据	HDFS
借助 checkpoint 将 RDD 数据存储到 HDFS 中	checkpoint

任务实施完毕后，可在 HDFS 中看到所存储的 RDD 数据，如图 4-19 所示。

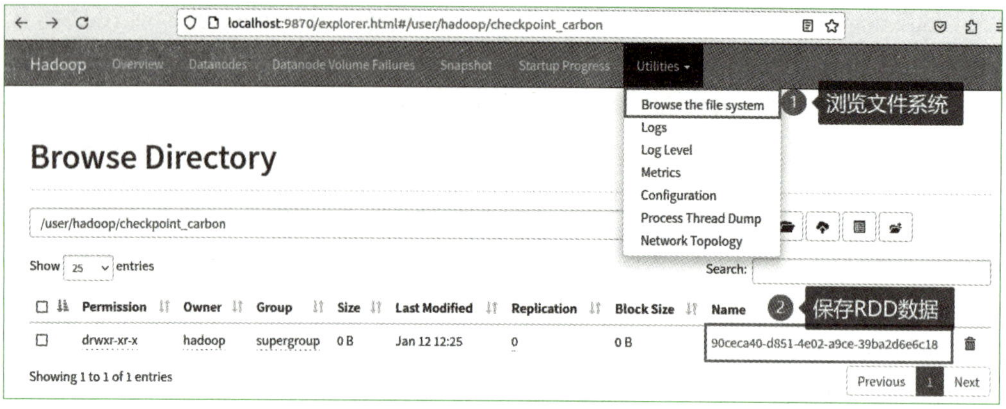

图 4-19　HDFS 中存储的 RDD 数据

📋 知识储备

4.3.1　RDD 的缓存

　　缓存是指将多次使用的数据长时间存储在集群各节点的内存或磁盘等其他介质中，以达到"随用随取、减少数据的重复计算"的目的，从而节约计算资源和时间，提升后续动作的执行速度。缓存是 RDD 持久化方案中的一种，对于迭代算法和快速交互式分析，它是一个很关键的技术。

　　默认情况下，为了充分利用相对有限的内存资源，RDD 并不会长期驻留在内存中。如果内存中的 RDD 过多，当有新的 RDD 生成时，会按照以 LRU(最近经常使用) 算法移除最不常用的 RDD，以便腾出空间加入新的 RDD。此外，开发过程中如果一个 RDD 被多次使用，则可以手动将其缓存起来，以提升运行效率。

　　在图 4-20 所示的计算过程中，Spark 读取 Input 数据创建 RDD1，经过若干次的 transform 转换操作，最终生成 3 个输出 Output。因为 Output1、Output2、Output3 是相互独立的，每次输出均需从 RDD1 开始执行，这样 RDD1 到 RDD4 的计算过程就是重复的，效率相对较低。为此，可以考虑将 RDD4 缓存起来 (只需计算一次)，后续再次使用 RDD4 时直接读取即可，无须重复 RDD1 到 RDD4 的计算过程。

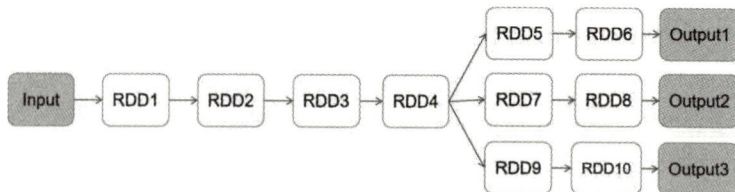

图 4-20　RDD 转换与执行过程

　　总之，缓存 RDD 的目的是让后续的 RDD 计算速度加快，是迭代计算和快速交互的重要工具。同时，Spark 的缓存也具备一定的容错性。例如，若 RDD 的任何一个分区丢失了，Spark 则将自动根据其原来的"血统"信息重新计算这个分区。

　　RDD 的缓存有 cache 和 persist 两种方法。

1. cache 方法

　　接下来，通过实例使用 cache 方法来体验 RDD 缓存与否带来的计算性能差异。现有数据集 user_view.txt 记载了用户浏览店铺的日志信息，包括用户 ID、店铺 ID、时间戳，数据字段间用"\t"分隔。

1) 使用 RDD 缓存

使用 RDD 缓存结果分析的具体步骤如下：

(1) 要实现的功能。在 Spark Shell 中，统计所有店铺的数量 (不重复)、所有用户的数量 (不重复) 以及所有记录数。

(2) 数据准备。假设 user_view.txt 文件现位于 /home/hadoop 目录下，打开一个 Linux 终端，使用如下命令将该文件上传到 HDFS 中：

```
cd /usr/local/hadoop/sbin
./start-all.sh                                    # 启动 Hadoop 服务，如果服务已经开启，则本步骤可省略
cd /usr/local/hadoop/bin
./hdfs dfs -put  /home/hadoop/user_view.txt  /user/hadoop      # 文件上传到 HDFS 中
```

(3) 代码实现。打开一个 Linux 终端，输入如下命令启动 Spark 并进入 Spark Shell 环境：

```
cd /usr/local/spark/sbin
./start-all.sh
cd /usr/local/spark/bin
./spark-shell --master local[*]
```

在 Spark Shell 环境下，输入以下代码完成相关统计工作：

```
val path="hdfs://localhost:9000/user/hadoop/user_view.txt"
// 读取文件生成 RDD，对其元素进行字符串切割后形成键值对 RDD
val input=sc.textFile(path).map(x=>x.split("\t")).map(x=>(x(0),1))
// 使用 cache 方法，将 Input 数据数据缓存
input.cache()
//reduceByKey 操作，得到 ( 用户 ID，访问数量 ) 为元素的 RDD
val user=input.reduceByKey((a,b)=>a+b)
// 输出用户数量
user.count
// 根据用户访问量进行排序，取前 10 名
user.sortBy(x=>x._2).take(10)
// 数 Input 中元素的数量 ( 关键点 )
input.count
```

(4) 在 Spark Web UI 中查看结果。上述代码执行完毕后，在浏览器中输入 localhost:4040 进入 Spark 监控页面，选取 "Stages"，可以看到上述代码各阶段执行的时长 (受硬件、环境配置等因素影响，显示的结果会不同)，如图 4-21 所示。

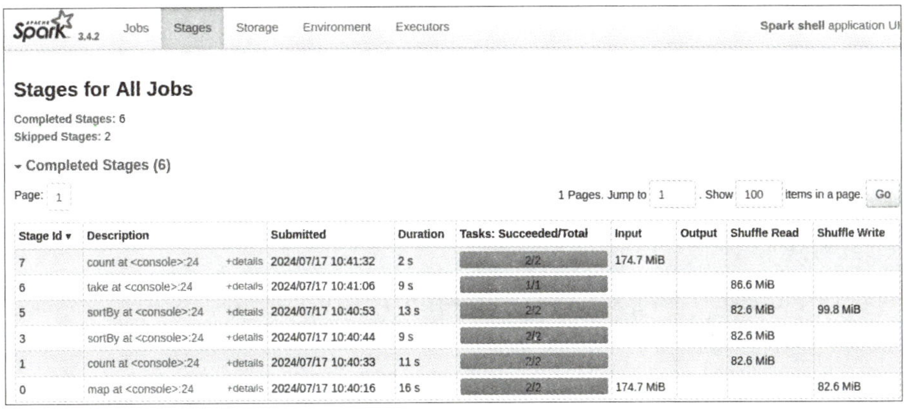

图 4-21　在 Spark Web UI 中查看结果

在图 4-22 所示的"Jobs"选项卡中，还可以查看各 Job 的用时、时间线 (Timeline) 等信息，从而进一步帮助我们了解 Spark 应用程序的具体计算过程，及时发现存在的问题。

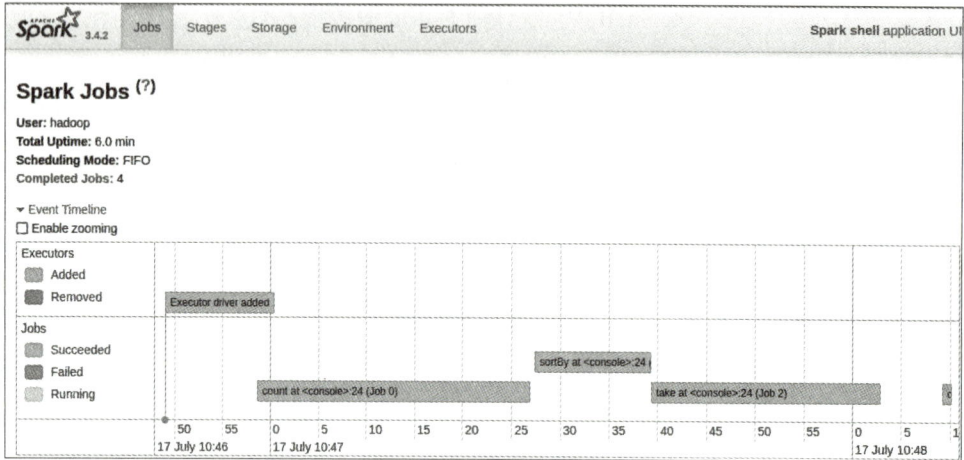

图 4-22　查看 Jobs 信息

2) 不使用缓存结果分析

为了演示不使用缓存效果，可退出 Spark Shell 后，再次进入。输入如下代码 (取消对 Input 的缓存)：

```
val path="hdfs://localhost:9000/user/hadoop/user_view.txt"
val input=sc.textFile(path).map(x=>x.split("\t")).map(x=>(x(0),1))
val user=input.reduceByKey((a,b)=>a+b)
user.count
user.sortBy(x=>x._2).take(10)
input.count
```

代码执行完毕后，在浏览器中输入 localhost:4040 进入 Spark 监控页面，得到图 4-23 所示的结果，可以发现在不缓存的情况下整体的执行效率下降了 (数据量越大，差距将越明显)。

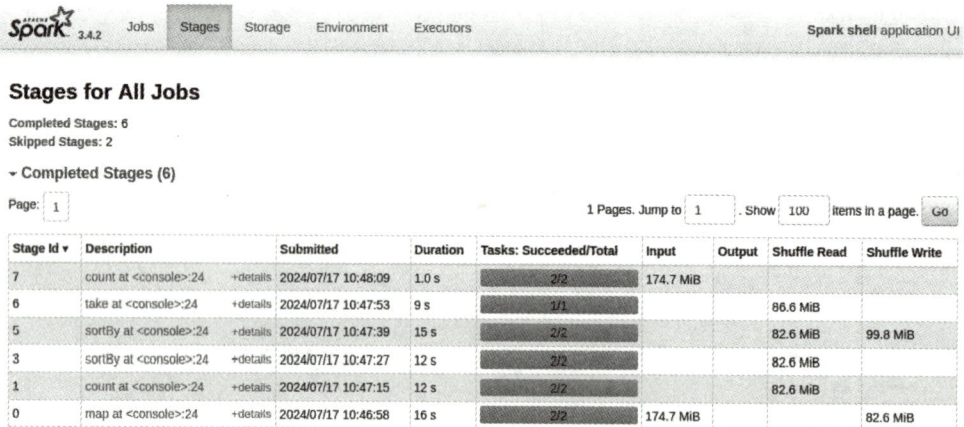

图 4-23　不使用缓存的效果

2. persist 方法

除了可以使用 cache 方法将 RDD 缓存到内存中，还可以使用 persist 方法完成缓存 (cache 可以看作 persist 方法的简化版)。persist 方法可以设置不同的存储级别，根据业务需要可以把 RDD 保存在磁盘上或者保存到内存中。这些存储级别都可以由 persist() 的参数 StorageLevel 决定，persist 存储级别如表 4-5 所示。

表 4-5　persist 存储级别

存储级别	含　义
MEMORY_ONLY	以未序列化的 Java 对象形式将 RDD 存储在 JVM 内存中。如果 RDD 不能全部装进内存，那么将一部分分区缓存，而另一部分分区将每次用到时重新计算。这个是 Spark 的 RDD 默认存储级别
MEMORY_AND_DISK	以未序列化的 Java 对象形式将 RDD 存储在 JVM 中。如果 RDD 不能全部装进内存，则将不能装进内存的分区放到磁盘上，然后每次用到的时候从磁盘上读取
MEMORY_ONLY_SER	以序列化形式存储 RDD(每个分区一个字节数组)。通常这种方式比未序列化存储方式要省空间，但是这种方式也相应地会消耗更多的 CPU 来读取数据
MEMORY_AND_DISK_SER	和 MEMORY_ONLY_SER 类似，只是当内存装不下的时候，会将分区的数据写到磁盘上，而不是每次用到都重新计算
DISK_ONLY	RDD 数据只存储于磁盘上
MEMORY_ONLY_2、MEMORY_AND_DISK_2 等	和上面没有 "_2" 的级别相对应，只不过每个分区数据会在两个节点上保存两份副本

Spark 的存储级别主要在内存使用和 CPU 占用之间做一些权衡。建议根据以下步骤来选择一个合适的存储级别：

(1) 如果 RDD 能使用默认存储级别 (MEMORY_ONLY)，则尽量使用默认级别。这是 CPU 效率最高的方式，所有 RDD 算子都能以最快的速度运行。

(2) 如果 RDD 不适用默认存储级别 (MEMORY_ONLY)，可以尝试 MEMORY_ONLY_SER 级别，并选择一个高效的序列化协议，这将大大节省数据的存储空间，同时速度也还不错。

(3) 尽量不要把数据写到磁盘上，除非数据集重新计算的代价很大或者数据集是从一个很大的数据源中过滤得到的结果。

(4) 如果需要支持容错，可以考虑使用带副本的存储级别。虽然所有的存储级别都能够以重算丢失数据的方式来提供容错性，但是带副本的存储级别可以让应用持续的运行，而不必等待重算丢失的分区。

> 小贴士：对于需要重复使用的 RDD，建议开发人员调用 persist 方法缓存数据。另外，即使用户没有调用 persist，Spark 也会自动持久化一些 Shuffle 操作 (如 reduceByKey) 的中间数据。这是因为 Shuffle 操作需要消耗较多计算资源，Spark 的自动持久化机制可以避免因某节点失败而重新计算。

4.3.2　RDD 的检查点机制

当 Spark 集群中某一个节点由于宕机导致数据丢失，可以通过 Spark 中 RDD 缓存机制快速获取数据。此外，Spark RDD 还提供了检查点机制，也可以实现数据的持久化 (即 RDD 数据的长期保存)。

所谓检查点机制，本质是通过将 RDD 写入磁盘，从而实现持久化存储。如果 RDD 的 "血统" 过长会造成容错成本过高，这样在中间阶段做检查点容错性能更优。检查点机制下，如果检查点后的某节点出现问题而丢失分区，则直接从检查点 RDD 开始重做计算 (从磁盘中读取该 RDD)，这样可以减少重新计算的开销。通常情况下，Spark 通过将数据写入 HDFS 来实现

RDD 检查点功能，而 HDFS 是多副本的高可靠存储 (通过多副本实现高容错)，因此检查点机制具有较高的可靠性。

下面通过一个实例来演示 RDD 的 checkpoint(检查点) 机制。

首先在 Linux 终端中输入以下命令启动 HDFS 服务并创建 checkpoint 目录 (用于存储 RDD 数据)：

```
cd /usr/local/hadoop/sbin
./start-dfs.sh                        # 启动 HDFS 服务
cd /usr/local/hadoop/bin
./hdfs dfs -mkdir  checkpoint         # 在 HDFS 中创建一个名为 checkpoint 的目录，用于存储 RDD
```

然后在 Spark Shell 中输入如下代码来体验检查点的使用：

```
//setCheckpointDir 设置检查点存储路径
scala> sc.setCheckpointDir("hdfs://localhost:9000/user/hadoop/chekpoint")
scala> val nums=List(1,2,3,4,5,6 )
// 生成一个 RDD
scala> val rdd1=sc.parallelize(nums)
//rdd1 调用 checkpoint 方法，记录 checkpoint，但并不会立即执行
scala> rdd1.checkpoint()
// 对 RDD 进行一系列的转换操作
scala> val rdd2=rdd1.map(x=>x+5)
scala> val rdd3=rdd2.filter(x=>x>10)
scala> rdd3.collect
// 验证发现 checkpoint 已经执行
scala> println("rdd1 是否已经 checkpoint: "+ rdd1.isCheckpointed )
rdd1 是否已经 checkpoint: true
```

在 Linux 终端中输入命令，查看 HDFS 的 checkpoint 目录下是否存储了 RDD 数据。如图 4-24 所示，可以看到 checkpoint 目录下生成了 RDD 文件。

```
hadoop@zsz-VirtualBox:/usr/local/hadoop/bin$ ./hdfs dfs -ls  checkpoint
Found 1 items
drwxr-xr-x   - hadoop supergroup          0 2020-02-23 20:07 checkpoint/3b170e4b
-df40-4482-a686-35158f408d6d
```

图 4-24 checkpoint 目录下的 RDD 数据

4.3.3 缓存与检查点机制的区别

缓存和检查点都是数据持久化的解决方案，其目的均为提升大数据运算的效率，但它们又有所不同：

(1) cache 缓存是将数据临时存放起来 (内存)，cache 不切断 RDD 间的"血缘"依赖，内存安全性相对较低 (面临较大的内存溢出、数据被清除等不确定性)，因此当缓存到内存的 RDD 数据出现问题时，可以依据"血缘"关系，重新计算得到 RDD 数据。Spark 作业执行完毕后，临时保存的 RDD 数据会被丢弃。

(2) persist 缓存可以将数据保存到磁盘中，persist 不切断 RDD 间的"血缘"依赖，磁盘中缓存的数据安全性较高，但涉及磁盘 I/O 操作，性能较低。Spark 作业执行完毕后，临时保存

的 RDD 数据会被丢弃。

(3) checkpoint 机制是将 RDD 数据长期保存到磁盘 (通常为 HDFS) 中，数据安全性极高。但需要注意的是，checkpoint 会切断"血缘"依赖，相当于更换数据源 (后续的计算中，数据源变为 checkpoint 存储在磁盘或 HDFS 上的数据)。

> **小贴士：** 现实中，经常联合使用缓存与检查点机制。建议在使用 checkpoint 前，将 RDD 执行 cache 缓存，这样 checkpoint 的 Job 只需从 cache 缓存中快速读取数据即可，否则需要再从头计算一次 RDD。

任务实施

【源代码：
CarbonStat
Checkpoint.
scala 】

本任务实施的思路与过程如下：

(1) 为了使用检查点机制，在 HDFS 中创建一个目录，用于存储 RDD 数据。在 Ubuntu 终端输入以下命令：

```
cd /usr/local/hadoop/bin
./hdfs dfs -mkdir   checkpoint_carbon
```

(2) 在 IDEA 中创建 CarbonStatCheckpoint.scala 程序，其代码与任务 4.2 中的 CarbonStat.scala 基本一致 (可以直接复制)。因为 CarbonStat.scala 中 rdd2 被多次使用，因此可以将 rdd2 缓存起来。在 rdd2 的生成代码后面加入以下语句：

```
rdd2.cache()            // 将 rdd2 的数据缓存到内存中
```

(3) 借助 checkpoint 方法，将 rdd2 的数据存储到 HDFS 中。程序代码中加入以下语句：

```
sc.setCheckpointDir("hdfs://localhost:9000/user/hadoop/chekpoint_carbon")
rdd2.checkpoint()
```

(4) 运行修改完毕的程序后，在 Ubuntu 终端中使用下面的命令查看 HDFS，会发现 checkpoint_carbon 目录下的数据：

```
cd /usr/local/hadoop/bin
./hdfs dfs -ls   checkpoint_carbon
```

也可以在浏览器中，通过 Hadoop 的 Web 端口 9870 查看 (http://localhost:9870)，依次选择 "Utilities" "Browse the file system"，然后逐级单击右下角的文件夹 (目录)，可以看到存储的 RDD 数据 (如图 4-19 所示)。

任务 4.4　认识 RDD 共享变量

认识 RDD
共享变量

任务分析

为了实现多个任务之间变量共享，或者任务和任务控制节点之间数据共享，Spark 提供了广播变量和累加器。现已知 2010—2019 年我国的人口数据如表 4-6 所示，要求计算该时间段内我国每百万人口的碳排量 (使用广播变量机制，将人口数据发送到各个计算节点)。

表 4-6　2010—2019 年人口数据（单位: 百万人）

年份	2010	2011	2012	2013	2014	2015	2016	2017	2018	2019
人口数	1340	1347	1354	1361	1368	1375	1383	1390	1395	1400

本任务的工作内容及相关知识点如表 4-7 所示。

表 4-7　工作内容及相关知识点

工 作 内 容	相关知识点
读取 carbon.csv 文件获取碳排放数据，生成 RDD	textFile
获取 2010—2019 年的汽油碳排放数据	filter、map
使用列表存储人口数据，并通过广播变量形式发放	broadcast
计算每百万人口的碳排放量	map、value

本任务完成后，程序运行的部分结果如图 4-25 所示。

```
----------人均排放量（汽油）------
2010 年,每百万人口的碳排放1517吨
2011 年,每百万人口的碳排放1649吨
2012 年,每百万人口的碳排放1764吨
2013 年,每百万人口的碳排放2012吨
2014 年,每百万人口的碳排放2089吨
2015 年,每百万人口的碳排放2418吨
```

图 4-25　程序运行的部分结果

知识储备

4.4.1 广播变量

默认情况下，当 Spark 集群的多个节点并行运算一个函数时，函数中使用的变量都会以副本的形式复制到各个机器节点上，如果更新这些变量副本，这些更新并不会传回到驱动器程序；有时候也需要在多个任务之间共享变量，或者在任务 (Task) 和任务控制节点 (Driver Program) 之间共享变量。为了满足这些需求，Spark 设置了两种类型的特殊变量，即广播变量 (Broadcast Variables) 和累加器 (Accumulators)。广播变量可以实现变量在所有节点的内存之间进行共享；累加器则支持在不同节点之间进行累加计算 (如计数或者求和)。广播变量是一种只读的共享变量，它是在集群的每个计算节点上保存一个缓存，而不是每个任务保存一份副本。这样就不需要在不同任务之间频繁地通过网络传递数据，从而减少了网络开销，同时也减少了 CPU 序列化与反序列化的次数。

SparkContext 提供了 broadcast() 方法用于创建广播变量，例如对于变量 v，只需调用 SparkContext.broadcast(v) 即可得到一个广播变量。这个广播变量是对变量 v 的一个包装，要访问其值，可以调用广播变量的 value 方法，示例如下:

```
scala> val broadcastVar = sc.broadcast(Array(1, 2, 3))
broadcastVar: org.apache.spark.broadcast.Broadcast[Array[Int]] = Broadcast(0)
scala> broadcastVar.value
res0: Array[Int] = Array(1, 2, 3)
```

广播变量创建之后，集群中任何函数都不应该再使用原始变量 v，这样才能保证 v 不会被多次复制到同一个节点上。另外，对象 v 在广播后不应该再被更新，这样才能保证所有节点上得到同样的值 (如果对象 v 被更新，则广播变量又会被同步到另一新节点，新节点有可能得到的值和其他节点不一样)。

在某些关联查询场景中，可对一些公共数据进行广播。假设现有 (号码段 , 归属地 , 运营商) 数据，如 (1371001, 广州 , 中国移动)，要求对数据 (户主姓名 , 电话号码) 进行补全，输出户主姓名、电话号码、归属地、运营商信息，使用广播变量的实现过程如下：

```
// 构造一个 Map：号码段 ->( 归属地，运营商 )
scala> val telephoneDetail=Map("1371001"->(" 广 州 "," 中 国 移 动 "),"1371350"->(" 深 圳 "," 中 国 移 动 "),
"1331847"->(" 珠 海 "," 中 国 电 信 "),"1324240"->(" 深 圳 "," 中 国 联 通 "))
// 将 telephoneDetail 广播发送
scala> val tdBroadCast=sc.broadcast(telephoneDetail)
// 构建一个包含 ( 电话号码，户主姓名 ) 的 List
scala> val customer=List(("13318472420","tom"),("13713500806","jerry"))
// 将 customer 转换为 RDD
scala> val cusRDD=sc.parallelize(customer)
// 使用广播变量 tdBroadCast 补全用户信息
scala> val customerDetail=cusRDD.map(x=>{
        val shorttel=x._1.substring(0,7)
        val detail=tdBroadCast.value(shorttel)
        (x._1,x._2,detail._1,detail._2)
    } )
scala> customerDetail.collect
res4: Array[(String, String, String, String)] = Array((13318472420,tom, 珠海 , 中国电信 ), (13713500806,jerry,
深圳 , 中国移动 ))
// 释放 tdBroadCast 广播变量
scala> tdBroadCast.unpersist
```

实际业务中，需要广播的数据大多通过读取数据库表或者读取文件生成，而非示例中手工生成。当广播变量不再使用后，要利用 unpersist 方法及时释放。在主流的分布式计算框架 (如 MapReduce 等) 中，都存在 Spark 广播变量类似的应用，其主要目的就是减少数据传递开销及减少对资源的消耗。

4.4.2　累加器

累加器是 Spark 提供的另一种任务间共享变量的方式。在 Spark 中，一个计算可能会被分配到不同节点中执行，如果需要将多个节点中的数据累加到一个变量中，则可以通过累计器实现，即利用累加器可以实现计数或者求和功能。Spark 支持数字类型的累加器，开发者也可以

✎ 自定义新的累加器。

调用 SparkContext.accumulator(v) 可创建一个累加器，v 为累加器的初始值。累加器创建后，可以使用 add 方法或者"+="操作符来进行累加操作。注意：任务本身并不能读取累加器的值，只有驱动器程序才可以使用 value 方法访问累加器的值。

以下代码展示了如何使用累加器对 RDD 的元素求和：

```
scala> val accum = sc.accumulator(0, "My Accumulator")
scala> val rdd=sc.parallelize(Array(1, 2, 3, 4))
scala> rdd.foreach(x => accum += x)
scala> println(accum)
10
```

Spark 内置了整型累加器、长精度浮点数累加器等多种累加器，上述代码使用的累加器即为整型累加器。开发人员也可以通过继承 AccumulatorParam 来自定义累加器。

任务实施

【源代码：CarbonBroad.scala】

本任务的实施思路与过程如下：

(1) 创建 Scala 程序文件 CarbonBroad.scala，创建 SparkContext 对象 sc，搭建程序的基本框架。相关代码如下：

```
import org.apache.spark.{SparkConf, SparkContext}
class CarbonBroad {
    def main(args: Array[String]): Unit = {
    val conf=new SparkConf().setMaster("local[*]")
        .setAppName("Spark RDD Test")
    val sc=new SparkContext(conf)
    sc.setLogLevel("ERROR")
    // 此处继续添加代码
    }
}
```

(2) 读取文件生成 RDD，使用 filter 操作过滤出 2010—2019 年汽油碳排放数据 rdd4，其数据样式为 (年份 , 汽油)。相关代码如下：

```
val rdd1=sc.textFile("file:///home/hadoop/data/carbon_done")
val rdd2=rdd1.map(x=>x.trim.split(","))          // 字符串切割为数组
val rdd3=rdd2.filter(x=> x(0)>="2010")           // 过滤出 2010 年后的数据
val rdd4=rdd3.map(x=>(x(0),x(6).toDouble))       // 数据样式为 ( 年份 , 汽油 )
```

(3) 使用列表存储年份、人口数据，采用广播变量的方式，将人口数据发到计算节点。相关代码如下：

```
val data=List(("2010",1340),("2011",1347),("2012",1354),
    ("2013",1361),("2014",1368),("2015",1375),("2016",1383),
    ("2017",1390),("2018",1395),("2019",1400))
val broadData=sc.broadcast(data)                 // 将 data 广播到各节点
```

(4) 计算人均排放量，得到数据集 rdd5，其数据样式为 (年份，平均排放量)。相关代码如下：

```
val rdd5=rdd4.map{
  case (year,amount)=>{
    val population=broadData.value.getOrElse(year,1400)
    val avg=amount/population
    (year,avg)
  }
}
```

(5) 打印输出相关信息。相关代码如下：

```
println("---------- 人均排放量 ( 汽油 )---------")
rdd5.collect().foreach {
  case (year, avg) => println(f "$year 年 , 每百万人口的碳排放 $avg%.0f 吨 ")
}
```

项 目 小 结

除了可以在 Spark Shell 下完成数据分析，开发人员也可以使用 IntelliJ IDEA 这样的开发工具，编写独立的应用程序完成开发。本项目中，首先介绍了 IDEA 的安装配置，然后在 IDEA 环境下，使用 RDD 完成了碳排放数据的分析工作。此外，通过具体实例演示了缓存、检查点、广播变量等 Spark 程序优化的做法。在实际工作中，可酌情采纳，从而提升分布式计算的效能。

知 识 检 测

1. 判断题

(1) 使用缓存机制，主要目的是提升存储空间的有效利用率。(　　)

(2) 当一个 RDD 调用 persist 或 cache 方法后，该 RDD 会立即缓存起来。(　　)

(3) RDD 的存储是有等级的，默认存储级别为 MEMORY_AND_DISK，即同时缓存到内存和磁盘中。(　　)

(4) Spark RDD 具有惰性计算的特点，只有执行转换操作的时候，才按照"血缘"关系依次完成计算。(　　)

(5) IDEA 工程中，借助 porm.xml 配置，可以自动下载、更新相关依赖包。(　　)

(6) IDEA 环境下，不需要编写 SparkContext 对象，Spark 已经为用户提供了 sc 对象。(　　)

(7) IDEA 环境下，应用程序编译完毕后，可以在打包后上传到 Spark 服务器执行。(　　)

(8) 在数据分析前，往往需要对数据进行初步清理，比如解决缺失值问题等。(　　)

(9) 使用 IDEA 编写 Spark 程序，无须创建 Project 工程，仅须创建 Scala 程序文件，因此较为便捷。(　　)

(10) 缓存与检查点机制都是 RDD 持久化的手段，可以提升程序的执行效率。(　　)

2. 简答题

(1) 检查点与缓存都是 RDD 持久化的重要机制，二者有何区别？

(2) 如何选择 RDD 缓存的级别？

素 养 与 拓 展

天气是我们日常关注重点，对生产生活有着重要的影响。随着各类化石能源的急剧消耗，全球气候愈发多变，高温酷暑、低温极寒、干旱少雨、暴雨突发等极端天气频频出现。据相关报道，2023 年我国各种自然灾害造成 9544.4 万人次受灾，因灾死亡失踪 691 人，紧急转移安置 334.4 万人次；倒塌房屋 20.9 万间，严重损坏 62.3 万间，一般损坏 144.1 万间；农作物受灾面积 10 539.3 千公顷；直接经济损失 3454.5 亿元。如何提前预报各类极端天气、最大限度降低生命财产损失，成为重要课题。

自国务院正式印发《促进大数据发展行动纲要》等重要政策文件伊始，国家层面大力推动大数据技术与传统领域的融合。近年来，以大数据、人工智能为代表的新一代 IT 技术逐步应用到了气象数据分析中，使预报更加精细化、精准化。

【拓展案例】

1. 需求说明

在 weather.csv 文件中，存储了 2023 年 12 月 26 日我国若干城市的天气情况（包括城市、温度范围、风力）。现要求使用 Spark RDD 技术完成以下指标的分析：

(1) 当日最低温度出现在哪个城市。

(2) 最高气温排名 Top3。

(3) 温差最大的城市 Top3。

(4) 刮东北风的城市数量。

(5) 所有城市的平均温度。

2. 实施思路

本案例的实施过程如下：

(1) 由 weather.csv 生成 RDD。

(2) 使用 map() 操作切割数据，转换成（城市，最低温度，最高温度，风力）样式的数据集。

(3) 使用 sortBy() 操作，根据最低温度进行排序，找出温度最低的城市。

(4) 根据最低、最高温度计算温差；应用 map 操作，将数据转换为（城市，温度差）形式。

(5) 使用 sortBy 操作，根据温差进行偏向，找出温差最大的城市 Top3。

(6) 使用 filter 过滤出刮东北风的城市，应用 count() 操作统计城市数量。

(7) 使用 map 操作，根据最低、最高气温计算每个城市的平均温度。

(8) 使用 reduce 操作，计算所有城市的平均温度。

3. 总结反思

(1) 在本案例的实施过程中，你遇到了哪些问题？你是如何解决这些问题的？

(2) 通过网络搜集大数据技术在极端天气应对、防灾减灾等领域的应用，并进行分享。

(3) 作为大数据技术的学习者，你认为大数据技术还可以给我们的生活带来哪些改变？

项 目 5

Spark SQL 处理健康监测数据

项目 5 简介

情境导入

健康医疗是广大群众关心的热点问题，也是关系到社会稳定、国家发展的重大课题。党的二十大报告明确提出，推进健康中国建设，把保障人民健康放在优先发展的战略位置，完善人民健康促进政策。这充分体现了中国共产党始终"以人民为中心"的情怀与担当。

近年来，大数据、人工智能为代表的新一代 IT 技术在医疗健康等领域频频发力，为临床决策、疾病风险预警、慢性病管理、新药品研发等提供了强有力的支持。慢性肾病是一种常见的慢性病，目前我国需要接受血液透析治疗的患者超过百万，血液透析是指通过外置机器清洗、去除血液中有毒有害物质及多余的水分等。血液透析治疗是提升生命质量的有效手段，但面临费用高昂等问题，为家庭、国家医保带来较为沉重的经济负担。现有一组透析治疗患者的健康监测数据 (如表 5-1 所示)，要求针对性开展数据分析，为病患管理和健康监控提供信息支持。

表 5-1　患者的健康监测数据 (示例)

编号	年龄	透析龄	性别	身高 /cm	体重 /kg	透析前体重 /kg	血压 /mmHg	基础病
1	72	18	男	172	55.5	59.9	104/64	慢性肾小球肾炎
2	45	3	女	155	49.8	51.2	142/83	糖尿病肾病
3	61	3	男	160	63.5	65.7	115/85	
4	52	10	男	158	66.5	70.8	124/86	慢性肾小球肾炎
5	45	6	女	165	40.5	44.2	141/90	多囊肾

观察提供的数据可知，数据集有明显的行列特征，类似于数据库中的二维表格。为此，可以借助 Spark SQL 模块开展分析。Spark SQL 是 Spark 生态中用于处理结构化数据 (Structured Data) 的一个模块，借助 API 或 SQL 语句，开发人员可以轻松地完成数据分析工作。

项目分解

【PPT：项目 5
Spark SQL
处理健康
监测数据 】

根据 Spark SQL 数据分析流程及业务需求，将本项目分解为 5 个任务。项目分解说明如表

5-2 所示。

表 5-2　项目分解说明

序号	任 务	任 务 说 明
1	初识 Spark SQL 及其数据抽象	了解 Spark SQL 的基本原理，认识新的数据结构 DataFrame、DataSet，在 Spark Shell 下查看血透病患的健康监测数据
2	查看健康监测数据	在 IDEA 环境下，根据血液透析患者的健康监测数据集，创建 DataFrame，并打印相关信息
3	使用 DSL 方式分析健康监测数据	IDEA 环境下，使用 DataFrame 的相关操作分析以下指标：① 透析 10 年以上患者的信息；② 分组统计各基础疾病患者的数量；③ 该组数据中，血压偏高者的占比
4	使用 SQL 方式分析健康监测数据	IDEA 环境下，使用 SQL 语句方式分析以下指标：① 打印年龄在 70 岁（含）以上且有"慢性肾小球炎"基础病的患者信息；② 该组数据中，BMI 偏高（肥胖）和 BMI 偏低（消瘦）人员的数量
5	将 DataFrame 数据写入 MySQL	抽取"慢性肾小球炎"患者的部分数据，并写入 MySQL 数据库表中

🔬 学习目标

(1) 了解 Spark SQL 的数据结构 DataFrame/Dataset，能够根据各种数据源创建 DataFrame；

(2) 熟悉 DataFrame 的常见操作方法，能够使用这些方法完成基本的数据处理与分析；

(3) 熟悉 DataFrame 临时视图的创建方法，能够结合 SQL 语句、UDF 完成数据处理与分析；

(4) 熟悉 Spark SQL 连接 MySQL 数据库的流程，能够在 Spark SQL 中读写 MySQL 表数据。

初识
Spark SQL
及其数据抽象

任务 5.1　初识 Spark SQL 及其数据抽象

📋 任务分析

大数据处理中经常涉及结构化数据（如 CSV 数据、JSON 数据、关系型数据库表、Hive 分布式数据等）的处理问题，Spark SQL 是 Spark 体系中处理结构化数据的有力工具。本任务将带领读者初步认识 Spark SQL，了解其演化历程及 3 种不同数据抽象的区别，并体验 Spark SQL 的用法。本任务的工作内容及相关知识点如表 5-3 所示。

表 5-3　工作内容及相关知识点

工 作 内 容	相关知识点
Spark Shell 下使用列表存储患者数据，进而生成 RDD	makeRDD
根据 RDD 创建包含患者信息的 DataFrame	createDataFrame/toDF
根据患者数据创建 Dataset	createDataset
比较 RDD、DataFrame、Dataset 的区别	

任务实施完毕后，程序运行结果如图 5-1 所示。

```
scala> ds.show()
+----+------+---+--------------+
|name|gender|age|       disease|
+----+------+---+--------------+
| Tom|    男| 47|慢性肾小球肾炎|
| Bob|    男| 52|    糖尿病肾病|
+----+------+---+--------------+
```

图 5-1　程序运行结果

知识储备

5.1.1　Spark SQL 的产生

在早期的 Hadoop 生态体系中，数据处理主要依赖 MapReduce，但 MapReduce 学习成本较高，需要较多的 Java 编程知识。后续产生了 Hive 分布式数据仓库，它允许用户使用类似于 SQL 的语法 (HQL) 处理结构化数据，极大地降低了使用门槛。Hive 与 Hadoop 高度集成，将 HQL 语言自动转换成 MapReduce 操作，可使用 YARN 完成资源调度，最终完成结构化数据的处理任务。因其便捷性，Hive 逐渐流行起来，成为搭建分布式数据仓库的主流方案之一。但是 Hive 也有致命的缺陷，其底层基于 MapReduce(HQL 最终转换为 MapReduce 操作)，而 MapReduce 的 Shuffle 需要大量的磁盘 I/O，因此导致 Hive 的性能低下，复杂的操作可能需要运行数个小时，甚至更长时间。

为此，伯克利实验室开发了基于 Hive 的结构化数据处理组件 Shark(Spark SQL 的前身)。Shark 是 Spark 上的数据仓库，最初设计成与 Hive 兼容；Shark 重用了 Hive 中的 HiveQL 解析、执行计划翻译、执行计划优化等逻辑，但在执行层面将 MapReduce 作业替换成了 Spark 作业 (把 HiveQL 翻译成 Spark 上的 RDD 操作)。因此与 Hive 相比，因其使用了基于内存的 Spark 计算模型，性能得到了极大提升。

但 Shark 的上述设计也导致了两个问题：一是执行计划优化完全依赖于 Hive，对其性能的进一步提升造成了约束；二是 Spark 是线程级并行，而 MapReduce 是进程级并行，Spark 在兼容 Hive 的实现上存在线程安全问题。此外，Shark 继承了大量的 Hive 代码，因此后续优化、维护较为麻烦，特别是基于 MapReduce 设计的部分，成为整个项目的瓶颈。因此，2014 年终止了 Shark 项目，并转向 Spark SQL 的开发。

早期，Spark SQL 使用 SchemaRDD(即带有 Schema 模式信息的 RDD) 作为数据结构。Spark 版本升级到 1.3 以后，Spark SQL 中的 SchemaRDD 改为 DataFrame。Spark SQL 支持 JSON、Parquet、HDFS、Hive、MySQL 等多种数据源 (如图 5-2 所示)，部分商业智能工具 (如 PowerBI、Tableau 等) 也可以接入 Spark，借助 Spark 的强大计算能力完成大规模数据的处理。在 Spark SQL 之前，Spark 数据处理主要依靠 RDD 的各类行动操作、转换操作完成；而 Spark SQL 使用的 DataFrame 支持类似 SQL 语句的操作，进一步降低了学习的门槛，提升了结构化数据处理效率。

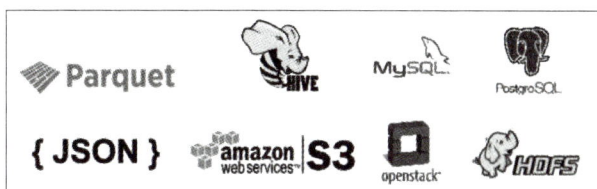

图 5-2　Spark SQL 支持的部分数据格式 (数据源)

5.1.2 Spark SQL 的数据抽象

在 Spark Core 中，RDD 是其核心数据抽象（数据结构）；而在 Spark SQL 中，提供了 DataFrame 和 Dataset 两种数据抽象。

1. DataFrame

DataFrame 借助 Schema（模式信息）将数据组织到一个二维表格中（类似于关系型数据库的表）。基于 RDD 进行数据分析时，因为 RDD 的不可修改性，为了得到最终结果，需要进行若干次转换以及生成若干新 RDD；而用 DataFrame 进行分析时，一条 SQL 语句也可能包含多次转换，但转换操作在其内部发生，并不会频繁产生新 RDD，从而获得更高的计算性能。

DataFrame 与 RDD 的主要区别在于，前者带有 Schema，即 DataFrame 所表示的二维表数据集的每一列都带有名称和数据类型。假设有 Person 数据，它包含若干人员的 name、age 两项信息，若用 RDD 进行处理，则需要定义一个 Person 类，将用户数据封装到 Person 类型对象中，RDD 的每一个元素都是 Person 类型，而 Spark 并不清楚其内部结构。如果要把 name、age 数据存放到 DataFrame 中，则每一个元素都会被封装为 Row 类型，DataFrame 提供了详细的结构信息，Spark SQL 可以清楚地知道该数据集中包含多少列、每列的名称和数据类型（如图 5-3 所示）。正因如此，使 Spark SQL 得以洞察更多的结构信息，从而对数据源以及数据转换操作进行针对性的优化，最终大幅提升运行效率；而 RDD 由于无法得知其元素的具体内部结构，Spark Core 只能在 Stage 层面进行简单、通用的流水线优化。

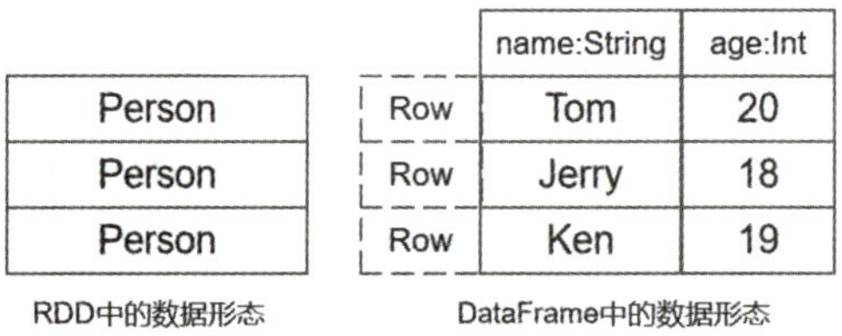

		name:String	age:Int
Person	Row	Tom	20
Person	Row	Jerry	18
Person	Row	Ken	19
RDD中的数据形态		DataFrame中的数据形态	

图 5-3 RDD 与 DataFrame 数据形态差异

2. Dataset

Dataset 是 DataFrame API 的一个扩展。在 Spark 2.0 以后的版本中，将 DataFrame 整合到了 Dataset 中，即 DataFrame=Dataset[Row]，其中 Row 是 Spark 定义的一个类（与用户自定义的 Person、Car 等类一样）。DataFrame 所有的表结构信息都用 Row 来表示，因此 DataFrame 可以看作 Dataset 的特例。Dataset 是强类型的，可以有 Dataset[Person]、Dataset[Car] 等，而 DataFrame 的每一行数据则只能为 Row 类型。除此之外，DataFrame 只知道字段，不知道字段的类型，因此在程序编译阶段无法检测是否存在数据类型转换错误。例如，对一个 String 进行减法操作，在编译时不会报错，在执行时才会报错。而 Dataset 不仅知道字段，而且知道字段类型，因此有更严格的错误检查。

如图 5-4 所示，对于 Person 数据，可以自行创建一个 Person 样例类，即 case class Person(name:String,age:Int)，然后将每个人的数据封装为一个 Person 对象，最后放入 Dataset，即 Dataset 的每一行都是一个 Person 类实例。这种形式更加符合面向对象编程的思路，也更加贴合业务场景，便于处理业务中的数据关系。

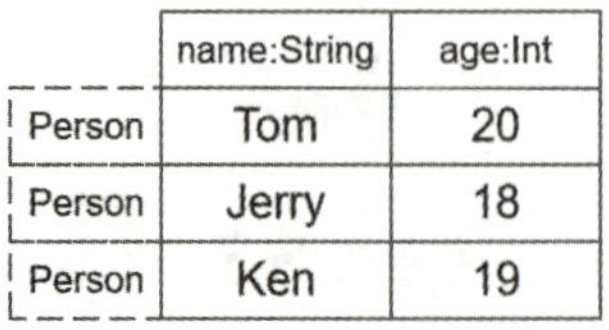

	name:String	age:Int
Person	Tom	20
Person	Jerry	18
Person	Ken	19

图 5-4 Dataset 中的数据形态

下面总结 RDD、DataFrame、Dataset 三种数据结构的区别：

(1) RDD 中，明确知道每个元素的具体类型，但不知道元素的具体属性，需要加以判别。

(2) DataFrame 中，每一个元素 (每一行) 均为 Row 类型，可以知道每个元素有多少列，每列的名称是什么，但不知道每列的数据类型。

(3) Dataset 集成了 RDD 和 DataFrame 的优点，可以明确知道每一个元素 (每一行) 的具体类型 (预先定义的类)，进而知道每列数据的名称，也知道其数据类型。

> 小贴士：在 Spark 2.X 版中，Dataset、DataFrame 的 API 方法已做了统一，极大地减轻了学习负担。三种数据抽象的差异，可以在实践中体会。

5.1.3　体验 Spark SQL 编程

在 Spark RDD 学习的过程中可知，SparkContext(sc) 是 RDD 开发的程序入口 (上下文环境)；而 Spark SQL 也有自己的入口 SparkSession。在启动 Spark Shell 时，系统已经创建了一个 SparkSession 对象 spark(如图 5-5 所示)，可以直接使用。

```
Spark context Web UI available at http://10.0.2.15:4040
Spark context available as 'sc' (master = local[*], app id = local-1705137000137).
Spark session available as 'spark'. 已经创建的SparkSession对象
Welcome to
      ____              __
     / __/__  ___ _____/ /__
    _\ \/ _ \/ _ `/ __/  '_/
   /___/ .__/\_,_/_/ /_/\_\   version 3.4.2
      /_/

Using Scala version 2.12.17 (Java HotSpot(TM) 64-Bit Server VM, Java 1.8.0_221)
Type in expressions to have them evaluated.
Type :help for more information.

scala> spark      在代码中直接使用
res0: org.apache.spark.sql.SparkSession = org.apache.spark.sql.SparkSession@196bc2c1
```

图 5-5　创建好的 SparkSession 对象

SparkSession 提供了 createDataFrame 方法，它可以将内存中的有序集合构造成 DataFrame。在此过程中，可以使用 Spark 的类型推断机制来确定 DataFrame 每列的数据类型。相关示例如下：

```
scala> val data=List(("Tom","male",20),("Jerry","male",18),("Arry","female",21))   // 定义一个列表
data: List[(String, String, Int)] = List((Tom,male,20), (Jerry,male,18), (Arry,female,21))

scala> val df=spark.createDataFrame(data)                            // 根据 data 生成 DataFrame
df: org.apache.spark.sql.DataFrame = [_1: string, _2: string ... 1 more field]

scala> df.show()                                                    // 显示 DataFrame 中的数据
+-----+------+---+
|   _1|    _2| _3|
+-----+------+---+
|  Tom|  male| 20|
|Jerry|  male| 18|
| Arry|female| 21|
+-----+------+---+
```

上述代码中，列表 data 的元素为元组，元组内存储了人员的姓名、性别和年龄信息。接下来调用 createDataFrame 方法，将 data 构造为一个 DataFrame，在此过程中，Spark 的类型推断机制确定了各列的数据类型。最后调用 DataFrame 的 show 方法，来显示内部 DataFrame 的结构及数据。此时可以发现，生成的 df 列名称默认为 _1、_2、_3。为此，可以继续使用 toDF 方法修改各列的名称，代码如下：

```scala
scala> val df=spark.createDataFrame(data).toDF("name","gender","age")   // 创建 DataFrame，并为各列命名
df: org.apache.spark.sql.DataFrame = [name: string, gender: string ... 1 more field]

scala> df.show(2)                                                       // 显示 df 的前两行
+-----+------+---+
| name|gender|age|
+-----+------+---+
|  Tom|  male| 20|
|Jerry|  male| 18|
+-----+------+---+
```

show 方法默认显示 20 行，可以通过指定参数来限定显示的行数。例如，df.show(2) 表示显示 df 的前两行。

任务实施

【源代码：5.1
任务实施代码】

本任务的实施思路与过程如下：

(1) 进入 Spark Shell，用 List 保存患者的部分数据，生成 RDD 并查看。相关代码如下：

```scala
scala> val data=List(("Tom"," 男 ",47," 慢性肾小球肾炎 "),("Bob"," 男 ",52," 糖尿病肾病 "),("Ken"," 男 ",50," 慢性肾小球肾炎 "))
scala> val rdd=sc.makeRDD(data)          // 通过 sc 创建 RDD
rdd: org.apache.spark.rdd.RDD[(String, String, Int, String)] = ParallelCollectionRDD[1] at makeRDD at <console>:29

scala> rdd.collect()                     // 观察 rdd 的数据元素
res14: Array[(String, String, Int, String)] = Array((Tom, 男 ,47, 慢性肾小球肾炎 ), (Bob, 男 ,52, 糖尿病肾病 ), (Ken, 男 ,50, 慢性肾小球肾炎 ))
```

(2) 借助 spark 对象，使用 createDataFrame 方法创建 DataFrame，进而查看其中的数据。相关代码如下：

```scala
scala> val df=spark.createDataFrame(data).toDF("name","gender","age","disease")   // 创建 DataFrame
df: org.apache.spark.sql.DataFrame = [name: string, gender: string ... 2 more fields]

scala> df.first          // 查看 df 中的第一个元素，其类型为 Row 对象
res0: org.apache.spark.sql.Row = [Tom, 男 ,47, 慢性肾小球肾炎 ]

scala> df.show()         // 查看 df 中的所有数据
```

```
+----+------+---+--------------+
|name|gender|age|       disease|
+----+------+---+--------------+
| Tom|  男  | 47| 慢性肾小球肾炎 |
| Bob|  男  | 52| 糖尿病肾病    |
| Ken|  男  | 50| 慢性肾小球肾炎 |
+----+------+---+--------------+
```

(3) 根据病患数据创建 Dataset，并查看其中的数据。相关代码如下：

```scala
// 定义样例类 Patient，用于保存数据
scala> case class Patient(name:String,gender:String,age:Int,disease:String)

// 列表 data 中保存若干 Patient 对象
scala> val data=List(new Patient("Tom"," 男 ",47," 慢性肾小球肾炎 "),new Patient("Bob"," 男 ",52," 糖尿病肾病 "))

// 基于 data，生成 Dataset
scala> val ds=spark.createDataset(data)
ds: org.apache.spark.sql.Dataset[Patient] = [name: string, gender: string ... 2 more fields]

scala> ds.first()         // 查看 ds 的第一个元素
res3: Patient = Patient(Tom, 男 ,47, 慢性肾小球肾炎 )

scala> ds.show()          // 查看 Dataset 中的数据
+----+------+---+--------------+
|name|gender|age|       disease|
+----+------+---+--------------+
| Tom|  男  | 47| 慢性肾小球肾炎 |
| Bob|  男  | 52| 糖尿病肾病    |
+----+------+---+--------------+
```

观察以上输出可以发现，DataFrame 和 Dataset 中的数据具有行列特征，类似于数据库中的二维表，这样为后续的数据分析提供了极大便利。同时也可以发现，RDD、DataFrame、Dataset 这 3 种不同的数据结构，它们存储的数据形态各不相同。在上述代码中，RDD 的元素为元组 (String, String, Int, String)，DataFrame 的元素为 Row 对象，而 Dataset 的元素为自定义的 Patient 对象。

任务 5.2　查看健康监测数据

查看健康监测数据

任务分析

要想借助 Spark SQL 模块开展数据分析，首先需要有 DataFrame。本任务要求在 IDEA 环

境下，根据血液透析患者的健康监测数据集 healthdata.csv，创建 DataFrame，进而填充基础病字段 (列) 的缺失值，并打印前 5 行数据。本任务的工作内容及相关知识点如表 5-4 所示。

表 5-4 工作内容及相关知识点

工 作 内 容	相关知识点
修改 porm.xml，创建 Scala 程序文件	porm.xml
初始化 Spark SQL 环境，构建 Spark SQL 入口	SparkSession
读取血液透析患者健康监测数据 healthdata.csv，生成 DataFrame	read
打印 DataFrame 的结构 (模式)，了解 DataFrame 包含的列及其数据类型	printSchema
对于基础病 (underling) 列的缺失值，将其填充为 "慢性肾小球肾炎"	na、fill
打印 DataFrame 中的前 5 行数据	show

任务实施完毕后，程序运行结果如图 5-6 所示。

```
*****************************打印DataFrame的前5行信息*****************************
+---+---+--------+------+------+------+-----------+-------------+--------------+
| id|age|duration|gender|height|weight|grossweight|bloodpressure|     underling|
+---+---+--------+------+------+------+-----------+-------------+--------------+
|  1| 72|      18|    男|   172|  55.5|       59.9|       104/64|慢性肾小球肾炎|
|  2| 45|       3|    女|   155|  49.8|       51.2|       142/83|      糖尿病肾病|
|  3| 61|       3|    男|   160|  63.5|       65.7|       115/85|慢性肾小球肾炎|
|  4| 52|      10|    男|   158|  66.5|       70.8|       124/86|慢性肾小球肾炎|
|  5| 45|       6|    女|   165|  40.5|       44.2|       141/90|        多囊肾|
+---+---+--------+------+------+------+-----------+-------------+--------------+
```

图 5-6 程序运行结果

知识储备

5.2.1 由数据文件创建 DataFrame

通过 createDataFrame 方法创建 DataFrame 通常应用于小规模实验 (学习)，而实际业务中很多数据是存储在 JSON、CSV、Parquet 等文件中的。为此，Spark SQL 提供了 read 方法，可以读取这些文件，并生成 DataFrame。

1. 读取 JSON 创建 DataFrame

JSON 是互联网领域常见轻量级的数据交换格式，JSON 文件易于阅读和编写，并且可以在多种语言之间进行数据交换，它使用键值对来存储数据。现有一个文件 student.json 记录了学生的姓名、性别、年龄、成绩等信息，其内容如下：

```
{"name":"Tom","gender":"male","age":20,"score":90}
{"name":"Jerry","gender":"male","age":18,"score":86}
{"name":"Petter","gender":"male","age":22,"score":70}
{"name":"Arry","gender":"female","age":21,"score":92}
{"name":"Lisa","gender":"female","age":19,"score":95}
{"name":"Bob","gender":"male","age":18,"score":78}
{"name":"Alis","gender":"female","age":20,"score":82}
```

Spark SQL 中，可以使用 spark.read.json(" 文件路径 ") 或 spark.read.format("json").load(" 文件路径 ") 形式读取 JSON 文件，生成 DataFrame。演示代码如下：

```
scala> val path="file:///home/hadoop/data/student.json"        // 文件路径
scala> val student=spark.read.json(path)                        // 生成 DataFrame
student: org.apache.spark.sql.DataFrame = [20: bigint, age: bigint ... 3 more fields]


scala> val student=spark.read.format("json").load(path)        // 与上一行代码等效
student: org.apache.spark.sql.DataFrame = [20: bigint, age: bigint ... 3 more fields]


scala> student.show()                                          // 显示 student 中的数据
+---+------+------+-----+
|age|gender|  name|score|
+---+------+------+-----+
| 20|  male|   Tom|   90|
| 18|  male| Jerry|   86|
| 22|  male|Petter|   70|
| 21|female|  Arry|   92|
| 19|female|  Lisa|   95|
| 18|  male|   Bob|   78|
| 20|female|  Alis|   82|
+---+------+------+-----+
```

需要注意的是，在上述代码生成的 DataFarmer 中，各列的前后顺序可能与原数据不一致。如果需要改变各列的前后顺序，可以使用以下代码：

```
scala> val schema="name String,gender String, age Int,score Int"    // 模式字符串
schema: String = name String,gender String, age Int,score Int


scala> val student=spark.read.schema(schema).json(path)        // 按照模式字符串确定列的顺序
student: org.apache.spark.sql.DataFrame = [name: string, gender: string ... 2 more fields]


scala> student.show()
+------+------+---+-----+
|  name|gender|age|score|
+------+------+---+-----+
|   Tom|  male| 20|   90|
| Jerry|  male| 18|   86|
|Petter|  male| 22|   70|
|  Arry|female| 21|   92|
|  Lisa|female| 19|   95|
|   Bob|  male| 18|   78|
|  Alis|female| 20|   82|
+------+------+---+-----+
```

2. 读取 CSV 文件创建 DataFrame

CSV 是以纯文本形式存储数据的文件，其数据之间通常用逗号分隔（也可以是其他字符），是数据交换和处理领域常见的格式。现有一个 CSV 文件 student.csv，记录了若干学生的信息，其内容如下：

```
name,gender,age,score
Tom,male,20,90
Jerry,male,18,86
Petter,male,22,70
Arry,female,21,92
Lisa,female,19,95
Bob,male,18,78
Alis,female,20,82
```

文件 student.csv 中，第一行是表头信息，表明本文件包含 name、age 等 4 个字段（列）。读取该文件生成 DataFrame 的代码如下：

```
scala> val path="file:///home/hadoop/data/student.csv"                    //文件路径（读者根
                                                                            据自己的情况设定）
scala> val student=spark.read.option("header","true").option("sep",",").csv(path)   //读取 CSV 文件创建
                                                                            DataFrame
scala> val student=spark.read.format("csv").option("header",true).option("sep",",").load(path)   //与上一行等价
scala> student.show()
+------+------+---+-----+
| name|gender|age|score|
+------+------+---+-----+
|   Tom|  male| 20|   90|
| Jerry|  male| 18|   86|
|Petter|  male| 22|   70|
|  Arry|female| 21|   92|
|  Lisa|female| 19|   95|
|   Bob|  male| 18|   78|
|  Alis|female| 20|   82|
+------+------+---+-----+
```

上述代码中，option("header","true") 表示 CSV 文件的第一行作为 DataFrame 的列名称，option("sep",",") 表示 CSV 文件中数据之间用逗号 "," 分隔。

> **小贴士：** 当读取由其他符号（如"Tab"键、分号等）分隔的文本型文件时，也可以用 spark.read 方式，只需修改 option("sep",sepStr) 中的分隔符 sepStr 即可。

3. 读取 Parquet 文件创建 DataFrame

Parquet 是 Hadoop 生态下一种流行的列式存储格式，它可以高效地存储具有嵌套字段的记录。Parquet 是与语言无关的，而且不与任何一种数据处理框架绑定在一起，适配多种语言和组件，无论是 Hive、Impala、Pig 等查询引擎，还是 MapReduce、Spark 等计算框架，均可以与

Parquet 密切配合，从而完成数据处理任务。

Spark 加载数据和输出数据支持的默认格式为 Parquet，Spark 为用户提供了 Parquet 文件样例 (位于 Spark 安装目录 /examples/src/main/resources/users.parquet 下)。Parquet 文件是不可以人工直接阅读的，如果用 gedit 打开或者 cat 查看文件内容，均显示为乱码，只有被加载到程序中并解析，才能显示其中的数据。示例如下：

```
scala> val path="file:///usr/local/spark//examples/src/main/resources/users.parquet"
scala> val df=spark.read.parquet(path)          // 读取 Parquet 文件，生成 DataFrame
df: org.apache.spark.sql.DataFrame = [name: string, favorite_color: string ... 1 more field]

scala> df.show()                                // 可正确显示 Parquet 文件内容
+------+---------------+----------------+
| name|favorite_color|favorite_numbers|
+------+---------------+----------------+
|Alyssa|          null|    [3, 9, 15, 20]|
|  Ben|           red|              []|
+------+---------------+----------------+
```

5.2.2 查看 DataFrame 中的数据

Spark DataFrame 类派生于 RDD 类，因此与 RDD 类似，DataFrame 的操作也分为转换操作和行动操作，同时 DataFrame 也具有惰性操作特点 (只有提交行动操作时才真正执行计算)。RDD 经常用 take、collect、first 等行动操作查看数据，DataFrame 同样提供了若干类似的行动操作方法。其常用的行动操作方法如表 5-5 所示。

表 5-5 DataFrame 常用的行动操作方法

方法名称	方 法 说 明
printSchema	打印 DataFrame 的数据模式
show(N)	显示 DataFrame 中的数据前 N 行，默认 N=20
first/head	显示 DataFrame 的第一个元素 (第一行)，返回 Row 对象
take / takeAsList	获取 DataFrame 的若干行数据，两个函数返回值类型不同
collect / collectAsList	获取 DataFrame 的所有数据，两个函数返回值类型不同

针对前面生成的 student 数据集，使用表 5-5 中的方法获取 (查看) 数据，代码如下：

```
scala> student.printSchema()          // 打印 DataFrame 的模式 ( 结构 )
root
 |-- name: string (nullable = true)
 |-- gender: string (nullable = true)
 |-- age: integer (nullable = true)
 |-- score: integer (nullable = true)

scala> student.show(2)                // 打印两行
+------+------+---+-----+
| name|gender|age|score|
```

```
+-----+------+---+-----+
| Tom| male| 20|  90|
|Jerry| male| 18|  86|
+-----+------+---+-----+
only showing top 2 rows
scala> student.first()                    // 返回第一行，等同于 student.head()
res39: org.apache.spark.sql.Row = [Tom,male,20,90]

scala> student.take(2)                     // 获取两行，返回 Array
res40: Array[org.apache.spark.sql.Row] = Array([Tom,male,20,90], [Jerry,male,18,86])

scala> student.collect()                   // 获取所有行，返回 Array
res42: Array[org.apache.spark.sql.Row] = Array([Tom,male,20,90], [Jerry,male,18,86], [Petter,male,22,70],
[Arry,female,21,92], [Lisa,female,19,95], [Bob,male,18,78], [Alis,female,20,82])
```

此外，Spark 还提供了 limit 方法，用于截取 DataFrame 的前 N 行。与 take 方法不同，limit 方法不是行动操作，其返回值类型为 Dataset。其用法示例如下：

```
scala> val studentDF=student.limit(3)     // 截取 student 的前 3 行，返回 DataFrame
studentDF: org.apache.spark.sql.Dataset[org.apache.spark.sql.Row] = [name: string, gender: string ... 2 more fields]

scala> studentDF.show()
+------+--------+---+-----+
| name| gender|age|score|
+------+--------+---+-----+
| Tom|    male| 20|  90|
| Jerry|   male| 18|  86|
| Petter|   male| 22|  70|
+------+--------+---+-----+
```

5.2.3 重复值、缺失值的处理方法

在实际业务中，原始数据可能存在重复、缺失、异常等情况，在数据分析之前要予以清洗，从而保证后续数据分析的质量。Spark SQL 中，经常用 na 方法处置空值，其返回值类型为 DataFrameNaFunctions；而 DataFrameNaFunctions 有 drop、fill 等方法处理缺失值。

为了演示 na 的相关用法，创建 JSON 文件 student2.json。该文件用于保存某些学生的姓名、性别、年龄、成绩等信息，其内容如下（注意：第 2 行与第 3 行重复，第 4 行缺失性别信息，第 5 行缺失成绩信息）：

```
{"name":"Tom","gender":"male","age":20,"score":90}
{"name":"Jerry","gender":"male","age":18,"score":86}
{"name":"Jerry","gender":"male","age":18,"score":86}
{"name":"Petter","age":22,"score":70}
{"name":"Arry","gender":"female","age":21}
```

1. drop 方法

drop 方法用于删除含有空值的行，并返回一个新的 DataFrame。其用法示例如下：

```
scala> val path="file:///home/hadoop/data/student2.json"
scala> val studentDF2=spark.read.json(path)
scala> studentDF2.show()                              // 显示所有数据 (5 行)，第 4 行和第 5 行有空值 null
+---+------+------+-----+
|age|gender|  name|score|
+---+------+------+-----+
| 20|  male|   Tom|   90|
| 18|  male| Jerry|   86|
| 18|  male| Jerry|   86|
| 22|  null|Petter|   70|
| 21|female|  Arry| null|
+---+------+------+-----+


scala> studentDF2.na.drop().show()                    // 去掉含有空值的行，剩余 3 行
+---+------+-----+-----+
|age|gender| name|score|
+---+------+-----+-----+
| 20|  male|  Tom|   90|
| 18|  male|Jerry|   86|
| 18|  male|Jerry|   86|
+---+------+-----+-----+
```

drop() 方法可以附带参数来指定某些列，如果这些列对应的值缺失，则删除整行数据。其用法示例如下：

```
scala> studentDF2.na.drop(Array("gender","score")).show()    // 删除 gender 和 score 字段为空的行
+---+------+-----+-----+
|age|gender| name|score|
+---+------+-----+-----+
| 20|  male|  Tom|   90|
| 18|  male|Jerry|   86|
| 18|  male|Jerry|   86|
+---+------+-----+-----+
```

2. fill 方法

fill 方法可以用特定的值来填充空值。例如，将性别 gender 为空的值填充为 male，将成绩 score 为空的值填充为 0，其代码如下：

```
scala> studentDF2.na.fill(Map(("gender","male"),("score",0))).show()    // gender 填充为 male, score 填充为 0
+---+------+------+-----+
|age|gender|  name|score|
+---+------+------+-----+
| 20|  male|   Tom|   90|
| 18|  male| Jerry|   86|
| 18|  male| Jerry|   86|
| 22|  male|Petter|   70|
| 21|female|  Arry|    0|
+---+------+------+-----+
```

3. distinct 方法

distinct 方法用于删除 DataFrame 中的重复行。例如，studentDF2 中的第 2 行和第 3 行重复，可以采用下面的代码删除重复行：

```
scala> studentDF2.distinct().show()
+---+------+------+-----+
|age|gender|  name|score|
+---+------+------+-----+
| 20|  male|   Tom|   90|
| 21|female|  Arry| null|
| 18|  male| Jerry|   86|
| 22|  null|Petter|   70|
+---+------+------+-----+
```

4. dropDuplicates 方法

distinct 是删除完全相同的重复行，而 dropDuplicates 可以根据指定的字段进行去重。例如，根据 gender 列进行去重，最终 male、female、null 各保留一名学生，其代码如下：

```
scala> studentDF2.dropDuplicates("gender").show()
+---+------+------+-----+
|age|gender|  name|score|
+---+------+------+-----+
| 22|  null|Petter|   70|
| 21|female|  Arry| null|
| 20|  male|   Tom|   90|
+---+------+------+-----+
```

5.2.4 将 DataFrame 数据保存到文件中

Spark SQL 能够通过读取各种文件来生成 DataFrame，同样 DataFrame 也可以输出到 Parquet、JSON、CSV 等文件中。下面的代码演示了如何将 DataFrame 保存到文件中：

```
scala> val path="file:///home/hadoop/data/dataframe_output"
scala> student.write.format("parquet").save(path+"/parquet")          // 保存到 Parquet 文件中
scala> student.write.format("json").save(path+"/json")                // 保存到 JSON 文件中
scala> student.write.option("header","true").format("csv").save(path+"/csv")   // 保存到 CSV 文件中
```

由上述代码可知，在 format() 中写入 parquet、json 和 csv 等字符串参数，即可保存为相应类型的文件。在保存为 CSV 文件时，也可以附带 option 选项。例如，option("header","true") 表示 CSV 文件的第一行为标题 (表头)。

任务实施

本任务的实施思路与过程如下：

(1) 在 IDEA 中编写 Spark SQL 程序，需修改 porm.xml 并添加相关依赖。在 porm.xml 文件的 <dependencies> 和 </dependencies> 标签内，添加如下内容，并下载相关包 (具体方法参照本书项目 4)：

【源代码：
HealthAnalysis.
scala】

```
<dependency>
   <groupId>org.apache.spark</groupId>
   <artifactId>spark-sql_2.12</artifactId>
   <version>3.4.2</version>
</dependency>
```

(2) 在 IDEA 中，创建 Scala 程序 HealthAnalysis.scala，并创建 SparkSession 对象。相关代码如下：

```
import org.apache.spark.sql.SparkSession
object HealthAnalysis {
 def main(args: Array[String]): Unit = {
   // 创建 SparkSession 对象 spark，作为程序入口
   val spark=SparkSession.builder().master("local[*]")
     .appName("HealthDataAnalysis").getOrCreate()
   spark.sparkContext.setLogLevel("WARN")
     import spark.implicits._          // 导入隐式转换，为后续分析做准备
   // 此处继续添加代码
   spark.stop()                        // 运行结束后，关闭 spark 对象
 }
}
```

(3) 使用 read 方法，由数据文件创建 DataFrame，并打印其 Schema 信息。相关代码如下：

```
val path="file:///home/hadoop/data/healthdata.csv"
val healthDF=spark.read.option("header","true").csv(path)          // 读取 CSV，创建 DataFrame
healthDF.printSchema()
```

(4) 使用 na 方法找出基础病 (underling) 列的缺失值，然后借助 fill 方法将缺失值填充为慢性肾小球肾炎。相关代码如下：

```
val health=healthDF.na.fill(Map(("underling"," 慢性肾小球肾炎 ")))
```

(5) 调用 show 方法，显示 DataFrame 中的前 5 行。相关代码如下：

```
println("*"*30+" 打印 DataFrame 的前 5 行信息 "+"*"*30)
health.show(5)
```

任务 5.3　使用 DSL 方式分析健康监测数据

任务分析

Spark SQL 进行数据分析，包含 DSL(Domain Specific Language，领域专用语言) 和 SQL 两种语法风格。其中，DSL 方式提供了上百个方法 (类似于 RDD 中的操作和算子)，允许开发者调用这些方法来完成数据的处理。DSL 风格更符合面向对象编程的思想，可以避免不熟悉 SQL 语法带来的麻烦。

本任务要求针对血液透析患者的健康监测数据，使用 DataFrame 常见方法 (算子) 分析以

使用 DSL
方式分析健康
监测数据

下指标：① 查找透析 10 年以上患者的信息；② 分组统计各基础疾病患者的数量；③ 计算该组患者中，血压偏高者的占比。本任务的工作内容及相关知识点如表 5-6 所示。

表 5-6 工作内容及相关知识点

工 作 内 容	相关知识点
针对基础病 (underling) 开展分组统计，计算各类病人的数量	groupBy、count
根据透析龄 (duration) 过滤出透析 10 年以上的患者，并打印相关信息	filter、where
将血压 (bloodpressure) 按照斜杠分成两列 (upper 高压、lower 低压)	withColumn
过滤出高血压患者 (upper 大于 140 或 lower 大于 90)	filter、where
计算高血压患者的占比，并打印输出相关信息	count

任务实施完毕后，程序运行的部分结果如图 5-7 所示。

```
----------------透析10年以上的患者(重点监测)----------------
编号：【1】，年龄：72 岁，透析龄：18 年，基础病：慢性肾小球肾炎
编号：【4】，年龄：52 岁，透析龄：10 年，基础病：慢性肾小球肾炎
编号：【7】，年龄：61 岁，透析龄：13 年，基础病：慢性肾小球肾炎
编号：【25】，年龄：63 岁，透析龄：10 年，基础病：免疫性肾病
编号：【26】，年龄：76 岁，透析龄：10 年，基础病：高血压肾病
编号：【31】，年龄：56 岁，透析龄：13 年，基础病：慢性肾小球肾炎
编号：【48】，年龄：51 岁，透析龄：17 年，基础病：慢性肾小球肾炎
----------------------------------------------------------

53 名患者中，高血压患者有【31】人，占比为【58.49%】
```

图 5-7 程序运行的部分结果

知识储备

5.3.1 数据的查询与筛选

1. 查询与筛选特定的列

在数据分析过程中，若仅需要查询某些列，则可以借助 select、selectExp 等方法。DataFrame 的 select 方法，类似于 SQL 语言中 select，用于选择特定列生成新的数据集 Dataset。它有多种参数形式，可以使用 String 参数，也可以使用 Column 列参数。下面的代码中，使用前述的 student.json 文件生成数据集 studentDF，再利用 select 方法查询其中的姓名、年龄、成绩 3 列数据：

```
scala> val path="file:///home/hadoop/data/student.json"

scala> val studentDF=spark.read.json(path)

scala> studentDF.select("name","age","score").show(2)

+------+---+-----+
| name|age|score|
+------+---+-----+
|  Tom| 20|   90|
| Jerry| 18|   86|
+------+---+-----+
```

除了使用列名称字符串作为 select 方法的参数，还可以使用 Column 列参数，进而完成某些运算和产生新的列等，相关示例如下：

```
scala> studentDF.select(studentDF("name"),studentDF("score")).show(2)        // 查询 name 和 score 两列
+------+-----+
| name|score|
+------+-----+
|  Tom|   90|
|Jerry|   86|
+------+-----+

scala> studentDF.select(col("name"),col("age"),col("score")).show(2)         // 与上一行等价，使用 col() 表示列
scala> studentDF.select($"name",$"age",$"score").show(2)                      // 与上一行等价，使用 $ 表示列
scala> studentDF.select('name,'age,'score).show(2)                            // 与上一行等价，使用一个单引号

scala> studentDF.select($"name",$"score"+5 as "newScore").show(2)            // 成绩列加 5，重命名为 newScore
+------+----------+
| name|  newScore|
+------+----------+
|  Tom|        95|
|Jerry|        91|
+------+----------+
```

上述代码中，studentDF("name")、col("name")、$"name" 和 'name 均表示姓名列 (name 列)，其数据类型为 org.apache.spark.sql.Column。其中 $"name" 和 'name 是借助隐式转换来获取 name 列，在 IDEA 环境下需要导入隐式转换 (import spark.implicits._)，否则编译不通过。

当希望排除 DataFrame 中的某些列，从而获取剩余列时，可以使用 drop 方法。该方法将返回一个新的 DataFrame，且原 DataFrame 不变。其示例用法如下：

```
scala> studentDF.drop("age","gender").show(2)        // 去掉 age 和 gender 列，获取剩余的列
+------+-----+
| name|score|
+------+-----+
|  Tom|   90|
|Jerry|   86|
+------+-----+
```

2. 筛选特定的行

实际业务中，经常需要根据某些条件过滤出特定行。Spark SQL 提供了 where 与 filter 方法，它们都用于筛选出符合某条件的行，两者用法一致。where/filter 方法的参数可以为条件字符串 (conditionExpr: String)，即筛选出符合 conditionExpr 条件的数据，其返回值类型为 Dataset。其用法示例如下：

```
scala> studentDF.where("age>20").show()        // 筛选年龄大于 20 岁的学生信息
+---+------+------+-----+
|age|gender|  name|score|
+---+------+------+-----+
| 22|  male|Petter|   70|
| 21|female|  Arry|   92|
+---+------+------+-----+
```

where/filter 方法的参数也可以为 Column 表达式，其用法示例如下：

```
scala> studentDF.where(col("age")>20).show()                   // 筛选年龄大于 20 岁的学生信息
+---+-------+------+------+
|age| gender|  name| score|
+---+-------+------+------+
| 22|   male|Petter|    70|
| 21| female|  Arry|    92|
+---+-------+------+------+

scala> studentDF.where($"age">20 and $"score">90).show()   // 筛选年龄大于 20 岁且成绩大于 90 的学生信息
+---+-------+------+------+
|age| gender|  name| score|
+---+-------+------+------+
| 21| female|  Arry|    92|
+---+-------+------+------+
```

5.3.2　数据的排序

在输出查询结果之前，经常需要进行排序，从而获取前 N 行 (topN)。Spark SQL 提供了 orderBy 和 sort 方法，用于排序，二者用法一致。下面以 orderBy 为例讲解，其相关用法如下：

```
scala> studentDF.orderBy("score").show(3)                      // 按照 score 成绩排列（默认升序）
+---+------+------+-----+
|age|gender|  name|score|
+---+------+------+-----+
| 22|  male|Petter|   70|
| 18|  male|   Bob|   78|
| 20|female|  Alis|   82|
+---+------+------+-----+

scala> studentDF.orderBy(col("score").desc).show(3)           // 按照 score 列的值降序，排列
+---+------+------+-----+
|age|gender|  name|score|
+---+------+------+-----+
| 19|female|  Lisa|   95|
| 21|female|  Arry|   92|
| 20|  male|   Tom|   90|
+---+------+------+-----+

scala> studentDF.orderBy(($"age").asc,($"score").desc).show(3)   // 按照年龄升序且成绩降序排列
+---+------+------+-----+
|age|gender|  name|score|
+---+------+------+-----+
| 18|  male| Jerry|   86|
| 18|  male|   Bob|   78|
| 19|female|  Lisa|   95|
+---+------+------+-----+
```

5.3.3　DataFrame 的连接

join 操作用于连接两个 DataFrame，从而组成一个新的 DataFrame。下面创建两个

DataFrame(df1、df2)，使用内连接 join 操作的代码如下：

```scala
scala> val df1=spark.createDataFrame(List(("Tom",20),("Jerry",18),("Bob",19))).toDF("name","age")

scala> val df2=spark.createDataFrame(List(("Tom",176),("Jerry",182))).toDF("name","height")

scala> df1.join(df2,"name","inner").show()          //df1 与 df2 做 join 操作，以 name 为连接字段
+-----+---+------+
| name|age|height|
+-----+---+------+
|  Tom| 20|   176|
|Jerry| 18|   182|
+-----+---+------+
scala> df1.join(df2,df1("name")===df2("name")).show()      // 与上一行等价，注意用三个等号
```

上述代码中，df1.join(df2,"name","inner") 表示 df1 与 df2 以 name 为连接字段，执行内连接 (inner) 操作。DataFrame 的连接逻辑与数据库表的连接一致，join 方法的第 3 个参数为连接方式，也支持 left(左)、right(右) 和 full(全) 连接，只需替换相应字符串即可。

5.3.4　DataFrame 的交集、并集和差集

与 RDD 类似，DataFrame 也支持交集、并集和差集运算。其中，union 操作用于获取两个 DataFame 的并集，intersect 方法用于获取两个 DataFrame 的共有记录 (交集)，而 except 则返回两个 DataFrame 的差集。它们的相关用法如下：

```scala
scala> val df1=spark.createDataFrame(List(("Tom",20),("Jerry",18),("Bob",19))).toDF("name","age")

scala> val df2=spark.createDataFrame(List(("Tom",20),("Ben",19),("Ken",22))).toDF("name","age")

scala> df1.union(df2).show()          // df1 与 df2 的并集，不去重
+------+---+
| name|age|
+------+---+
|  Tom| 20|
|Jerry| 18|
|  Bob| 19|
|  Tom| 20|
|  Ben| 19|
|  Ken| 22|
+------+---+
scala> df1.intersect(df2).show()          // df1 与 df2 的交集
+----+---+
|name|age|
+----+---+
| Tom| 20|
+----+---+
```

5.3.5 聚合与分组统计

1. 聚合操作

在开展数据分析的过程中，经常用到各种聚合操作，比如求某列的和、平均值、最大值等。Spark SQL 支持的常见聚合操作如表 5-7 所示。

表 5-7 Spark SQL 支持的常见聚合操作

名称	含义	名称	含义
sum	求和	count	计数 (统计某数据的个数)
max	最大值	countDistinct	非重复值的计数
min	最小值	sumDistinct	非重复值的求和
avg	平均值	approx_count_distinct	非重复值的近似个数

聚合操作的用法示例如下：

```
scala> studentDF.select(sum("score").alias("totalScore"),avg("score").alias("avgScore")).show()
+----------+-----------------+
|totalScore|         avgScore|
+----------+-----------------+
|       593|84.71428571428571|
+----------+-----------------+
```

上述代码中，通过 sum("score") 求 score 的和 (即所有学生的总成绩)，alias("totalScore") 则表示将列名称改为 totalScore(类似于 SQL 语句的 as 关键字)。

2. 分组统计

在数据处理过程中，时常需要分组统计。groupBy 方法就是按照某个字段进行分组，其返回值类型为 RelationalGroupedDataset。groupBy 可以与 count、mean、max、min、sum 等聚合操作联合使用，从而完成各种分组统计任务。其用法示例如下：

```
scala> val groupstudent=studentDF.groupBy("gender")        // 根据性别 gender 分组
scala> groupstudent.max("score").show()                    // 每个组内的最高分
+------+----------+
|gender|max(score)|
+------+----------+
|female|        95|
|  male|        90|
+------+----------+
```

此外，groupBy 还可以与 agg 方法合用，实现多个统计值的同步输出。下面代码按照性别分组统计最高成绩和最低成绩：

```
scala> studentDF.groupBy("gender").agg(max("score"),min("score")).show()        // 分组统计成绩的最大和最小值
+------+----------+----------+
|gender|max(score)|min(score)|
+------+----------+----------+
|female|        95|        82|
|  male|        90|        70|
+------+----------+----------+
```

5.3.6   操作 DataFrame 中的列

withColumnRenamed 方法可以修改列的名称。例如，使用 withColumnRenamed 方法将列名称 gender 修改为 sex，其代码如下：

```
scala> studentDF.withColumnRenamed("gender","sex").show(2)
+---+----+-----+-----+
|age| sex| name|score|
+---+----+-----+-----+
| 20|male| Tom|   90|
| 18|male|Jerry|   86|
+---+----+-----+-----+
only showing top 2 rows
```

withColumn 方法可在当前 DataFrame 中增加一列。例如，使用 withColumn 方法增加一个新的列 (age+1)，其代码如下：

```
scala> studentDF.withColumn("age+1",$"age"+1).show(3)
+---+------+------+-----+-----+
|age|gender|  name|score|age+1|
+---+------+------+-----+-----+
| 20| male|   Tom|   90|   21|
| 18| male| Jerry|   86|   19|
| 22| male|Petter|   70|   23|
+---+------+------+-----+-----+
only showing top 3 rows
```

任务实施

【源代码：HealthAnalysis2.scala】

本任务的实施思路与过程如下：

(1) 在 IDEA 中，创建 Scala 程序文件 HealthAnalysis2.scala，生成 SparkSession 对象 spark，然后读取文件 healthdata.csv 并创建 DataFrame(命名为 healthDF)，为后续分析做好准备。相关代码如下：

```
import org.apache.spark.sql.SparkSession
import org.apache.spark.sql.functions.{split,count,col}

object HealthAnalysis2 {
  def main(args: Array[String]): Unit = {
    // 创建 SparkSession 对象 spark，作为程序入口
    val spark=SparkSession.builder.master("local[*]")
      .appName("HealthDataAnalysis").getOrCreate()
    spark.sparkContext.setLogLevel("WARN")
    import spark.implicits._   // 导入隐式转换
    val path="file:///home/hadoop/data/healthdata.csv"
    val healthDF=spark.read.option("header","true").csv(path)
    // 此处继续添加代码

  }
}
```

(2) 数据中的基础病 (underling) 有缺失，借助 fill 方法，将缺失值填充为慢性肾小球肾炎。相关代码如下：

```
val health=healthDF.na.fill(Map(("underling"," 慢性肾小球肾炎 ")))
```

(3) 组合使用 groupBy、agg、count 方法，分组统计出各种基础病的人数，借助 show 方法打印输出。相关代码如下：

```
val healthstat=health.groupBy("underling").agg(count("underling") as " 患者数 ")
println("------ 各类患者人数统计 ------")
healthstat.orderBy(col(" 患者数 ").desc).show()
```

(4) 通过 where/filter 查询出透析年数超过 10 年的患者 (重点关注类患者)，生成数据集 healthspecial。相关代码如下：

```
val healthspecial=health.where(col("duration")>= 10)
```

(5) healthspecial.collect() 将返回由数据集所有行组成的数组 Array[Row]，使用 for 循环，获取数字中的每个 Row，进而取得病人的详细信息并打印出来。相关代码如下：

```
println("--------------- 透析 10 年以上的患者 ( 重点监测 )---------------")
for(row <- healthspecial.collect()){        // 每个 "row" 均为 Row 对象，代表 healthspecial 中的一行
 val id=row.getString(0)              // 获取 Row 的第 1 个元素，即患者编号
 val age=row.getString(1)             // 获取 Row 的第 2 个元素，即患者年龄
 val duration=row.getString(2)        // 获取 Row 的第 3 个元素，即患者透析年龄
 val underling=row.getString(8)       // 获取 Row 的第 9 个元素，即患者的基础病
 println(s" 编号： 【$id】，年龄： $age 岁，透析龄： $duration 年，基础病： $underling")
}
```

(6) 针对原始数据中的 bloodpressure 列，借助 split 函数切割成两个列 (按照 "/" 切割)，命名为 upper 和 lower，分别代表血压高压 (收缩压)、血压低压 (舒张压)。借助 select 抽取 upper、lower 两列，组成一个新数据集 healthblood。相关代码如下：

```
val healthblood=health.withColumn("upper",split($"bloodpressure","/").getItem(0))
    .withColumn("lower",split($"bloodpressure","/").getItem(1))
    .select("upper","lower")
```

(7) 过滤出高血压的数据 (高压大于 140，低压大于 90)，然后求出高血压的人数，进而求出占比，最后格式化输出相关信息。相关代码如下：

```
// 过滤出高血压数据
val highblood=healthblood.where(col("upper")> 140  or col("lower")> 90 )
val num=highblood.count()
val total=health.count()
val rate= (num.toFloat / total) * 100
val ratestr=f"$rate%.2f"
println("-"*55)
println(s"$total 名患者中，高血压患者有【$num】人，占比为【$ratestr%】")
```

任务 5.4　使用 SQL 方式分析健康监测数据

使用 SQL 方式
分析健康监测数据

任务分析

除了 DSL 方式，Spark SQL 还提供了 SQL 语句方式处理数据。对于熟悉 SQL 语法的开发者而言，可进一步降低学习门槛。本任务学习编写 SQL 风格的程序，进而在 IDEA 环境下，开展以下查询分析：

(1) 打印年龄在 70 岁 (含) 以上且有慢性肾小球炎基础病的患者信息。

(2) BMI 是衡量人体营养状况的常用指标，其计算公式为 BMI= 体重 / 身高 ²，体重单位为千克，身高单位为米。通常，若 BMI 小于 18.5，则体重偏轻、消瘦；若 BMI 大于 25，则体重超标。求出该组数据中，BMI 偏高 (肥胖) 和 BMI 偏低 (消瘦) 人员的数量。

本任务的工作内容及相关知识点如表 5-8 所示。

表 5-8　工作内容及相关知识点

工 作 内 容	相关知识点
根据 healthdata.csv 创建 DataFrame，进而生成临时视图	read、createTempView 等方法
编写查询 70 岁 (含) 以上且有慢性肾小球肾炎的患者的 SQL 语句	SQL 语句
执行 SQL 语句，获取相关患者的信息，并显示	sql(sqlText:String) 方法
编写 BMI 分析的 SQL 语句	SQL 语句
执行 SQL 语句，统计肥胖和消瘦人员的数量，并打印相关信息	sql(sqlText:String) 方法

任务实施完毕后，程序运行结果如图 5-8 所示。

```
*****70岁以上的慢性肾小球肾炎患者*****
+----+----+------+---------------+
|编号|年龄|透析龄|         基础病|
+----+----+------+---------------+
|   1|  72|    18|  慢性肾小球肾炎|
|  11|  79|     1|  慢性肾小球肾炎|
|  19|  77|     6|  慢性肾小球肾炎|
|  28|  70|     4|  慢性肾小球肾炎|
|  29|  70|     2|  慢性肾小球肾炎|
|  39|  72|     3|  慢性肾小球肾炎|
+----+----+------+---------------+


***************************************
本组数据中，肥胖患者【10】人，消瘦患者【10】人。
***************************************
```

图 5-8　程序运行结果

✎ 📋 **知识储备**

5.4.1 创建临时视图

在数据库领域，执行 SQL 查询分析前需要创建表 (Table)。同样，要想使用 SQL 方式处理 DataFrame 数据，也需要将 DataFrame 对象注册为一个临时视图 (可以理解为虚拟表)。临时视图分为会话临时视图 (Temp View) 和全局临时视图 (Global Temp View) 两种。以前述任务中使用的 student.json 数据为例，创建临时视图的代码如下：

```
scala> val studentDF=spark.read.json(path)
studentDF: org.apache.spark.sql.DataFrame = [age: bigint, gender: string ... 2 more fields]


scala> studentDF.createTempView("student")                          // 创建会话临时视图
scala> studentDF.createOrReplaceTempView("student")                 // 创建或者替换临时视图
scala> studentDF.createGlobalTempView("student")                    // 创建全局临时视图
scala> studentDF.createOrReplaceGlobalTempView("student")           // 创建或者替换全局临时视图
```

在上述代码中，针对 studentDF，采用了 4 个不同的方法创建临时视图，并将临时视图命名为 student。

在创建临时视图的过程中，需要注意以下两点：

(1) 会话临时视图作用域仅限于当前会话，每个会话内的临时视图不能被其他会话所访问；而全局临时视图与当前 Spark 应用程序绑定，即其作用域为整个 Spark 应用程序，此视图在所有会话之间共享并保持活动状态。

(2) createTempView 和 createOrReplaceTempView 语句均可以创建会话临时视图，但二者亦有区别：前者创建视图时，如果该视图已经存在 (已经创建过)，则会抛出异常；后者创建视图时，如果视图已经存在，则新创建的视图会代替原视图。

5.4.2 按条件查询信息

临时视图相当于数据库中的表，临时视图的名字即相当于表的名字，因此可以在 select 子句中使用视图名代替数据库表的名字。通过调用 SparkSession 的 sql(sqlText:String) 方法，可以执行各种 SQL 操作。例如，要从 student.json 数据中找出年龄大于 20 岁的男性学生，输出其姓名、年龄和性别等信息，可以使用下面的代码：

```
scala> val sqlStr="select name,age,gender from student where age>20 and gender='male'"     // SQL 语句
scala> val tempDF=spark.sql(sqlStr)                // 执行 SQL 语句，返回一个 DataFrame
tempDF: org.apache.spark.sql.DataFrame = [name: string, age: bigint ... 1 more field]


scala> tempDF.show()                               // 验证结果
+------+---+------+
| name|age|gender|
+------+---+------+
| Petter| 22|  male|
+------+---+------+
```

5.4.3 分组统计信息

通过书写 SQL 语句，也可以快速完成分组统计、排序等各种操作。例如，分组统计男生和女生的最高分、最低分、平均分（保留 2 位小数），相关代码如下：

```
scala> val sqlStr="select gender,max(score),min(score),round(avg(score),2) from student group by gender"
sqlStr: String = select gender,max(score),min(score),round(avg(score),2) from student group by gender

scala> spark.sql(sqlStr).show()
+-------+----------+----------+--------------------+
| gender|max(score)|min(score)|round(avg(score), 2)|
+-------+----------+----------+--------------------+
| female|        95|        82|               89.67|
|   male|        90|        70|                81.0|
+-------+----------+----------+--------------------+
```

5.4.4 用户自定义函数 UDF

虽然 Spark SQL 提供了很多内置函数（如 round、max、min、avg 等），但在实际生产环境中，仍然有不少场景是内置函数无法胜任的（或实现较为复杂），这就需要开发人员编写自定义函数（User-Defined Function，UDF）。

例如，对于学生信息中的年龄，需要输出学生是否成年（年龄大于 18 为成年人 adult，小于 18 为未成年 minor），相关代码如下：

```
scala> spark.udf.register("adjustAge",(age:Int)=> if(age<18) "minor" else "adult")  // 定义匿名函数，并注册
scala> val sqlStr="select name,age,adjustAge(age) from student"                      // SQL 查询语句
scala> spark.sql(sqlStr).show()                                                      // 查询并显示结果
+------+---+--------------+
| name|age|adjustAge(age)|
+------+---+--------------+
|   Tom| 20|         adult|
| Jerry| 18|         adult|
|Petter| 22|         adult|
|  Arry| 21|         adult|
|  Lisa| 19|         adult|
|   Bob| 18|         adult|
|  Alis| 20|         adult|
+------+---+--------------+
```

在上述代码的第 1 行中，register 函数的内部定义了一个匿名函数 (age:Int)=> if(age<18) "minor" else "adult"，其目的是接收一个参数 age，如果 age 小于 18 则返回字符串 minor，否则返回字符串 adult。spark.udf.register() 则是注册匿名函数，并将其命名为 adjustAge。在后续的 SQL 查询语句 sqlStr 中，通过名称 adjustAge 调用上述匿名函数。

例如，针对 studentDF 中的每个成绩 score，使用 udf 判断成绩的等级。若成绩大于等于 90，则为优秀；若成绩在 80 到 90 之间（包含 80），则为良好；若成绩在 60 到 80 之间（包含 60），则为及格；若成绩在 60 以下，则为不及格。相关代码如下：

```
scala> def convert(score:Int)={                    // 定义一个函数，输入一个 score，返回等级
          if(score>=90) " 优秀 "
          else if(score>=80) " 良好 "
          else if(score>=60) " 及格 "
          else " 不及格 "
       }
scala> spark.udf.register("convertGrade",convert:Int=>String)        // 注册函数
scala> val sqlStr="select name,score,convertGrade(score) from student"    // 查询语句中使用函数

scala> spark.sql(sqlStr).show()                    // 执行查询，并返回结果
+------+-----+-------------------+
| name|score|convertGrade(score)|
+------+-----+-------------------+
|  Tom|   90|               优秀|
| Jerry|   86|               良好|
|Petter|  70|               及格|
|  Arry|  92|               优秀|
|  Lisa|  95|               优秀|
|  Bob|   78|               及格|
|  Alis|  82|               良好|
+------+-----+-------------------+
```

上述代码中，首先定义了一个普通函数 convert，该函数接收一个参数 score，并返回一个成绩等级字符串；接下来，通过 register 注册该函数，并将函数命名为 convertGrade；在查询字符串 sqlStr 中，通过名称 convertGrade 调用函数 convert。

需要注意的是，在使用 register 方法注册 udf 时，第 2 个参数（函数 convert）需要附带其类型，即 convert:Int=>String，从而告知 Spark SQL 函数 convert 的参数为 Int 类型，返回值为 String 类型。

任务实施

【源代码：
HealthAnalysis3.
scala 】

本任务的实施思路与过程如下：

(1) 创建 Scala 程序文件 HealthAnalysis3.scala，生成 SparkSession 对象 Spark，然后读取 healthdata.csv 文件创建 DataFrame，为后续分析做好准备。相关代码如下：

```
import org.apache.spark.sql.SparkSession
object HealthAnalysis3 {
  def main(args: Array[String]): Unit = {
    val spark=SparkSession.builder.master("local[*]")
      .appName("HealthDataAnalysis").getOrCreate()
    spark.sparkContext.setLogLevel("WARN")
    import spark.implicits._              // 导入隐式转换
    val path="file:///home/hadoop/data/healthdata.csv"
    val healthDF=spark.read.option("header","true").csv(path)
    // 此处继续添加代码
  }
}
```

(2) 填充基础病 underling 字段的缺失值，创建临时视图。相关代码如下：

```
val health=healthDF.na.fill(Map(("underling"," 慢性肾小球肾炎 ")))
health.createOrReplaceTempView("health")
```

(3) 书写 SQL 语句,查找年龄在 70 岁 (含) 以上且有慢性肾小球肾炎的患者。相关代码如下:

```
val sqlStr=
  """
    select id as ` 编号 `,age as ` 年龄 `,duration as ` 透析龄 `,underling as ` 基础病 `
    from health
    where age>=70 and underling=' 慢性肾小球肾炎 '
  """
```

> 小贴士:通常 SQL 语句较长,可能需要多行,可以使用三对双引号引起来。在 select 子句中,如果要为字段取中文别名,则需要将中文用反引号引起来 (反引号即键盘左上角 "Esc" 键下面的按键)。

(4) 执行 SQL 语句,显示符合条件的患者信息。相关代码如下:

```
println("*****70 岁以上的慢性肾小球肾炎患者 *****")
spark.sql(sqlStr).show()
```

(5) 书写 SQL 语句,查询 BMI 超过 25(肥胖) 的患者数量 fatNum。相关代码如下:

```
val sqlCountFat=
  """
    select count(*)
    from (
      select id, weight*10000/(height*height) as BMI
      from health) t
    where t.BMI >=25
  """
val fatDF=spark.sql(sqlCountFat)          // 执行查询,获取统计结果 fatDF,该数据集仅 1 行 1 列
val fatCountRow=fatDF.first()             // 返回包含统计结果的 Row
val fatNum=fatCountRow.getLong(0)         // 获取统计结果
```

(6) 书写 SQL 语句,查询 BMI 低于 18.5(消瘦) 的患者数量 thinNum。相关代码如下:

```
val sqlCountThin=
  """
    select count(*)
    from (
      select id, weight*10000/(height*height) as BMI
      from health) t
    where t.BMI <=18.5
  """
val thinNum=spark.sql(sqlCountThin).first().getLong(0)       // 统计结果
```

除了使用 SQL 语句统计 BMI 小于 18.5 的人数,还可以使用用户自定义函数 UDF 进行统计,相关代码如下:

```
def bmi(height:Int,weight:Double):Int={          // 定义函数
  val bmi=weight*10000/(height*height)
  if(bmi<=18.5) 1
  else 0
}

spark.udf.register("bmi",bmi:(Int,Double)=>Int)   // 注册 UDF

val sqlCountThin =
  """
    select sum(thin)
    from (select bmi(height,weight) as thin
        from health ) t
  """
val thinNum=spark.sql(sqlCountThin).first().getLong(0)   // 统计结果
```

(7) 打印输出相关统计信息。相关代码如下：

```
println("*"*40)
println(s" 本组数据中，肥胖患者【$fatNum】人，消瘦患者【$thinNum】人。")
println("*"*40)
```

将 DataFrame
数据写入
MySQL

任务 5.5 将 DataFrame 数据写入 MySQL

任务分析

借助 JDBC(Java Database Connectivity，Java 数据库连接)，Spark SQL 可以实现与 MySQL 等数据库的互联互通，即读取 MySQL 数据库表创建 DataFrame，数据处理后的结果也可以写入到 MySQL 中。本任务要求计算每位患者的透析脱水量 (即透析前的体重 grossweight 减去体重 weight，该数据是透析治疗特别关注的指标)，按照脱水量排序，将 Top5 的病人信息写入到 MySQL 数据库的表 health 中。本任务的工作内容及相关知识点如表 5-9 所示。

表 5-9 工作内容及相关知识点

工 作 内 容	相关知识点
根据 healthdata.csv 文件创建 DataFrame	read
在 DataFrame 中，创建新列 "脱水量"	withColumn
根据脱水量进行降序排序	orderBy
选取 Top5 的患者信息，并写入 MySQL	连接 MySQL、write 方法

任务实施完毕后，程序运行结果如图 5-9 所示。

```
mysql> select * from dehydration limit 5;
+------+------+-------------+------------------------+
| id   | age  | dehydration | underling              |
+------+------+-------------+------------------------+
| 40   | 46   |        10.2 | 慢性肾小球肾炎          |
| 25   | 63   |         7.8 | 免疫性肾病             |
| 35   | 54   |         7.7 | 梗阻性肾病             |
| 38   | 47   |         7.7 | 糖尿病肾病             |
| 10   | 61   |         6.8 | 慢性肾小球肾炎          |
+------+------+-------------+------------------------+
5 rows in set (0.00 sec)
```

图 5-9　程序运行结果

知识储备

5.5.1　MySQL 相关准备工作

Spark SQL 要想操作 MySQL 数据库，需要提前启动 MySQL 数据库、创建数据库及表。

在 Ubuntu 终端使用 sudo apt-get install mysql-server 命令，完成 MySQL 的安装，然后使用 sudo mysql 命令进入 MySQL，再按照以下命令修改 root 用户密码（如 123）：

```
alter user 'root'@'localhost' identified with mysql_native_password by '123';    # 修改 root 密码
flush privileges;                                                                 # 刷新权限
quit;                                                                             # 退出 MySQL
```

在 Ubuntu 终端输入 mysql -u root -p 命令，再按照要求输入 root 用户密码并按"Enter"键，再次进入 MySQL。为了演示 Spark 读写 MySQL 的操作，在 MySQL 中创建数据库 sparkTest、数据库表 student 及表 studentNew，并向 student 表中插入 3 行数据，相关 SQL 语句如下：

```
create database sparkTest;        # 创建数据库 sparkTest
use sparkTest;                     # 使用数据库 sparkTest
create table student(id char(10), name char(20), sex char(10), age int(4),address char(50));    # 创建表 student
insert into student values('101','Tom','male',20,'Zhuhai, Guangdong');         # 向 student 表中插入数据
insert into student values('102','Merry','female',21,'Shenzhen, Guangdong');
insert into student values('103','Ken','male',19,'Shenzhen, Guangdong');
create table studentNew(id char(10), name char(20), sex char(10), age int(4));    # 创建表 studentNew
```

5.5.2　读取 MySQL 创建 DataFrame

在 Spark 程序读写 MySQL 时，需要使用 JDBC 驱动包（本书选用的 JDBC 驱动包为 mysql-connector-j-8.0.33.jar）。为此，将该驱动包放置于目录 /usr/local/spark/jars/ 下，然后在 Linux 终端输入以下命令进入 Spark Shell 环境：

```
spark-shell --jars /usr/local/spark/jars/mysql-connector-j-8.0.33.jar
```

✎   spark.read.format("jdbc") 可以读取数据库表中的数据。针对 MySQL 中的 student 表，使用下面的代码读取其中的数据，生成 DataFrame：

```
scala> val studentDF=spark.read.format("jdbc")
  .option("driver","com.mysql.jdbc.Driver")
  .option("url","jdbc:mysql://localhost:3306/sparkTest")
  .option("dbtable","student")
  .option("user","root")
  .option("password","123")
  .load()
studentDF: org.apache.spark.sql.DataFrame = [id: string, name: string ... 3 more fields]


scala> studentDF.show()
+---+-------+------+---+------------------------+
| id| name| sex|age|                 address|
+---+-------+------+---+------------------------+
|101| Tom|   male| 20|   Zhuhai, Guangdong|
|102|Merry|female| 21|Shenzhen, Guangdong|
|103| Ken|   male| 19|Shenzhen, Guangdong|
+---+-------+------+---+------------------------+
```

上述代码中，使用了 option 方法来设置数据库连接的相关参数。这些参数及其含义如表 5-10 所示。

表 5-10   option 相关参数及其含义

参数名称	参 数 值	含 义
url	jdbc:mysql://localhost:3306/sparkTest	数据库地址，连接数据库为 sparkTest
dbtable	student	访问的数据库表为 student
user	root	访问的用户名为 root
password	123	访问的密码为 123(根据本机 MySQL 情况，读者自行设定)
driver	com.mysql.jdbc.Driver	数据库驱动程序名

如果要在 IDEA 环境下完成相同的工作，则首先需要修改 porm.xml 文件，加载相关依赖包，其代码如下：

```
<dependency>
  <groupId>com.mysql</groupId>
  <artifactId>mysql-connector-j</artifactId>
  <version>8.0.33</version>
</dependency>
```

而后，创建 Scala 文件 ConnToMySQL.scala，代码如下：

```
import org.apache.spark.sql.SparkSession
object ConnToMySQL {
 def main(args: Array[String]): Unit = {
  val spark=SparkSession.builder.master("local[*]")
   .appName("HealthDataAnalysis").getOrCreate()
  spark.sparkContext.setLogLevel("WARN")
  val studentDF=spark.read.format("jdbc")
   .option("driver","com.mysql.jdbc.Driver")
   .option("url","jdbc:mysql://localhost:3306/sparkTest")
   .option("dbtable","student")
   .option("user","root")
   .option("password","123")
   .load()
  studentDF.show()
  }
 }
```

运行 ConnToMySQL.scala，可以看到程序运行结果如图 5-10 所示。

```
+---+-----+------+---+------------------+
| id| name|   sex|age|           address|
+---+-----+------+---+------------------+
|101|  Tom|  male| 20| Zhuhai, Guangdong|
|102|Merry|female| 21|Shenzhen, Guangdong|
|103|  Ken|  male| 19|Shenzhen, Guangdong|
+---+-----+------+---+------------------+
```

图 5-10　程序运行结果

5.5.3　将 DataFrame 数据写入 MySQL

DataFrame 提供了 write 方法，可以将数据写入 MySQL 数据库表。在 ConnToMySQL.scala 代码的基础上，创建程序 ConnToMySQL2.scala，添加如下内容：

```
val studentDF2=studentDF.select("id","name","age","sex")
studentDF2.write
 .mode("append")
 .format("jdbc")
 .option("driver","com.mysql.jdbc.Driver")
 .option("url","jdbc:mysql://localhost:3306/sparkTest")
 .option("dbtable","studentNew")
 .option("user","root")
 .option("password","123")
 .save()
```

在运行 ConnToMySQL2.scala 后，为了验证是否成功将数据写入数据库，可再次进入 MySQL，使用 select 语句查询 studentNew 表中的数据情况。如图 5-11 所示，可以看到 3 条数据被写入到了表 studentNew 中。

```
mysql> select * from studentNew;
+------+-------+--------+------+
| id   | name  | sex    | age  |
+------+-------+--------+------+
| 101  | Tom   | male   | 20   |
| 102  | Merry | female | 21   |
| 103  | Ken   | male   | 19   |
+------+-------+--------+------+
3 rows in set (0.00 sec)
```

图 5-11　查看数据的写入情况

5.5.4　RDD、DataFrame 和 Dataset 三者间的相互转换

在同一个项目中，可能需要使用 RDD、DataFrame、Dataset 等不同数据类型，以便发挥各自的优势。此时，便需要完成不同数据类型之间的转换。

1. RDD 与 DataFrame 之间的转换

Spark 为 RDD 提供了 toDF 方法，可以将 RDD 转换为 DataFrame，示例如下：

```
scala> val data=Array(("Tom",20,"male"),("Alis",18,"female"))
data: Array[(String, Int, String)] = Array((Tom,20,male), (Alis,18,female))

scala> val rdd1=sc.makeRDD(data)                          // 生成 RDD，其元素为三元组
rdd: org.apache.spark.rdd.RDD[(String, Int, String)] = ParallelCollectionRDD[0] at makeRDD at <console>:24

scala> val df1=rdd1.toDF("name","age","gender")           // 将 RDD 转换为 DataFrame
df: org.apache.spark.sql.DataFrame = [name: string, age: int ... 1 more field]

scala> df1.show()
+------+---+--------+
| name|age| gender|
+------+---+--------+
|  Tom| 20|   male|
| Alis| 18| female|
+------+---+--------+
```

上述代码中，数据集 rdd1 的元素为三元组，通过调用 toDF("name","age","gender") 的方法，将 RDD 转为 DataFrame，并指定了各列的名称。

将 DataFrame 转换为 RDD 也比较简单，只需调用 rdd 方法即可，示例如下：

```
scala> df1.rdd              // 将 DataFrame 转换为 RDD
res10: org.apache.spark.rdd.RDD[org.apache.spark.sql.Row] = MapPartitionsRDD[32] at rdd at <console>:24

scala> df1.rdd.collect()
res11: Array[org.apache.spark.sql.Row] = Array([Tom,20,male], [Alis,18,female])
```

小贴士：将 DataFrame 转换为 RDD 后，RDD 元素类型为 Row。

2. RDD 与 Dataset 之间的转换

Spark 为 RDD 提供了 toDS 方法，可以将其转换为 Dataset，示例如下：

```scala
scala> val ds1=rdd1.toDS()   // 将 RDD 转换为 Dataset
ds: org.apache.spark.sql.Dataset[(String, Int, String)] = [_1: string, _2: int ... 1 more field]

scala> ds1.show()
+----+---+--------+
| _1| _2|     _3|
+----+---+--------+
|Tom| 20|   male|
| Alis| 18| female|
+----+---+--------+
```

上述代码中，rdd1 通过调用 toDS 方法转换为了 Dataset(变量 ds1)。但 ds1 的列名称默认为 _1、_2 等形式，不利于后续的数据处理。为此，可以提前定义一个样例类 (case class)，将RDD 元素转为样例类对象后，调用 toDS 方法，示例如下：

```scala
scala> case class People(name:String,age:Int,gender:String)        // 定义样例类
defined class People

scala> val rdd2=rdd1.map(x=>People(x._1,x._2,x._3))               // 将 rdd1 元素转为 People 对象
rdd2: org.apache.spark.rdd.RDD[People] = MapPartitionsRDD[36] at map at <console>:25

scala> val ds2=rdd2.toDS()
ds2: org.apache.spark.sql.Dataset[People] = [name: string, age: int ... 1 more field]

scala> ds2.show()
+------+---+--------+
| name| age| gender|
+------+---+--------+
| Tom| 20|   male|
| Alis| 18| female|
+------+---+--------+
```

如果要将 Dataset 转换为 RDD，直接调用 rdd 方法即可。示例如下：

```scala
scala> ds2.rdd
res18: org.apache.spark.rdd.RDD[Student] = MapPartitionsRDD[42] at rdd at <console>:24

scala> ds2.rdd.collect()
res19: Array[Student] = Array(Student(Tom,20,male), Student(Alis,18,female))
```

3. DataFrame 与 Dataset 之间的转换

当 Dataset[T] 中的泛型 T 为 Row 类型 (Dataset 中的元素为 Row 对象)，则 Dataset[T] 等价于 DataFrame。当泛型 T 不为 Row 类型时，可以借助样例类 case class，将 DataFrame 转换为Dataset。示例如下：

```
scala> val df3=spark.createDataFrame(List(("Tom","male",82),
("Jerry","gender",76))).toDF("name","gender","score")

scala> df3.show()
+-----+--------+-----+
| name|gender|score|
+-----+--------+-----+
| Tom|   male|   82|
| Jerry| gender|   76|
+-----+--------+-----+

scala> case class Student(name:String,gender:String,score:String)      // 创建样例类

scala> import spark.implicits._                                        // 导入隐式转换

scala> val ds3=df3.as[Student]                                         // 将 DataFrame 转换为 Dataset
ds3: org.apache.spark.sql.Dataset[Student] = [name: string, gender: string ... 1 more field]

scala> ds3.show()
+-----+--------+-----+
|name| gender|score|
+-----+--------+-----+
| Tom|   male|   82|
|Jerry| gender|   76|
+-----+--------+-----+
```

以上代码中，首先创建了 DataFrame(df3)，它包含 name、gender 和 score 等 3 列；接下来，定义了样例类 Student，该类包含 name、gender、score 3 个成员变量（属性）；df3.as[Student] 则是调用 as 方法将 DataFrame 转换成了 Dataset[Student]。

对于 Dataset，可以直接调用 toDF 方法将其转换为 DataFrame，示例如下：

```
scala> ds3.toDF().show()
+-----+--------+-----+
|name| gender| score|
+-----+--------+-----+
| Tom|   male|   82|
|Jerry| gender|   76|
+-----+--------+-----+
```

小贴士：在 IDEA 环境下，使用 as 方法前，必须用 import spark.implicits._ 语句导入隐式转换；样例类必须定义在 main 方法外面；样例类的成员变量（属性）与 DataFrame 的列名称一致。

任务实施

本任务的实施思路与过程如下：

(1) 在 MySQL 数据库中，创建表 dehydration。在 Ubuntu 终端输入 mysql -u root -p 命令，根据提示输入 root 用户密码"123"后，进入 MySQL 环境，输入以下 SQL 语句：

【源代码：HealthAnalysis4.scala】

```
use sparkTest;                          # 使用数据库 sparkTest
create table dehydration(id varchar(10), age int, dehydration float, underling varchar(50));    # 创建表
```

(2) 创建 scala 程序 HealthAnalysis4.scala，读取 health.json 数据，生成 DataFrame。相关代码如下：

```scala
import org.apache.spark.sql.SparkSession

object HealthAnalysis4 {
  def main(args: Array[String]): Unit = {
    val spark=SparkSession.builder.master("local[*]")
      .appName("HealthDataAnalysis").getOrCreate()
    spark.sparkContext.setLogLevel("WARN")
    val path="file:///home/hadoop/data/healthdata.csv"
    val healthDF=spark.read.option("header","true").csv(path)
// 填充缺失的基础疾病
val health=healthDF.na.fill(Map(("underling"," 慢性肾小球肾炎 ")))
    // 在这里继续添加代码
  }
}
```

(3) 使用 withColumn 方法，生成一个新的脱水量 dehydration 列，该列的值为 grossweight 减去 weight。相关代码如下：

```scala
val healthDehy = health.withColumn("dehydration", round(col("grossweight") - col("weight"),2))
```

上述代码中，使用了 round 函数，其目的是四舍五入并保留 N 位小数。

(4) 使用 orderBy 或 sort 方法，按照脱水量 dehydration 列降序排列，并获取前 5 名。相关代码如下：

```scala
val healthOrder = healthDehy.orderBy(col("dehydration").desc).limit(5)
```

(5) 使用 write 方法，将 DataFrame 中的部分字段写入数据库表 dehydration。相关代码如下：

```scala
healthOrder.select("id","age","dehydration","underling")
  .write
  .mode("append")
  .format("jdbc")
  .option("driver","com.mysql.jdbc.Driver")
  .option("url","jdbc:mysql://localhost:3306/sparkTest")
  .option("dbtable","dehydration")
  .option("user","root")
  .option("password","123")
  .save()
```

(6) 再次进入 MySQL 环境，使用 select 语句查询数据库表 dehydration 中是否有数据，验证程序是否正确执行。相关命令如下：

```
select * from dehydration limit 5;
```

项 目 小 结

对于结构化数据的分析，Spark 提供了 Spark SQL 模块，Spark SQL 可以对接 JSON、CSV 等各种文件，也可以读取 MySQL 等数据库。DataFrame、Dataset 是 Spark SQL 的核心数据抽象。对于 DataFrame 和 Dataset，用户可以使用 DSL 方式进行处理，Spark SQL 提供了大量的数据处理 API 方法；用户也可以将 DataFrame 和 Dataset 注册为临时视图，然后按照 SQL 语句方式完成数据分析，从而降低使用门槛。数据分析完毕后，除了可以将结果打印输出，还可以将结果写入文件、MySQL 等外部系统。

知 识 检 测

1. 判断题

(1) Spark SQL 用于处理结构化数据，它是 Spark 生态系统的组件之一。（   ）

(2) Spark SQL 可以将数据写入 CSV、JSON 等文件，但不可以写入 MySQL 等关系型数据库。（   ）

(3) 借助样例类，也可以将 RDD 转换为 DataFrame。（   ）

(4) 用户使用 Spark SQL 时，一般需要首先创建 DataFrame，而后借助 DSL 或 SQL 语句完成数据分析工作。（   ）

(5) Spark SQL 连接 MySQL 数据库时，不需要指定驱动包。（   ）

(6) Spark SQL 处理缺失值时，只能采取丢弃的方式。（   ）

(7) 当内置的函数不能满足需求时，可以编写自定义函数 UDF 来完成需要的操作。（   ）

(8) intersect 操作可以返回两个 DataFrame 的交集。（   ）

(9) df1.union(df2) 操作可以返回两个 DataFrame 的差集。（   ）

(10) take 操作可以返回由 DataFrame 前 N 行组成的列表 List。（   ）

2. 选择题

(1) 在 Spark SQL 中，下列 (   ) 操作可以实现去重。

A. select   B. orderBy

C. filter   D. distinct

(2) 下列方法中，不能生成一个 DataFrame 的是 (   )。

A. 将 RDD 转换为 DataFrame   B. 读取 JSON 文件

C. 通过注册临时视图   D. 读取 CSV 文件

(3) 在 Spark SQL 中，对元素进行排序操作的是 (   )。

A. groupBy   B. sortBy

C. map   D. oderBy

(4) 在 Spark SQL 中，可以筛选符合条件的元素的操作是 (   )。

A. here
B. contains
C. select
D. map

(5) 关于 DataFrame，下列说法错误的是 (　　)。

A. DataFrame 是不可变数据集
B. 可以注册为临时视图，使用 SQL 语句来操作
C. 可以使用 sort 方法完成排序
D. 等价于 Dataset

素养与拓展

当前，以抖音、快手为代表的短视频平台深受广大青年群体的喜爱。相较传统的媒体渠道，这些短视频平台极大地开拓了人们获取信息的渠道，人人都可以在平台上发布视频、传播资讯，成为各类信息的源头。面对巨大的流量与商业利益，部分自媒体人编造虚假信息来"造热点""蹭热点""带节奏"，炒作敏感事件等问题屡见不鲜。更有甚者，组织"网络水军"实施违法犯罪行为。

面对新形势，社会需要加强对自媒体的监督监管，需要能够迅速采集、处理相关资讯，能够对网络社会舆论、领涨板块话题、突发事件等进行监控，做到早预防、早干预，让"不造谣""不传谣""不信谣"成为所有网络参与者的共识。2023 年 4 月，公安部开展了为期 100 天的网络谣言打击整治专项行动。在行动期间，全国公安机关共侦办案件 2300 余起，整治互联网平台企业近 8000 家 (次)，依法关停违法违规账号 2.1 万余个，清理网络谣言信息 70.5 万余条，抓获犯罪嫌疑人 620 余人，有效净化了网络生态。

【拓展案例】

1. 需求说明

为了加强对短视频和自媒体的监督，现获取了一份抖音用户浏览行为数据 douyin_dataset.csv。该数据集包含用户 ID、视频作者 ID、是否看完、视频时长、视频 ID、作品频道、音乐 ID、是否点赞、日期时间等。要求使用 Spark SQL 技术，完成如下指标的统计分析：

(1) 找出浏览作品、点赞数量最多的用户 Top10。

(2) 找出获得点赞数量最多的视频作品 Top10。

(3) 假设，作品质量 =(完整看完的次数 + 获点赞的次数 ×1.2)/ 被观看的总次数，计算所有作品的质量，并找出 Top10。

(4) 尝试将上述结果写入 MySQL。

2. 实施思路

(1) 按照用户进行分组统计，借助 groupBy、count、filter 等计算每个用户的浏览量和点赞量，再使用 sort 或 orderBy 降序排列，进而得到 Top10。

(2) 使用 filter 或 where 过滤出点赞的记录，按照作品分组统计点赞数 (groupBy、count)，而后使用 sort 或 orderBy 降序排列，找出 Top10。

(3) 可以将 DataFrame 注册为临时视图，然后使用 SQL 语句完成。也可以使用 DSL 方式生成一个包含"完整看完的次数""获点赞的次数"和"被观看的总次数"的 DataFrame，然后使用 withColumn 方法增加一列 (作品的质量)，进而按照作品质量排序 (sort、orderBy)，找出 Top10。

(4) 在 MySQL 中创建数据库表，然后参照任务 5.5 的方法，使用 write、mode、format 完成 MySQL 的写入。

3. 总结反思

(1) 在使用 Spark SQL 进行本案例的数据分析过程中，你遇到了哪些具体问题？你是如何逐个解决的？

(2) 短视频平台在青年群体中有着重要的影响力，你是否有相关账号，每天花多长时间浏览相关视频？对于沉迷其中的现象，你怎么看？

(3) 作为信息时代的"原住民"，你认为应如何加强学生群体的上网行为监督，做文明、正能量的网民？

项目 6

Spark Streaming 处理用户行为数据

项目 6 简介

情境导入

　　党的二十大作出加快建设网络强国、数字中国的重大部署，开启了我国信息化发展新征程。行进在信息时代快车道的中国，如何筑牢网络安全屏障，为网络强国、数字中国建设提供坚实安全保障，已成为关乎全局的重大课题。据统计，2023 年第一季度，教育、卫健、金融等行业是受数据泄露影响较大的行业。其中，单次遭泄露数据量在 10 万至 100 万条区间内占比最高，接近总量的一半。信息安全问题必须警钟长鸣！

　　近年来，随着舆情监控、电子商务、传感监控、互联网金融、在线教育等领域的发展，用户行为数据呈爆炸式增长，如何利用好这些数据、如何"实时"处理这些数据是平台提供方面临的重要问题。Spark Streaming 计算框架就是为了实现流式数据的实时计算而产生的。在保证信息安全、保护用户隐私的同时，深入分析电商用户行为数据有利于发掘用户规律，将这些规律与营销策略相结合，可以实现更加精准的营销，提升用户的黏性及平台业绩。对销售的产品而言，用户行为分析还可以验证产品的可行性，帮助发现产品缺陷，提升产品品质，以适应当前需求的快速迭代；对平台设计与维护而言，研究用户行为能提升用户体验，匹配用户情感，贴合用户的个性需求，发现平台交互中的不足，从而不断改进与完善。本项目针对电商平台用户的浏览、收藏、购物车、下单等基本行为，借助成熟的 Spark Streaming 模块，模拟开展实时分析与处理，为电商平台运维提供参考。

【PPT：项目 6 Spark Streaming 处理用户行为数据】

项目分解

　　按照流式数据的获取、处理和输出等过程，将本项目划分为 4 个任务。项目分解说明如表 6-1所示。

表 6-1　项目分解说明

序号	任务	任务说明
1	初探用户点击行为	使用 Necat 模拟发出用户点击行为数据，Spark Streaming 程序捕获数据，统计各个广告页面的点击量
2	识别无效的用户点击	识别无效点击（对于某个广告，若某用户在 10 s 内点击了 3 次以上，则判定该用户的点击无效），输出这些无效点击用户的 ID
3	统计 1 min 内的订单量	统计 1 min 内用户的下单 (buy) 数量
4	电商用户的行为分析	统计 1 min 内用户下单、加购和收藏的次数，并将下单行为保存到 MySQL 数据库表中

学习目标

(1) 了解 Spark Streaming 的工作原理及编程的流程；
(2) 了解无状态转换的工作原理，能够编写无状态转换程序；
(3) 了解有状态转换的工作原理，能够编写基于窗口的有状态转换程序；
(4) 熟悉 Spark Streaming 读取文件、RDD 队列、Kafka 的操作；
(5) 能够将 Spark Streaming 处理后的数据写入文件及 MySQL 数据库。

初探用户
点击行为

任务 6.1　初探用户点击行为

任务分析

通常，电商平台首页均开设了一定的广告栏目，入驻商家可以购买广告位进行商品推广。在重点营销时段（如"双 11""618"等），商家与平台均需时刻关注广告位的费效比，着重考察广告位带来的点击流量。为此，决定每 10 s 统计一次用户点击量，据此调整营销策略。本任务的工作内容及相关知识点如表 6-2 所示。

表 6-2　工作内容及相关知识点

工作内容	相关知识点
修改 porm.xml 文件，引入相关依赖包	porm
在 IDEA 中，创建 Scala 文件，搭建程序结构	SparkContext、SparkConf
创建 DStream 对象，监听 9999 端口。数据流每 10 s 为一个分段	StreamingContext、socketTextStream
按照单词计数 WordCount 逻辑，计算各广告被点击的次数	flatMap、reduceByKey
开启上述计算逻辑，等待程序结束	start、awaitTermination
使用 Netcat 向 9999 端口发送数据（模拟电商用户的点击行为），观察 Scala 程序运行结果	Netcat

任务实施完毕后，程序运行结果如图 6-1 所示 (101、102、103 表示广告的 ID，其后面的数字表示该广告被点击的次数)。

```
------------------------------------------
Time: 1706332710000 ms
------------------------------------------
(101,3)
(103,2)
(102,1)
```

图 6-1　程序运行结果

知识储备

6.1.1　认识流数据与 Spark Streaming

日常处理的数据总体上可以分为静态数据和动态数据 (流数据) 两大类。

静态数据是一段较长时间内相对稳定的数据，比如各类管理系统中的历史数据 (如企业的订单数据、教务系统中某课程的期末考试成绩等)。对于静态数据一般采用批处理方式进行计算，可以在充裕的时间内对海量数据进行批量处理 (即可以容忍较高的时间延迟)，计算得到有价值的信息。Hadoop MapReduce 就是典型的批处理模型，用户可以在 HDFS 和 HBase 中存放大量的静态数据，由 MapReduce 负责对海量数据执行批量计算。

流数据则是以大量、快速、时变的流形式持续到达，因此流数据是不断变化的数据。近年来，在电子商务、短视频、网络监控、传感监测等领域，流数据处理日渐兴起，成为当前数据处理领域的重要一环。例如：在电子商务领域，淘宝、京东等电商平台可以实时收集用户的搜索、点击、评论、加入购物车、下单等各种用户行为数据，进而迅速发现用户的兴趣点及预判用户的购物行为，然后通过推荐算法为用户推荐其可能感兴趣的商品，这样一方面可以提高商家的销售额，另一方面也可以提升消费者的满意度及平台黏性；在交通领域，安装了大量监控设备，可以实时收集车辆通过、交通违法等各种信息，进而对车流路况情况作出预判，提升车辆的出行效率；在工业互联网领域，机器设备、流水线可通过物联网传感器发出设备状态、生产进度等流式数据，管理人员借此可及时掌控生产中出现的各种问题。

流数据是时间上无上限的数据集合，因此其空间 (容量) 也没有具体限制。一般认为流数据具有如下特点：

(1) 数据快速持续到达，潜在大小也许是无穷无尽的。

(2) 数据来源众多，格式复杂。

(3) 数据量大，但不十分关注存储，一旦经过处理，要么被丢弃，要么被归档存储。

(4) 注重数据的整体价值，不过分关注个别数据。

(5) 数据顺序颠倒或者不完整，系统无法控制将要处理的、新到达的数据元素的顺序。

正是由于流数据的上述特性，因此流数据不能采用传统的批处理方式，必须实时计算。实时计算最重要的一个需求是能够实时得到计算结果，一般要求响应时间为秒级或者毫秒级。在大数据时代，数据量巨大、数据样式复杂、数据来源众多，这些都对实时计算提出了新的挑战，进而催生了针对流数据的实时计算——流计算。

目前，市场上存在 Storm、Flink、S4 等流计算框架。其中，Storm 是 Twitter 提出的、免费开源的分布式实时计算系统，它可以简单、高效、可靠地处理大量的流数据；S4(Simple Scalable Streaming System) 是 Yahoo 提出的开源流计算平台，具有通用、分布式、可扩展、分区容错、可插拔的特点；Flink 是由 Apache 软件基金会开发的开源流处理框架，Flink 以数据并行和流水线方式执行任意流数据程序，其流水线可以执行批处理和流处理程序。

Spark Streaming 是构建在 Spark 上的实时计算框架，它扩展了 Spark 处理大规模流式数据的能力。Spark Streaming 可结合批处理和交互查询，适合一些需要对历史数据和实时数据进行结合分析的应用场景。它支持从多种数据源提取数据，如 Kafka、Flume、Twitter、ZeroMQ、文本文件以及 TCP 套接字等，而且可以提供一些高级 API 来实现复杂的处理算法，如 map、reduce、join 和 window 等。此外，Spark Streaming 还支持将处理完的数据推送到文件系统、数据库或者控制台中展示 (如图 6-2 所示)。

图 6-2　Spark Streaming 流数据处理

6.1.2　Spark Streaming 的工作原理

Spark Streaming 处理流式数据的原理如图 6-3 所示，在收到实时数据流后，将数据流按时间片 (通常为秒级) 为单位，拆分为一个个小的批次数据，然后将这些小批次的数据交给 Spark 引擎，以类似批处理的方式处理每个时间片数据。

图 6-3　Spark Streaming 处理流式数据的原理

在图 6-4 所示的流计算过程中，Spark Streaming 将输入数据按照实际片段 (如 1 s) 切割成一段一段的离散数据流 (Discretized Stream，DStream)，每一个片段内的数据都会变成 RDD，然后将 Spark Streaming 中对 DStream 流处理的操作变为针对 RDD 的操作。

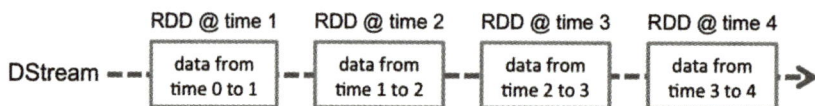

图 6-4　每段数据流转为 RDD

以图 6-5 所示的单词计数 (WordCount) 为例，DStream 接收的句子 (lines) 按照固定的时间间隔 (如 1 s) 被划分为独立的片段，这些片段即为 RDD。对 DStream 的 flatMap 操作，即转化为对 RDD 的操作，生成存储单词的新 RDD，而这些 RDD 对象就组成了新的 DStream 对象。完成核心业务处理后，还可根据业务的需求对结果进一步处理，比如存储到外部设备中。

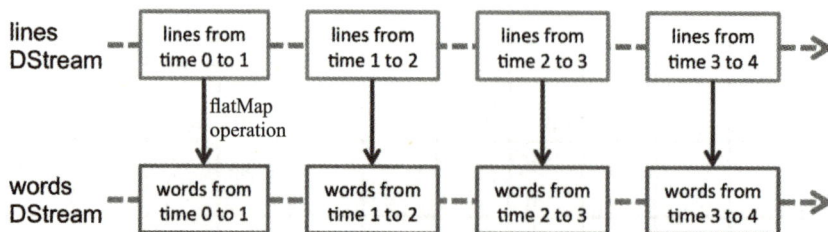

图 6-5　实时单词统计

6.1.3　编写第一个 Spark Streaming 程序

在深入 Spark Streaming 编程细节之前，先完成一个实时单词计数的简单程序，以便获得感性认识。利用 Netcat 工具向 9999 端口发送数据流 (文本数据)，使用 Spark Streaming 监听9999 端口的数据流，并实时进行词频统计 (每 10 s 计算获取的单词数量)。

1. 测试 Netcat 工具

Netcat 是一款著名的网络工具，它可以用于端口监听、端口扫描、远程文件传输以及实现远程 Shell 等功能。下面用两个终端窗口模拟两个人在局域网进行聊天，以此测试 Netcat 工具是否可以正常使用。

打开两个终端窗口，一个终端输入 nc -lk 9999 命令，另一个终端输入 nc localhost 9999。然后在一个终端中输入文字，若另个一终端可以收到对方所发内容，则说明 Netcat 可以正常使用，通信环境正常 (如图 6-6 所示)。

hadoop@zsz-VirtualBox:~$ nc -lk 9999 Hello, 欢迎使用Netcat工具	hadoop@zsz-VirtualBox:~$ nc localhost 9999 Hello, 欢迎使用Netcat工具

图 6-6　Netcat 测试

2. 编写 Spark Streaming 单词计数程序

尝试在 Spark Shell 环境下编写 Spark Streaming 程序。需要注意的是，Spark Streaming 至少需要两个线程 (一个接收流数据，一个处理数据)，当在本地运行一个 Spark Streaming 程序时，不要使用 local 或者 local[1] 作为 Spark Shell 的启动参数。这两种启动参数写法都意味着只有一个线程用于运行本地任务、接收数据，而没有其他线程用于处理接收到的数据。因此，在本地运行Spark 时，需要使用 local[N] 作为参数，其中的 N 大于运行接收器的数量，可以使用下面的命令：

```
cd /usr/local/spark/bin
./spark-shell --master  local[4]
```

由前述知识可知，SparkContext 是 Spark Core(即 RDD 相关模块) 的入口，SparkSession是 Spark SQL 的入口，而 StreamingContext 则是 Spark Streaming 程序的主要入口。下面的代码中，在导入 Streaming 包 (后续要使用其中的类) 后，创建一个 StreamingContext 对象 ssc，参数 Seconds(10) 表示 DStream 的时间间隔为 10 s。

```
scala> import org.apache.spark.streaming._          // 导入包
import org.apache.spark.streaming._

scala> val ssc = new StreamingContext(sc,Seconds(10)) // 创建 StreamingContext 上下文环境 ( 程序入口 )
ssc: org.apache.spark.streaming.StreamingContext = org.apache.spark.streaming.StreamingContext@3c01d268
```

接下来，利用 ssc 创建一个 DStream 对象 lines(lines 可以获取 localhost 本机 9999 端口流入的数据流)。相关代码如下：

```
scala> val lines = ssc.socketTextStream("localhost",9999)   // 创建 DStream 对象，监听 9999 端口数据
```

lines 代表从 9999 端口接收到的数据流，其数据样式为文本行，我们可以把这些文本行按空格切割成独立的单词。与 Spark RDD 中的 flatMap 类似，下面代码中的 flatMap 是一个映射算子，lines 中的每行都会被 flatMap 映射为多个单词，从而生成新的 DStream 对象 (命名为words)。

```
scala> val words = lines.flatMap(x => x.split(" "))          // 按照空格切割，产生新 DStream
```

有了 words(新 DStream 对象) 后，使用 map 方法将其元素转换为 (word,1) 键值对形式，相关代码如下：

```
scala> val pairs = words.map(x => (x,1))   // 转换为 (word,1) 键值对形式
```

使用 reduceByKey 操作，得到各个单词出现的频率，最后使用 print 方法，打印计算结果。相关代码如下：

```
scala> val wordsCounts = pairs.reduceByKey(_ + _)      // 计算词频，注意：返回一个新的 DStream
scala> wordsCounts.print()                             // 使用 DStream 的 print 方法，打印结果
```

通过上述代码可知，Spark Streaming 设置好了计算逻辑，但此时并未真正地开始处理数据 (因此这里没有打印输出)。要想执行上述逻辑，还需使用 start 方法启动流计算并等待程序结束，相关代码如下：

```
scala> ssc.start()   // 启动上述计算逻辑，等待结束
```

在 Linux 终端，使用 Netcat 工具向 9999 端口发送以下文本数据：

```
hadoop@zsz-VirtualBox:~$ nc -lk 9999              # 启动 Netcat，发送下面的文本数据
I like Spark
Spark
Spark is good
I like Spark
Spark is powerful
```

Spark Streaming 即可按照前述的逻辑，计算出 10 s 内接收到的文本数据中包含的单词数量，并打印输出，结果如图 6-7 所示。

```
--------------------------------------------
Time: 1706323820000 ms
--------------------------------------------
(Spark,1)
(good,1)
(is,1)

--------------------------------------------
Time: 1706323830000 ms
--------------------------------------------
(Spark,1)
(I,1)
(like,1)
```

图 6-7　实时单词计数结果

3. 编写 Spark Streaming 程序的步骤

通过书写上述代码，可以发现编写 Spark Streaming 程序模式相对固定，其基本步骤包括：

(1) 读取流数据，生成 DStream。

(2) 对 DStream 进行转换操作 (如 flatMap、reduceByKey)，得到新的 DStream。重复该过程，直到产生结果。

(3) 通过 DStream 的输出操作 (如 print)，输出实时计算结果。

(4) streamingContext.start() 启动流式计算，开始接收数据和处理流程。

任务实施

本任务的实施思路与过程如下：

【源代码：UserBehavior01. scala 】

(1) 在 IntelliJ IDEA 中，修改工程中的 porm.xml 文件，添加 Spark Streaming 组件相关依赖。

相关代码如下:

```
<dependency>
  <groupId>org.apache.spark</groupId>
  <artifactId>spark-streaming_2.12</artifactId>
  <version>3.4.2</version>
</dependency>
```

(2) 创建 Scala 程序文件 UserBehavior01.scala,在该文件中导入相关包,搭建程序的基本框架,并创建 SparkContext 对象 sc。相关代码如下:

```scala
import org.apache.spark.streaming.{Seconds, StreamingContext}
import org.apache.spark.{SparkConf, SparkContext}


object UserBehavior01 {
  def main(args: Array[String]): Unit = {
  val conf=new SparkConf().setMaster("local[2]")
    .setAppName("UserBehaviorAnalysis")
  val sc=new SparkContext(conf)
  sc.setLogLevel("WARN")
  // 这里继续添加代码
  sc.stop()
  }
}
```

(3) 创建 Spark Streaming 上下文环境,生成 DStream 对象 lines,监听本机 (localhost)9999 端口的数据。相关代码如下:

```scala
val ssc=new StreamingContext(sc,Seconds(10))           // 创建上下文环境 ( 时间间隔为 10 s)
val lines=ssc.socketTextStream("localhost",9999)       // 创建 DStream,监听端口
```

(4) 按照单词计数 WordCount 的逻辑,用户的每一次点击看作一个 Word,进而计算每个广告被点击的次数,并输出相应的结果。相关代码如下:

```scala
val words=lines.flatMap(x=>x.split(" "))
val pairs=words.map(x=>(x,1))
val clicks=pairs.reduceByKey((a,b)=>a+b)
clicks.print()
```

(5) 开启上述逻辑,等待结束。相关代码如下:

```scala
ssc.start()                    // 启动上述逻辑
ssc.awaitTermination()         // 等待结束
```

(6) 运行 UserBehavior01.scala,打开 Netcat,使用以下命令向端口 9999 发送数据 (101、102、103 等均代表广告 ID,出现 1 次表示被点击 1 次),而后在 IDEA 控制台,可以看到各广告被点击的次数统计结果 (每 10 s 更新 1 次,即 10 s 内被点击的次数):

```
hadoop@zsz-VirtualBox:~$ nc -lk 9999
101 101 102
102 103
103 101 101 101
101 104
105 101 102 101
```

任务 6.2　识别无效的用户点击

任务分析

面对源源不断到达的流式数据，Spark Streaming 按照预定的时间间隔，将数据流切割为一个个批次（片段），每个批次内的数据组成一个 RDD，然后对每个片段内的数据进行处理（各种转换操作），最终得出想要的结果。在电商平台中，用户通过 APP 或者浏览器点击广告的过程中，可能会出现误操作（短时间内连续点击）；某些机构出于非法目的，也可能通过机器人点击。这些均是无效的广告点击行为，需要加以去除。

本任务要求通过 Netcat 发出模拟广告点击数据，例如数据"userA 5"表示用户 userA 点击了 ID 为 5 的广告；编写 Spark Steaming 程序，识别无效点击；最终输出这些无效点击用户的 ID（每 4 s 更新 1 次）。本任务的工作内容及相关知识点如表 6-3 所示。

表 6-3　工作内容及相关知识点

工　作　内　容	相关知识点
在 IDEA 中，创建 Scala 文件，搭建程序结构	SparkContext、SparkConf
创建 DStream 对象，监听 9999 端口。数据流每 2 s 为一个分段	StreamingContext、socketTextStream
端口接收到的数据按照空格切割	map、split
建立窗口 DSteam，窗口长度为 10 s，滑动间隔为 2 s	window
统计每个用户的点击次数，过滤出大于 3 次的用户（无效点击用户），输出计算结果	map、reduceByKey、filter、print

任务实施完毕后，程序运行结果如图 6-8 所示。

```
--------无效用户点击行为-------
预警用户：userA，10秒内点击【5】次
预警用户：userB，10秒内点击【8】次
----------------------------
```

图 6-8　程序运行结果

知识储备

6.2.1　DStream 无状态转换操作

DStream 的数据转换操作分为无状态转换和有状态转换两类。所谓 DStream 无状态转换操作，是指不记录历史状态信息，每次仅对新的批次数据进行处理。无状态转换操作中每一个批次的数据处理都是独立的，处理当前批次数据时，既不依赖之前的数据，也不影响后续的数据。例如，前述任务的实时单词计数中就采用了无状态转换操作，每次仅统计当前批次数据中的单

词词频，与之前批次数据无关，不会利用之前的历史数据。表 6-4 给出了常见的 DStream 无状态转换操作。

表 6-4　常见的 DStream 无状态转换操作

操　作	含　义
map(func)	利用函数 func 处理原 DStream 的每个元素，返回一个新的 DStream
flatMap(func)	与 map 操作类似，但是每个输入项被映射为 0 个或者多个输出项
filter(func)	返回一个新的 DStream，它仅仅包含原 DStream 中函数 func 返回值为 true 的项
repartition(numPartitions)	通过创建更多或者更少的 Partition 以改变这个 DStream 的并行级别 (level of parallelism)
union(otherStream)	返回一个新的 DStream，它包含源 DStream 和 otherDStream 的所有元素
count()	通过 count 源 DStream 中每个 RDD 的元素数量，返回一个包含单元素 (single-element)RDD 的新 DStream
reduce(func)	利用函数 func 聚集源 DStream 中每个 RDD 的元素，返回一个包含单元素 RDD 的新 DStream。函数应该是相关联的，以使计算可以并行化
countByValue()	在元素类型为 K 的 DStream 上，返回一个 (K,long)pair 的新 DStream，每个 key 值是在原 DStream 的每个 RDD 中的次数
reduceByKey(func, numTasks)	当在一个由 (K,V) pairs 组成的 DStream 上调用这个算子时，返回一个新的由 (K,V) pairs 组成的 DStream，每一个 key 值均由给定的 reduce 函数聚合起来。在默认情况下，这个算子利用了 Spark 默认的并发任务数去分组。可以用 numTasks 参数设置不同的任务数
join(otherStream, numTasks)	当应用于两个 DStream(一个包含 (K,V) 对，一个包含 (K,W) 对)，返回一个包含 (K, (V, W)) 对的新 DStream
cogroup(otherStream, numTasks)	当应用于两个 DStream(一个包含 (K,V) 对，一个包含 (K,W) 对)，返回一个包含 (K, Seq[V], Seq[W]) 的 tuples(元组)
transform(func)	通过对源 DStream 的每个 RDD 应用 RDD-to-RDD 函数，创建一个新的 DStream。该操作可以在 DStream 的任何 RDD 操作中使用

DStream 的转换操作与 RDD 的转换操作类似，在前面的流数据词频统计程序中已用到 map、flatMap、reduceByKey 等操作，在此不再详述。表中的 transform 方法使用户能够直接调用任意的 RDD 操作方法，极大地丰富了 DStream 上能够操作的内容。

假设某电商平台有一份黑名单文件 blacklist.txt，记载了若干列入黑名单的 IP 地址。blacklist.txt 文件的内容如下：

```
20.12.128.13
20.12.128.15
20.12.128.25
```

采用 Netcat 模拟用户访问所产生的数据流：用户每访问平台一次，在 Netcat 中输入一个 IP 地址。要求采用无状态转换方式，计算 10 s 内的平台有效访问次数 (忽略黑名单 IP 的访问)。代码 (UserBehavior02.scala) 如下：

【源代码：
UserBehavior02.
scala 】

```
import org.apache.spark.{SparkConf, SparkContext}
import org.apache.spark.streaming.{Seconds, StreamingContext}


object UserBehavior02 {
  def main(args: Array[String]): Unit = {
   val conf=new SparkConf().setMaster("local[2]")
     .setAppName("UserBehaviorAnalysis")
   val sc=new SparkContext(conf)
   sc.setLogLevel("ERROR")
   val path="file:///home/hadoop/data/blacklist.txt"
   val blackIPs=sc.textFile(path)                     // 读取本地黑名单文件，创建黑名单 RDD
   val ssc=new StreamingContext(sc,Seconds(10))
   val IPs=ssc.socketTextStream("localhost",9999)     // 监听 9999 端口的数据
   val whiteIPs=IPs.transform{
     rdd=> rdd.subtract(blackIPs)                      // 从端口发来的点击数据 (IP 地址 ) 中去掉
                                                         黑名单 RDD 中的 IP
   }
   val count=whiteIPs.count()                          // 统计剩余的 IP 地址数量
   count.print()                                       // 打印输出结果
   ssc.start()
   ssc.awaitTermination()
   sc.stop()
  }
}
```

在上述代码中，blackIPs=sc.textFile(path) 是根据本地黑名单文件创建一个黑名单 RDD[String]。IPs=ssc.socketTextStream("localhost",9999) 监听 9999 端口，根据该端口发出的数据创建 DStream(这些数据中可能包含黑名单 IP，后续要去除)。IPs.transform{ rdd=> rdd.subtract(blackIPs) 表示针对 IPs 中的 RDD 执行 subtract 操作，即如果 IPs 含有黑名单数据，则去掉，剩余的为正常用户点击数据 (whiteIPs)。count=whiteIPs.count() 则是调用 count() 方法，统计正常用户点击数量 (注意返回值 count 仍然为一个 DStream)。count.print() 是打印 count 中的数据，即正常用户的点击次数。

6.2.2 DStream 有状态转换操作

与无状态转换操作不同，有状态转换操作在处理当前批次的数据时，需要用到之前批次的数据或者中间的计算结果。有状态转换包括基于滑动窗口的转换和 updateStateByKey 转换。这里重点学习滑动窗口转换操作。

对于一个 DStream，可以事先设定一个滑动窗口的长度 (也就是窗口的持续时间)，并且设定滑动窗口的时间间隔 (每隔多长时间执行一次计算)；然后窗口按照指定时间间隔在源 DStream 上滑动，每次落入窗口的 RDD 都会形成一个小段的 DStream(称之为 windowed DStream，包含若干个 RDD)。这时，就可以启动对这个小段 DStream 的计算。滑动窗口转换操作的计算过程如图 6-9 所示。

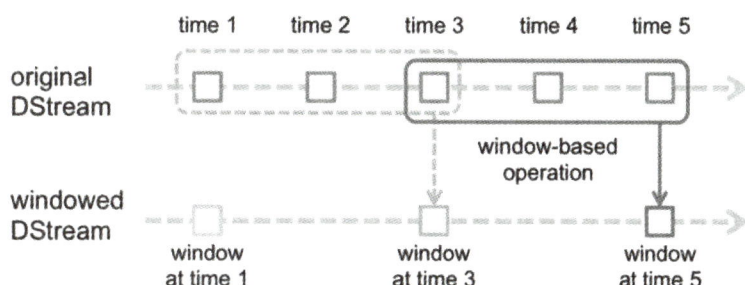

图 6-9　滑动窗口转换操作的计算过程

由图 6-9 可知，任何滑动窗口转换相关操作都要指定两个参数：

(1) 窗口的长度 (window length)，即窗口覆盖的时间长度 (图 6-9 中的窗口长度为 3)。

(2) 窗口每次的滑动间隔 (sliding interval)，即窗口启动的时间间隔 (图 6-9 中的滑动间隔为 2)。

此外，上述两个参数都必须是 DStream 批次间隔 (图 6-9 中的批次间隔为 1) 的整数倍。常用的滑动窗口转换操作如表 6-5 所示。

表 6-5　常用的滑动窗口转换操作

操　　作	含　　义
window(windowLength, slideInterval)	返回一个新的 DStream，它是基于 source DStream 的窗口 batch 进行计算的
countByWindow(windowLength, slideInterval)	返回 stream(流) 中滑动窗口元素的数
reduceByWindow(func, windowLength, slideInterval)	返回一个新的单元素 stream(流)，它通过在一个滑动间隔的 stream 中使用 func 来聚合
reduceByKeyAndWindow(func, windowLength, slideInterval, numTasks)	在一个 (K,V) pairs 的 DStream 上调用时，返回一个新的 (K,V) pairs 的 stream，其中每个 key 的 value 是在滑动窗口上的批次使用给定的函数 func 来聚合产生的
reduceByKeyAndWindow(func, invFunc, windowLength, slideInterval, numTasks)	该操作比 reduceByKeyAndWindow() 更有效，其中使用前一窗口的 reduce 值逐渐计算每个窗口的 reduce 值，它是通过减少进入滑动窗口的新数据以及 inverse reducing(逆减) 离开窗口的旧数据来完成的。注意：针对该操作的使用必须启用 checkpointing
countByValueAndWindow (windowLength, slideInterval, numTasks)	在一个 (K,V) pairs 的 DStream 上调用时，返回一个新的 (K,Long) pairs 的 DStream，其中每个 key 的 value 是它在一个滑动窗口之内的频次

6.2.3　有状态转换操作示例

在 Spark Streaming 的窗口操作中，window 操作针对源 DStream 窗口内的数据，经过计算后得到新的 DStream。

例如，创建一个程序文件 WindowDSream.scala，读取套接字流数据 (9999 端口)，设置批次间隔为 1 s，窗口长度为 3 s，滑动间隔为 1 s，截取 DStream 中的元素后打印输出，其代码如下：

```
import org.apache.spark.streaming.{Seconds, StreamingContext}
import org.apache.spark.{SparkConf, SparkContext}

object WindowDStream {
  def main(args: Array[String]): Unit = {
  val conf=new SparkConf().setMaster("local[4]")
      .setAppName("strem window method test")
    val sc=new SparkContext(conf)
    sc.setLogLevel("WARN")
    val ssc=new StreamingContext(sc,Seconds(1))
    val linesDS=ssc.socketTextStream("localhost",9999)
    // 使用 window 操作，窗口长度为 3 s，滑动间隔为 1 s
    val windowLines=linesDS.window(Seconds(3),Seconds(1))
    windowLines.print()
    windowLines.count().print()
    ssc.start()
    ssc.awaitTermination()
    sc.stop()
  }
}
```

运行上述代码，使用 Netcat 向端口发送数据。如果按照每秒发一个字母的速度发送，则输出结果如图 6-10 所示。

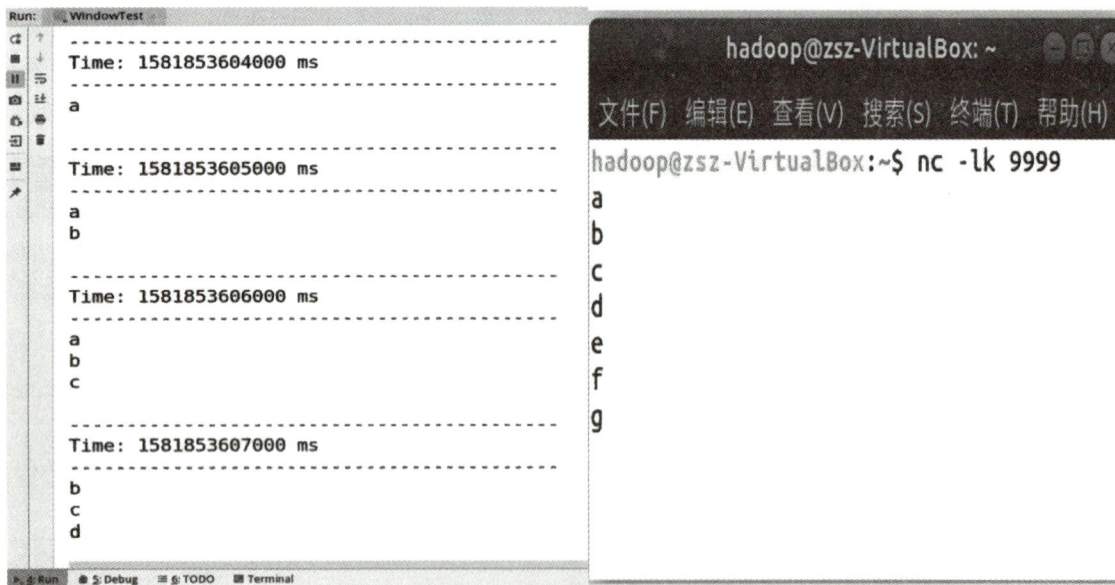

图 6-10 滑动窗口输出结果

从图 6-10 中可以发现：第 1 s 输出 a，第 2 s 输出 ab，第 3 s 输出 abc，而第 4 s 输出 bcd（因为窗口的长度为 3 s，所以此时 a 已经滑出当前窗口）。

表 6-5 中的 reduceByKeyAndWindow 操作与词频统计中使用的 reduceByKey 类似，但 reduceByKeyAndWindow 针对的是窗口数据源 (DStream 中截取的一段)，它是对窗口内所有数据进行计算的。例如，将窗口长度设置为 3 s、滑动间隔设置为 1 s，统计窗口内单词词频，相

关代码 (WindowDStream2.scala) 如下：

【源代码：WindowDStream2.scala】

```
import org.apache.spark.streaming.{Seconds, StreamingContext}
import org.apache.spark.{SparkConf, SparkContext}

object WindowDStream2 {
  def main(args: Array[String]): Unit = {
    val conf=new SparkConf().setMaster("local[4]")
        .setAppName("strem window method test")
     val sc=new SparkContext(conf)
     sc.setLogLevel("WARN")
     val ssc=new StreamingContext(sc,Seconds(1))
     val linesDS=ssc.socketTextStream("localhost",9999)
     // 对接收到的字符串进行切割
     val wordsDS=linesDS.flatMap(x=>x.split(" "))
     // 转换为 (word,1) 形式的键值对，便于后续的单词计数
     val kvDS=wordsDS.map(x=>(x,1))
     // 使用 reduceByKeyAndWindow 方法，计算窗口内单词词频 ( 窗口长度为 3 s，滑动间隔为 1 s)
     val windowWordCount=kvDS.reduceByKeyAndWindow(
      (a:Int,b:Int)=>a+b,Seconds(3),Seconds(1))
     windowWordCount.print()
     ssc.start()
     ssc.awaitTermination()
     sc.stop()
  }
}
```

上述代码中，kvDS.reduceByKeyAndWindow((a:Int,b:Int)=>a+b,Seconds(3),Seconds(1)) 表示计算滑动窗口内的单词词频，该滑动窗口的长度为 3 s，滑动间隔为 1 s。运行上述代码，使用 Netcat 向端口发送数据。按照每秒发一个字母的速度发送，输出结果如图 6-11 所示。

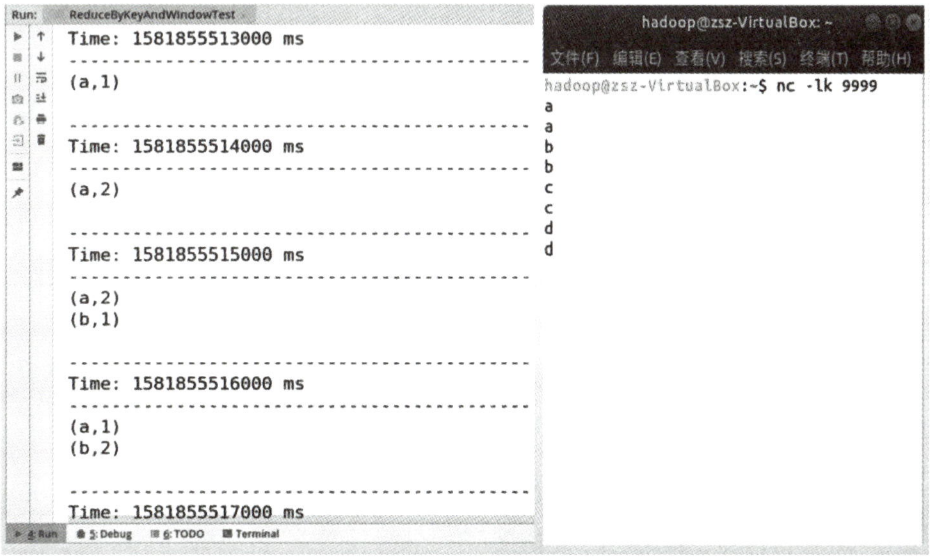

图 6-11　reduceByKeyAndWindow 词频统计结果

✎ 从图 6-11 中可以发现：第 1 s 输出 (a,1)，第 2 s 输出 (a,2)，第 3 s 输出 (a,1) 及 (b,1)。此时因为第 1 个字母已经滑出窗口，所以 a 的数量减少一个。

📋 任务实施

【源代码：UserBehavior03. scala】

本任务的实施思路与过程如下：

(1) 在 IDEA 中创建 Scala 程序文件 UserBehavior03.scala，搭建程序的基本框架，创建 SparkContext 对象 sc。相关代码如下：

```scala
import org.apache.spark.streaming.{Seconds, StreamingContext}
import org.apache.spark.{SparkConf, SparkContext}

object UserBehavior03 {
  def main(args: Array[String]): Unit = {
    val conf=new SparkConf().setMaster("local[2]")
      .setAppName("UserBehaviorAnalysis")
    val sc=new SparkContext(conf)
    sc.setLogLevel("ERROR")
// 这里继续添加代码
    ssc.start()
    ssc.awaitTermination()
    sc.stop()
  }
}
```

(2) 创建 DStream 来监听 9999 端口，StreamingContext 的时间间隔设置为 2 s。相关代码如下：

```scala
val ssc=new StreamingContext(sc,Seconds(2))
val lines=ssc.socketTextStream("localhost",9999)
```

(3) 将端口接收到的文本行数据按照空格切割。相关代码如下：

```scala
val pairs=lines.map(x=>x.split(" "))
```

(4) 创建滑动窗口 DStream，窗口长度为 10 s，滑动间隔为 4 s。相关代码如下：

```scala
val windowDS=pairs.window(Seconds(10),Seconds(4))
```

(5) 计算窗口内每个用户出现的次数，即每个用户的点击广告次数。相关代码如下：

```scala
val userOne= windowDS.map(x=>(x(0),1))     // 数据样式 (user,1)
val usersClickCount=userOne.reduceByKey(_+_)
```

(6) 过滤出点击次数超过 3 次的用户，即无效点击用户。相关代码如下：

```scala
val illegalUsers=usersClickCount.filter(x=>x._2 >= 3)
```

(7) 输出无效点击信息。相关代码如下：

```
illegalUsers.foreachRDD{
  rdd=>{
    println("-------- 无效用户点击行为 -------")
    rdd.foreach {
      e => {
        println(s" 预警用户：${e._1}，10 秒内点击【${e._2}】次 ")
      }
    }
    println("---------------------------")
  }
}
```

在上述代码中，illegalUsers.foreachRDD 是针对 illegalUsers 的每个元素 (RDD)，执行内部的匿名函数。在该匿名函数内部，打印输出相关信息。该段代码也可以用 illegalUsers.print() 代替，直接输出用户及点击次数。为了验证程序运行的效果，使用 Netcat 连续发出数据 (如 userA 101、userB 102、userC 103 等)，若 10 s 内某个用户出现的次数超过 3 次，则会打印出相关预警提示信息。

⫸⫸⫸ 任务 6.3 统计 1 min 内的订单量

统计 1 min 内的订单量

🗒 任务分析

在前述的 2 项任务中，Spark Streaming 通过 socket 监听端口方式获取流式数据，该方式比较适合简单测试。实际上，Spark Streaming 还可以读取文件、RDD 队列及 Kafka 数据，生成 DStream。本任务要求编写 Spark Streaming 程序来获取 Kafka 中的用户行为数据，其数据样式为 "用户 ID 行为类型"，其中 "行为类型" 包括：① (pv) 用户点击某个页面商品详情；② (buy) 下单购买商品；③ (cart) 放入购物车；④ (fav) 收藏商品。最终，统计出 1 min 内的用户下单数据。本任务的工作内容及相关知识点如表 6-6 所示。

表 6-6 工作内容及相关知识点

工 作 内 容	相关知识点
在 IDEA 中，创建 Scala 文件，搭建程序结构	StreamingContext
创建 DStream 对象，消费 Kafka 中的数据	KafkaUtils.createDirectStream
找出 DStream 中的下单行为数据	map、filter
统计下单数量，打印输出相关信息	foreachRDD

任务实施完毕后，程序运行结果如图 6-12 所示。

```
----------Spark读取Kafka数据----------

1分钟内，本平台【2】名客户下单，共【3】笔！

------------------------------------
```

图 6-12　程序运行结果

知识储备

6.3.1　由文件流创建 DStream

Spark Streaming 可以从 HDFS 目录和本地系统的文件目录中读取数据到 DStream，即 Spark Streaming 监控这些目录，一旦有目录中有文件加入，则获取文件中的内容，创建 DStream。

下面在 IDEA 下编写一个程序，通过 Spark Streaming 实时读取 HDFS 目录中的数据。

1. 启动 HDFS 服务

在 Ubuntu 终端使用如下命令启动 HDFS 服务：

```
cd /usr/local/hadoop/sbin
./start-dfs.sh
```

2. 准备数据文件

准备 3 个文件，分别为 file1.txt、file2.txt、file3.txt(位于 /home/hadoop 目录下)，其内容如图 6-13 所示 (读者可以输入任意内容)。

file1.txt 的内容：	file2.txt 的内容：	file3.txt 的内容：
I like spark	I like hadoop	I like spark and hadoop
He likes spark	He likes spark	He likes spark
She likes spark	She likes spark	

图 6-13　准备的 3 个文件

3. 编写程序

在 IDEA 工程中，新建一个 scala 文件 StreamReadHdfs.scala，相关代码如下：

【源代码：
StreamRead
Hdfs.scala 】

```scala
import org.apache.spark.streaming.{Seconds, StreamingContext}
import org.apache.spark.{SparkConf, SparkContext}

object StreamReadHdfs {
  def main(args: Array[String]): Unit = {
    val conf = new SparkConf()
      .setMaster("local[4]")
      .setAppName("StreamReadHdfs")
    val sc = new SparkContext(conf)
    sc.setLogLevel("WARN")
    // 新建 StreamingContext 实例
```

```
    val ssc = new StreamingContext(sc, Seconds(10))
    // 创建 DStream 用于监听 HDFS 相关目录
    val lines = ssc.textFileStream("hdfs://localhost:9000/user/hadoop/spark_streaming")
    // 逐行打印监听的数据
    lines.print()
    ssc.start()
    ssc.awaitTermination()
    sc.stop()
  }
}
```

在上述代码中，ssc.textFileStream 表示监控某个目录，若目录中有新文件到达，则读取其中的数据；lines.print() 则是打印 lines 的内容（即文本文件的内容）。

4. 运行测试

运行 StreamReadHdfs.scala 程序，Spark Streaming 开始监听 HDFS 的 spark_streaming 目录。然后在 Ubuntu 终端使用以下命令将 file1.txt、file2.txt、file3.txt 依次上传到 HDFS 的 spark_streaming 目录下：

```
cd /usr/local/hadoop/bin
./hdfs dfs -mkdir /user/hadoop/spark_streaming
./hdfs dfs -put /home/hadoop/file1.txt /user/hadoop/spark_streaming        # 上传 file1.txt
./hdfs dfs -put /home/hadoop/file2.txt /user/hadoop/spark_streaming        # 上传 file2.txt
./hdfs dfs -put /home/hadoop/file3.txt /user/hadoop/spark_streaming        # 上传 file3.txt
```

在 IDEA 的控制台，可以看到 Spark Streaming 能够监听到 spark_streaming 目录，当有数据流入（上传新文件到该目录）时，将该文件的内容打印出来，如图 6-14 所示。

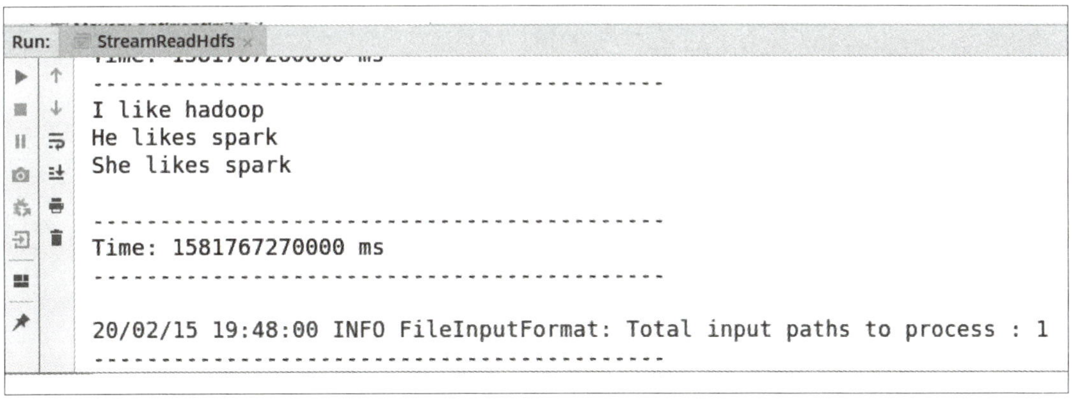

图 6-14　Spark Streaming 监听 HDFS 并输出结果

6.3.2　利用 RDD 队列流创建 DStream

DStream 可以看作离散的 RDD 序列，因此 Spark Streaming 可以读取由 RDD 组成的数据队列。

下面创建一个队列，并将动态生成的 RDD 不断添加到该队列中，然后持续读取队列中的 RDD，最终打印相关内容。相关代码如下：

【源代码：
StreamRead
RDD.scala】

```scala
import org.apache.spark.rdd.RDD
import org.apache.spark.streaming.{Seconds, StreamingContext}
import org.apache.spark.{SparkConf, SparkContext}


object StreamReadRDD {
  def main(args: Array[String]): Unit = {
    val conf = new SparkConf()
      .setMaster("local[4]")
      .setAppName("StreamReadRDD")
    val sc = new SparkContext(conf)
    sc.setLogLevel("WARN")
    val ssc = new StreamingContext(sc, Seconds(2))
    // 创建线程安全的队列，用于放置 RDD
    val rddQueue = new scala.collection.mutable.SynchronizedQueue[RDD[Int]]
    // 创建一个线程，通过 for 循环向队列中添加新的 RDD
    val addQueueThread = new Thread(new Runnable {
      override def run(): Unit = {
        for(i <- 1 to 5){
          // 向队列 rddQueue 中添加新的 RDD
          rddQueue += sc.parallelize(List(i))
          // 线程 sleep ( 休眠 )2000 ms
          Thread.sleep(2000)
        }
      }
    })
    // 通过读取 RDD 系列来创建 DStream
    val inputDStream = ssc.queueStream(rddQueue)
    inputDStream.print()
    // 启动 Spark Streaming
    ssc.start()
    // 启动 addQueueThread 线程，不断向 rddQueue 队列中添加新的 RDD
    addQueueThread.start()
    ssc.awaitTermination()
    sc.stop()
  }
}
```

上述代码中，创建了一个放置 RDD 的队列 rddQueue，然后创建了一个线程，在该线程内通过 for 循环向队列中添加新的 RDD。ssc.queueStream(rddQueue) 表示读取队列 rddQueue 来创建 DStream，当队列 rddQueue 添加新的元素时，将其读取到 DStream 中。执行 StreamReadRDD.scala，其输出结果如图 6-15 所示。

```
↑
↓          --------------------------------------------
           Time: 1706407904000 ms
↩          --------------------------------------------
↧          1
🖨
🗑         --------------------------------------------
           Time: 1706407906000 ms
           --------------------------------------------
           2
```

图 6-15　读取 RDD 队列并输出结果

> **小贴士**：Spark Streaming 读取 RDD 队列的应用场景较少，读者了解即可。关于 StreamReadRDD.scala 中涉及的线程相关操作，有兴趣的读者可以自行查找线程的学习资料。

6.3.3　Kafka 的安装与初步体验

除了套接字流、文件流、RDD 队列流，Spark Streaming 还支持 Kafka、Flume 等高级数据源。在实际的生产环境中，Spark Streaming 主要与 Kafka 对接，读取 Kafka 数据到 DStream 中，进而处理 Kafka 收集的数据，完成数据实时处理任务。该方式为目前主流的技术应用，需要重点学习。

Kafka 是一个分布式、支持分区、多副本的分布式消息系统，它可以实时地处理大量数据以满足多种需求场景，广泛应用于 Web 日志、访问日志等领域。Kafka 有如下几个特点：

(1) 高吞吐量、低延迟。Kafka 每秒可以处理几十万条消息，它的延迟最低只有几毫秒。

(2) 可扩展性。Kafka 可以组建集群，并且支持热扩展。

(3) 持久性、可靠性。消息被持久化到本地磁盘，并且支持数据备份防止数据丢失。

(4) 容错性。允许集群中的节点失败 (集群中保留多个副本)。

(5) 高并发。Kafka 支持数千个客户端同时读写。

Kafka 的工作原理如图 6-16 所示。消息的生产者 Producer(向 Kafka 发送数据的终端，可以是 APP 服务器、Web 服务器等) 产生数据后，通过 Zookeeper 找到 Broker(一台 Kafka 服务器就是一个 Broker，一个集群可以由多个 Broker 组成) 后，将数据放到 Broker 上并标记不同的主题 topic；消息消费者 Customer(从 Kafka 获取消息的终端) 根据自身订阅的主题 topic，通过 Zookeeper 找到相应的 Broker，然后消费相关数据。

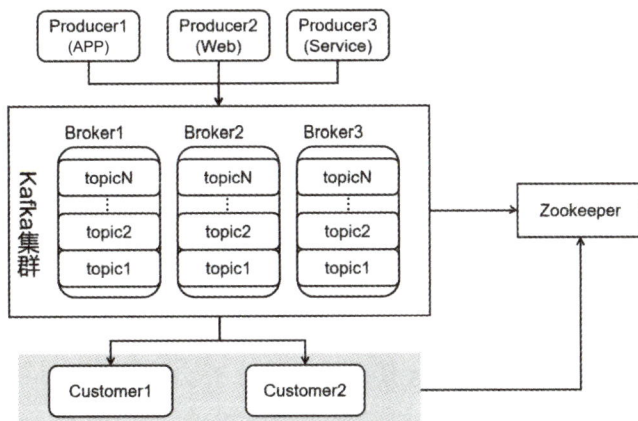

图 6-16　Kafka 的工作原理

Kafka 采集到数据后，可以交给 Spark Streaming、Flink 等完成后续的处理。为了后续任务的实施，先在计算机上配置好 Kafka 环境。

1. 安装 Kafka

进入 Kafka 的官网 https://kafka.apache.org/downloads，下载与本机 Scala 版本匹配的 Kafka 包，如图 6-17 所示。此安装包内已经附带 Zookeeper，不需要额外安装。

图 6-17　下载 Kafka

打开 Ubuntu 终端，使用下面的命令完成 Kafka 安装包的解压、重命名等工作：

```
sudo tar -zxvf /home/hadoop/soft/kafka_2.12-3.6.0.tgz  -C /usr/local      # 解压安装包
cd /usr/local/
sudo mv kafka_2.12-3.6.0/  kafka                                          # 修改目录的名称
sudo chown -R hadoop:hadoop kafka                                         # 更改目录所有者
```

2. 启动 Kafka

实践中，Kafka 经常与 Zookeeper 协同使用。Kafka 集群依赖 Zookeeper 来存储和管理 Kafka 的元数据信息和配置信息，Zookeeper 可以监控 Kafka Broker 的状态信息，帮助 Kafka 集群实现自动故障转移和负载均衡等功能。我们下载的 Kafka 中已经集成了 Zookeeper，因此无须单独安装。

打开一个 Linux 终端，输入以下命令直接启动 Zookeeper 服务：

```
cd /usr/local/kafka/
bin/zookeeper-server-start.sh config/zookeeper.properties
```

打开第二个 Linux 终端，输入以下命令启动 Kafka 服务：

```
cd /usr/local/kafka
bin/kafka-server-start.sh config/server.properties
```

> 小贴士：执行上述命令以后，Linux 终端会返回大量信息，最后停住不动（没有回到 Linux 的 shell 命令提示符状态）。此时，Zookeeper、Kafka 服务器已启动，正在处于服务状态，并非死机。因此不要关闭两个终端，否则相应的服务会停止。

3. 创建消息主题 topic 并测试 Kafka 是否安装成功

根据 Kafka 的工作原理可知，Kafka 接收的消息需要放入某个主题 topic 中，后续的消息消费者才能消费（获取）该主题内的数据。打开第三个 Linux 终端，添加一个消息主题 mytopic，命令如下：

```
cd /usr/local/kafka
bin/kafka-topics.sh --create --topic mytopic --bootstrap-server localhost:9092
```

使用如下代码查看主题 mytopic 是否创建成功，若创建成功，则会返回主题的名字"mytopic"：

```
cd /usr/local/kafka
bin/kafka-topics.sh --list --bootstrap-server localhost:9092
```

通过控制台向主题 mytopic 中发送消息 (可以自行输入多行文本数据)，命令如下：

```
cd /usr/local/kafka
bin/kafka-console-producer.sh --broker-list localhost:9092 --topic mytopic
```

打开第四个 Linux 终端，消费主题 mytopic 中的消息，命令如下：

```
cd /usr/local/kafka
bin/kafka-console-consumer.sh --bootstrap-server localhost:9092 --topic mytpic --from-beginning
```

若在输入上述代码后，返回输入的多行文本数据，则表明能够正确地消费主题中的信息。测试正常后，即可关闭第三个、第四个 Linux 终端，但第一个、第二个 Linux 终端不要关闭。

任务实施

本任务的实施思路与过程如下：

(1) 修改 porm.xml 文件，添加以下内容导入相关依赖：

```
<dependency>
  <groupId>org.apache.kafka</groupId>
  <artifactId>kafka_2.12</artifactId>
  <version>3.6.0</version>
</dependency>
```

(2) 创建 Scala 文件 UserBehavior04.scala，建立程序的基本框架，生成 StreamingContext 对象 ssc。其代码如下：

【源代码：
UserBehavior04.
scala】

```scala
import org.apache.spark.streaming.kafka010.ConsumerStrategies.Subscribe
import org.apache.spark.streaming.{Seconds, StreamingContext}
import org.apache.spark.{SparkConf, SparkContext}
import org.apache.spark.streaming.kafka010.KafkaUtils
import org.apache.spark.streaming.kafka010.LocationStrategies.PreferConsistent

object UserBehavior04 {
  def main(args: Array[String]): Unit = {
val conf=new SparkConf().setMaster("local[2]")
    .setAppName("UserBehaviorAnalysis")
    val sc=new SparkContext(conf)
    sc.setLogLevel("ERROR")
    val ssc=new StreamingContext(sc,Seconds(60))
    // 这里继续添加代码
    ssc.start()
    ssc.awaitTermination()
    sc.stop()
  }
}
```

(3) 以 Kafka 为数据源，创建 DStream。相关代码如下：

```
val kafkaParas=Map[String,String](                            // 设置 Kafka 相关参数
  "bootstrap.servers" -> "localhost:9092",
  "key.deserializer" -> "org.apache.kafka.common.serialization.StringDeserializer",
  "value.deserializer" -> "org.apache.kafka.common.serialization.StringDeserializer",
  "group.id" -> "use_a_separate_group_id_for_each_stream",
)
val topics=Set("mytopic")                                     // 将读取的 Kafka 主题 topic 写入 Set
val kafkaInputDS=KafkaUtils.createDirectStream(               // 创建 DStream
  ssc,
  PreferConsistent,
  Subscribe[String, String](topics,kafkaParas)
)
```

在上述代码中，kafkaParas 用于存放相关参数，参数中 bootstrap.servers 用于设置服务器及端口号。Kafka 数据采用键值对 (key,value) 的形式，key.deserializer、value.deserializer 则是设置 key、value 的反序列化规则。因为程序中可能消费的 Kafka 主题有很多，所以需要把主题 mytopic 放到一个 Set 或者 Array 中。KafkaUtils.createDirectStream 表示根据 Kafka 数据源创建 DStream。其中，PreferConsistent 为 Kafka 读取数据的策略；Subscribe[String, String] (topics,kafkaParas) 表示依据相应的参数订阅 (消费)topics 中所有主题的消息。

(4) 因为 Kafka 数据为键值对形式，这里不考虑键 key，只需要获取 value 部分 (value 部分是需要处理的信息)，得到新的 DStream(命名为 valueDS)；然后，利用 filter 操作过滤出 valueDS 中所有 buy 数据。相关代码如下：

```
val valueDS=kafkaInputDS.map(data=>data.value())            // 获取 value 部分，即真正要处理的数据
val buyDS=valueDS.filter(x=> x.contains("buy"))             // 过滤出 buy 类型
```

(5) 计算出 1 min 内所有的订单数据、下单顾客数量 (注意：一个顾客可能多次下单，因此要考虑去重)。相关代码如下：

```
buyDS.foreachRDD{
  rdd=>{
  val cntBuy = rdd.count()                                  // 所有的订单数量
    val users=rdd.map(elem => elem.split(" ")(0))           // 获取用户 ID
    val usersDistinct=users.distinct()                      // 去除重复的用户 ID
    val cntUser=usersDistinct.count()                       // 计算用户数量
    println("---------Spark 读取 Kafka 数据 ---------")
    println("")
    println(s"1 分钟内，本平台【$cntUser】名客户下单，共【$cntBuy】笔！")
    println("")
    println("-------------------------------")
  }
}
```

(6) 打开新的 Ubuntu 终端，输入以下命令进入 Kafka 控制台生成数据 (向主题 mytopic 中写数据)，可以看到 IDEA 控制台输出客户下单数量：

```
cd /usr/local/kafka
bin/kafka-console-producer.sh --broker-list localhost:9092 --topic mytopic  # 执行本代码后，输入下面的数据
101 buy
101 buy
102 pv
102 buy
103 cart
```

任务 6.4　电商用户的行为分析

任务分析

本任务针对某电商平台的用户行为数据 (源自阿里云天池数据集)，采用 Spark Streaming 进行处理，处理后的结果写入 MySQL。该数据集包含 10 万随机用户的行为，数据集的每一行表示一条用户行为，由用户 ID、商品 ID、商品类目 ID、行为类型 (包含 "pv 点击""buy 购买""cart 加购""fav 收藏") 和时间戳组成，并以逗号分隔。

整个数据集数据较多 (超过 1 亿条，涵盖用户 987 994 人、商品数量 4 162 024 件、商品类别 9439 个)，现抽取其中的 2000 行，构建数据集 userbehavior2000.csv。要求定时读取该文件中的用户行为数据，并写入 Kafka 的某主题，然后 Spark Streaming 在获取该主题的数据后进行处理，并将处理结果写入 MySQL 数据库。本任务的工作内容及相关知识点如表 6-7 所示。

表 6-7　工作内容及相关知识点

工 作 内 容	相关知识点
启动 Kafka，创建消息主题	Kafka 操作
创建 MySQL 数据库表	MySQL 操作
创建 Scala 程序，每隔 1 s 从 userbehavior2000.csv 中读取 10 行数据 (用户行为)，并写入 Kafka 主题	KafkaProducer、Source 读文件、Thread
创建 Scala 程序，从 Kafka 主题中消费数据	KafkaUtils
计算 1 min 内的下单、加购物车和收藏的次数 (每 10 s 更新 1 次)	map、filter、print、reduceByKeyAndWindow
过滤出下单数据，并写入 MySQL	foreachRDD、foreachPartition、写数据库相关操作

任务实施完毕后，进入 MySQL 可以查询到自 Kafka 主题中采集的 buy(购买) 行为数据，如图 6-18 所示。

电商用户的
行为分析

```
+--------+---------+---------+----------+------------+
| 序号   | 用户 ID | 商品 ID | 商品类别  | 下单时间    |
+--------+---------+---------+----------+------------+
|      1 | 107606  | 3481249 | 5161669  | 1512003019 |
|      2 | 110598  | 1765558 | 5161669  | 1511929751 |
|      3 | 129001  | 1692679 | 5161669  | 1511595874 |
|      4 | 121789  | 5115616 | 5158474  | 1511766019 |
|      5 | 127647  | 3904865 | 5156420  | 1512055251 |
|      6 | 1005924 | 3084640 | 5150761  | 1511971099 |
|      7 | 1007181 | 5124914 | 5150761  | 1511698944 |
|      8 | 1008830 | 2827416 | 5150761  | 1511743855 |
|      9 | 1008830 | 1483991 | 5150761  | 1511743855 |
|     10 | 1008830 | 2827416 | 5150761  | 1511745761 |
|     11 | 1008830 | 2234713 | 5150761  | 1511752864 |
|     12 | 1008830 | 3705094 | 5150761  | 1511752864 |
|     13 | 1008830 | 1483991 | 5150761  | 1511752864 |
|     14 | 1008830 | 2234713 | 5150761  | 1511763057 |
|     15 | 1008830 | 3705094 | 5150761  | 1511763057 |
|     16 | 1008830 | 1483991 | 5150761  | 1511763057 |
+--------+---------+---------+----------+------------+
16 rows in set (0.00 sec)
```

图 6-18　保存到 MySQL 中的 buy 行为数据

知识储备

6.4.1　将 DStream 数据保存到文件中

对于 DStream，除了可以调用 print 算子 (方法) 打印输出其内容，还可以使用其他输出算子 (方法) 将数据推送到外部系统，如数据库或者文件系统。需要注意的是，只有调用输出算子，才会真正触发 transformation 转换算子的执行 (与 RDD 类似)。目前，DStream 支持的输出算子如表 6-8 所示。

表 6-8　DStream 支持的输出算子

输出算子	用　途
print()	在驱动器节点上打印 DStream 每个批次中的前 10 个元素
saveAsTextFiles(prefix, [suffix])	将 DStream 的内容保存到文本文件中。每个批次一个文件，各文件命名规则为 "prefix-TIME_IN_MS[.suffix]"
saveAsObjectFiles(prefix, [suffix])	将 DStream 内容以序列化 Java 对象的形式保存到顺序文件中。每个批次一个文件，各文件命名规则为 "prefix-TIME_IN_MS[.suffix]"
saveAsHadoopFiles(prefix, [suffix])	将 DStream 内容保存到 Hadoop 文件中。每个批次一个文件，各文件命名规则为 "prefix-TIME_IN_MS[.suffix]"
foreachRDD(func)	最常用的算子，其目的是接收一个函数 func，func 将作用于 DStream 的每个 RDD 上。func 可以实现将每个 RDD 的数据推送到外部系统中，如保存到文件或者数据库中

下面的代码 (StreamSaveAsFile.scala) 在接收套接字数据流 (端口号 9999) 后，进行单词词频统计，然后使用 saveAsTextFiles 方法将统计结果保存到文本文件中。

```
import org.apache.spark.{SparkConf, SparkContext}
import org.apache.spark.streaming.{Seconds, StreamingContext}


object StreamSaveAsFile {
 def main(args: Array[String]): Unit = {
val conf = new SparkConf().setMaster("local[4]").setAppName("NetworkWordCount")
  val sc=new SparkContext(conf)
  sc.setLogLevel("WARN")
  val ssc = new StreamingContext(sc, Seconds(10))
  val lines = ssc.socketTextStream("localhost", 9999)
  val words = lines.flatMap(_.split(" "))
  val pairs = words.map(word => (word, 1))
  val wordCounts = pairs.reduceByKey(_ + _)
  // 使用 saveAsTextFiles 方法保存文件
  wordCounts.saveAsTextFiles("file:///home/hadoop/streamsave/file")
  ssc.start()
  ssc.awaitTermination()
  sc.stop()
 }
}
```

【源代码：
Stream
SaveAsFile.
scala】

程序运行完毕后，进入 /home/hadoop/streamsave 目录，可以发现 streamsave 目录下产生了若干 "file- 时间戳" 形式的子目录。这些子目录下，有若干 "part-000**" 形式的文件，此类文件保存了具体的 DStream 数据。相关命令如下：

```
hadoop@zsz-VirtualBox:~$ cd /home/hadoop/streamsave
hadoop@zsz-VirtualBox:~/streamsave$ ls
file-1706452370000 file-1706452380000 file-1706452390000 file-1706452400000
hadoop@zsz-VirtualBox:~/streamsave$ ls file-1706452370000
part-00000 part-00001 part-00002 part-00003 _SUCCESS
```

6.4.2　foreach 操作的使用

DStream.foreachRDD 是一个功能非常强大的算子 (方法)，其目的是接收一个函数 func 并将其作为参数，将 func 作用于 DStream 的每个 RDD 上，用户可以基于此算子 (方法) 将 DStream 数据推送到外部系统中。在前述的任务实施中，使用了 foreachRDD 将 DStream 数据进行了个性化打印输出。实际上，foreachRDD 还可以将数据输出到 MySQL、Redis、远程 TCP 连接、Kafka 等。

在介绍如何将数据输出到数据库前，需要先了解如何高效地使用 foreach 操作。下面列举两种常见的错误。

1. 在 Spark 驱动程序中建立连接

通常，对外部系统写入数据需要一些连接对象 (如远程 server 的 TCP 连接、数据库连接等)，以便发送数据给远程系统。因此，开发人员可能会不经意地在 Spark 驱动器进程中创建一个连接对象，然后又试图在 Spark worker 节点上使用这个连接。相关代码如下：

```
dstream.foreachRDD { rdd =>
 val connection = createNewConnection()              // 在驱动器进程中执行
 rdd.foreach { record =>
  connection.send(record)                            // 在 worker 节点上执行
 }
}
```

上述代码是错误的。因为创建 connection 的代码 connection = createNewConnection() 是在驱动器进程中执行的，要想发送给 worker 节点则必须序列化，而这些 connection 连接对象通常都是不能序列化、不能在不同节点间传输的。

2. 为每一条记录建立一个连接

解决上述错误的办法就是在 worker 节点上创建连接对象。然而，有些开发人员可能会走到另一个极端，即为每条记录都创建一个连接对象，相关代码如下：

```
dstream.foreachRDD { rdd =>
 rdd.foreach { record =>
  val connection = createNewConnection()
  connection.send(record)
  connection.close()
 }
}
```

一般来说，连接对象是有时间和资源开销限制的。对每条记录都进行一次连接对象的创建和销毁会增加很多不必要的开销，同时也会大大减小系统的吞吐量。因此，上述代码效率低下。

为了提升程序的执行效率，一个比较好的解决方案是使用 rdd.foreachPartition，为 RDD 的每个分区创建一个单独的连接对象，这样建立一次连接对象，即可完成多条数据的推送。相关代码如下：

```
dstream.foreachRDD { rdd =>
 rdd.foreachPartition { partitionOfRecords =>
  val connection = createNewConnection()
  partitionOfRecords.foreach(record => connection.send(record))
  connection.close()
 }
}
```

6.4.3 将 DStream 写入 MySQL

下面介绍使用 foreachRDD 算子将实时词频统计的结果写入 MySQL 数据库。

(1) 打开一个 Linux 终端，输入以下命令启动 MySQL 服务并进入 MySQL 客户端：

```
service mysql start    # 启动 MySQL 服务
mysql -u root -p       #屏幕会提示输入密码，输入正确密码后即可进入 MySQL 客户端
```

(2) 创建 MySQL 数据库 stream 及数据库表 car_position，用于保存单词计数的结果。相关命令如下：

```
CREATE DATABASE  stream;
USE stream;
CREATE TABLE IF NOT EXISTS 'wordcount'(
  'word' VARCHAR(40) NOT NULL,
  'cnt' INT NOT NULL
)ENGINE=InnoDB DEFAULT CHARSET=utf8;
```

(3) 在 IDEA 工程中，创建 StreamMySQL.scala 程序，其主体结构如下：

【源代码：
StreamMySQL.
scala】

```
import org.apache.spark._
import org.apache.spark.streaming.StreamingContext
import org.apache.spark.streaming.Seconds
import java.sql.{Connection,DriverManager,PreparedStatement}
object StreamSaveAsMysql{
  def main(args: Array[String]): Unit = {
val conf=new SparkConf().setAppName("Stream save as Mysql").setMaster("local[4]")
  val sc=new SparkContext(conf)
  sc.setLogLevel("WARN")
  // 监听 9999 端口的流数据，每 10 s 作为处理时间间隔
  val ssc=new StreamingContext(sc,Seconds(10))
  val lines = ssc.socketTextStream("localhost", 9999)
  val words = lines.flatMap(_.split(" "))
  val pairs = words.map(word => (word, 1))
  val wordCounts = pairs.reduceByKey(_ + _)
  // 这里继续添加代码，将数据写入数据库
  ssc.start()
  ssc.awaitTermination()
sc.stop()
  }
}
```

上述代码完成了词频的统计工作。

(4) 针对 wordCounts，借助 foreachRDD、foreachPartition 等操作，将数据写入数据库，相关代码如下：

```
// 使用 foreachRDD 方法将流数据写入数据库
wordCounts.foreachRDD(rdd=>
    rdd.foreachPartition{partitionOfRecords=>
    // 设置 url 等参数，为每一个 RDD 分区创建一个连接
    val url="jdbc:mysql://localhost:3306/stream"
    val user="root"
    val password="123"
    Class.forName("com.mysql.cj.jdbc.Driver")
    // 创建数据库连接 connection
    val connection=DriverManager.getConnection(url,user,password)
    connection.setAutoCommit(false)
```

```
val stmt=connection.createStatement()        // 创建 Statement
partitionOfRecords.foreach(record=>{         // partitionOfRecords 的数据类型为 Iterator[(String, Int)]
val sql="insert into wordcount " + " values ('"+record._1+"', '"+record._2+"')"
    stmt.addBatch(sql)
})
stmt.executeBatch()                          // 批量执行 insert
connection.commit()
})
```

（5）运行 StreamMySQL.scala，使用 Netcat 向 9999 端口发送数据。在 MySQL 客户端，输入命令查询 wordcount 表的记录，可以发现流数据成功写入 MySQL。相关命令如下：

```
mysql> select * from wordcount;
+-------+-----+
| word  | cnt |
+-------+-----+
| Spark |  1  |
| like  |  2  |
+-------+-----+
2 rows in set (0.00 sec)
```

任务实施

本任务的整体实现思路如图 6-19 所示。首先在 IDEA 中编写 KafkaMsgProduce.scala 程序，读取 userbehavior2000.csv 的数据（每隔 1 s 读取 10 条数据，用于模拟用户的行为），然后将数据写入 Kafka 的主题 userbehavior。在 IDEA 中编写 KafkaUserBehavior.scala 程序，用于消费 Kafka 主题 userbehavior 中的数据，进而完成数据的处理分析。最后，将处理后的部分数据写入 MySQL 数据库。

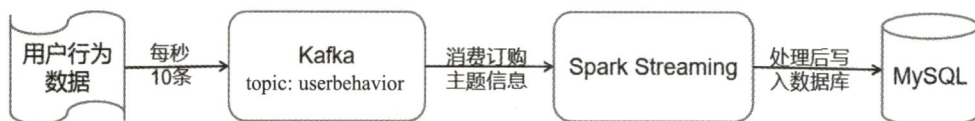

图 6-19　任务整体思路

下面介绍本任务的具体实施过程。

1. Kafka 相关的准备工作

打开一个 Linux 终端，启动 Zookeeper 服务，命令如下（注意，本窗口不要关闭）：

```
cd /usr/local/kafka/
bin/zookeeper-server-start.sh config/zookeeper.properties
```

打开第二个 Linux 终端，启动 Kafka 服务，命令如下：

```
cd /usr/local/kafka
bin/kafka-server-start.sh config/server.properties
```

打开第三个 Linux 终端，创建 Kafka 主题 userbehavior，命令如下：

```
cd /usr/local/kafka
bin/kafka-topics.sh --create --topic userbehavior --bootstrap-server localhost:9092
```

2. 数据库相关准备工作

再打开一个 Linux 终端，输入以下命令启动 MySQL 服务并进入：

```
service mysql start      # 启动 MySQL 服务
mysql -u root -p          # 屏幕会提示输入密码，输入正确密码后即可进入 MySQL 客户端
```

进入 MySQL 客户端后，创建 MySQL 数据库 ecommerce 及数据库表 buybehavior，用于存储用户行为数据。相关命令如下：

```
CREATE DATABASE  ecommerce;
USE ecommerce;
CREATE TABLE IF NOT EXISTS `buybehavior`(
 `id` BIGINT UNSIGNED AUTO_INCREMENT,
 `userID` VARCHAR(50) NOT NULL,
 `itemID` VARCHAR(40) NOT NULL,
 `categoryID` VARCHAR(40) NOT NULL,
 `timestamp` VARCHAR(40) NOT NULL,
 PRIMARY KEY ( `id` )
)ENGINE=InnoDB DEFAULT CHARSET=utf8;
```

3. 将文件中的数据自动写入 Kafka 主题

前述任务中，Kafka 数据是我们手工写入主题的。这里我们编写一个 Scala 程序 KafkaMsgProducer.scala，该程序每秒读取文件 userbehavior2000.csv 中的 10 行数据，并将这些数据写入 Kafka 主题 userbehavior。KafkaMsgProducer.scala 的实现过程可以分成以下 4 个步骤：

(1) 建立 KafkaMsgProducer.scala 的主体结构，并引入相关的包。相关代码如下：

【源代码：KafkaMsgProducer.scala】

```
import java.util.HashMap
import scala.io.Source
import org.apache.kafka.clients.producer.{KafkaProducer, ProducerConfig, ProducerRecord}


object KafakMsgProducer {
 def main(args: Array[String]): Unit = {
   // 这里继续添加代码
 }
}
```

(2) 设置 Kafka 的连接属性，创建 Kafka 消息生产者 (即能够向 Kafka 某主题发出消息的对象)。相关代码如下：

```
// 连接属性采用 K->V 键值对形式存储在 HashMap 中
 val properties = new HashMap[String, Object]()
 properties.put(ProducerConfig.BOOTSTRAP_SERVERS_CONFIG, "localhost:9092")
 properties.put(ProducerConfig.VALUE_SERIALIZER_CLASS_CONFIG,
     "org.apache.kafka.common.serialization.StringSerializer")
 properties.put(ProducerConfig.KEY_SERIALIZER_CLASS_CONFIG,
     "org.apache.kafka.common.serialization.StringSerializer")
 // 构建一个 Kafka 消息生产者
 val producer = new KafkaProducer[String, String](properties)
```

(3) 读取 userbehavior2000.csv 文件的内容，并放入列表 lines。相关代码如下：

```
val path="/home/hadoop/data/userbehavior2000.csv"
val lines=Source.fromFile(path).getLines().toList        // 读取文件，并放入列表
val linesNum=lines.length                                // 文件的长度
```

(4) 使用循环遍历列表 lines，每次读取 10 行数据，并写入 Kafka 的 userbehavior 主题，而后线程 sleep(休眠)1 s。相关代码如下：

```
var index=0                              // index 为索引号，即从 userbehavior2000 的第 0 行开始读取数据
while(index<= linesNum){
    for(i<- 0 to 9){                     // 读取 10 行数据
      val str=lines.apply(index+i)       // 获取列表 lines 的第 index+i 个元素
      val message = new ProducerRecord[String, String]("userbehavior", null, str)      // 创建 Kafka 消息
      producer.send(message)             // 向 Kafka 主题发出消息
    }
    index=index+10                       // 索引号加 10
    Thread.sleep(1000)                   // 线程 sleep 1 s
}
```

4. 订阅并分析 userbehavior 主题中的数据

创建 Scala 程序 (KafkaUserBehavior.scala) 读取 Kafka 数据 (消息主题为 userbehavior)，创建 DStream。然后使用窗口方法，统计过去 60 s 内下订单数量、加入购物车次数、加入收藏次数，每隔 10 s 更新一次。最后找出所有 buy 行为数据，将 buy 数据写入 MySQL 数据库的 buybehavior 表。KafkaUserBehavior.scala 的实现过程如下：

(1) 搭建 KafkaUserBehavior.scala 程序基本框架，创建 StreamingContext 对象 ssc。相关代码如下：

【源代码：
KafkaUser
Behavior.
scala】

```
import org.apache.spark._
import org.apache.spark.streaming.StreamingContext
import org.apache.spark.streaming.Seconds

import org.apache.spark.streaming.kafka010.ConsumerStrategies.Subscribe
import org.apache.spark.streaming.kafka010.KafkaUtils
import org.apache.spark.streaming.kafka010.LocationStrategies.PreferConsistent
import java.sql.DriverManager

object KafkaUserBehavior {
  def main(args: Array[String]): Unit = {
val conf = new SparkConf()
    .setMaster("local[4]")
    .setAppName("Kafka strem")
  val sc = new SparkContext(conf)
  sc.setLogLevel("WARN")
  val ssc = new StreamingContext(sc, Seconds(1))
// 这里继续添加代码
  ssc.start()
  ssc.awaitTermination()
  sc.stop()
  }
}
```

(2) 读取 Kafka 中的 userbehavior 主题数据，创建 DStream。相关代码如下：

```
val kafkaParas=Map[String,String](                          // Kafka 连接参数
  "bootstrap.servers" -> "localhost:9092",
  "key.deserializer" -> "org.apache.kafka.common.serialization.StringDeserializer",
  "value.deserializer" -> "org.apache.kafka.common.serialization.StringDeserializer",
  "group.id" -> "use_a_separate_group_id_for_each_stream",
)
val topics=Set("userbehavior")                              // 将 userbehavior 主题字符串键入 Set
val kafkaInputDS=KafkaUtils.createDirectStream(             // 创建 DStream
  ssc, PreferConsistent,  Subscribe[String, String](topics,kafkaParas)
)
```

(3) 利用窗口操作，统计过去 60 s 内下订单数量、加入购物车次数、收藏次数，每隔 10 s 更新一次。相关代码如下：

```
val kafkaString=kafkaInputDS.map(x=>x.value())             // 要处理的对象为 Kafka 数据中的 value 部分
val notPV=kafkaString.map(x=>x.split(",")).filter(x=> !x(3).equals("pv"))    // 去掉 pv 点击行为
val tupleDS=notPV.map(x=>(x(3),1))                         // x(3) 为 buy、cart 或 fav
val resultDS=tupleDS.reduceByKeyAndWindow((a:Int,b:Int)=>a+b,Seconds(60),Seconds(10))  // 窗口操作，
                                                                                分类统计
resultDS.print()
```

(4) 使用 filter 操作找出所有的 buy 数据，然后借助 foreachRDD 等操作，将 buy 数据写入 MySQL。相关代码如下：

```
val buyDS=notPV.filter(x=>x(3).equals("buy"))
buyDS.foreachRDD(rdd=>
  rdd.foreachPartition{partitionOfRecords=>
      // 设置数据库连接的 url、用户名、密码等
      val url="jdbc:mysql://localhost:3306/ecommerce"
      val user="root"
      val password="123"
      Class.forName("com.mysql.cj.jdbc.Driver")
      // 生成数据库连接对接对象 connection
      val connection=DriverManager.getConnection(url,user,password)
      connection.setAutoCommit(false)
      val stmt=connection.createStatement()
      partitionOfRecords.foreach(record=>{
        val sqlStr= "insert into buybehavior (userID,itemID,categoryID,timestamp) " +
        " values ('" + record(0) + "', '" + record(1) + "', '" + record(2) + "', '" + record(4) + "')"
        stmt.addBatch(sqlStr)
      })
      stmt.executeBatch()
      connection.commit()
  })
```

程序编写完毕后，首先运行 KafkaMsgProducer.scala，读取 userbehavior2000.csv 中的数据并发送到 Kafka 相应主题中；然后运行 KafkaUserBehavior.scala，在 IDEA 控制台中输出 60 s 内购买、加入购物车和收藏行为的次数（每 10 s 更新一次）。如图 6-20 所示，60 s 内用户共加购物车 20 次，下单购买 16 次，收藏 4 次。

```
Time: 1706513637000 ms
----------------------------------------
(cart,20)
(buy,16)
(fav,4)
```

图 6-20   60 s 内某电商用户行为数据

结束上述程序的运行后，打开一个 Linux 终端，输入 mysql -u root -p 命令（屏幕会提示输入密码），然后输入正确密码即可进入 MySQL 客户端，查询数据库表 buybehavior 中已经成功添加了若干行数据。其代码如下：

```
mysql> use ecommerce;
Database changed
mysql> select id as '序号', userID as '用户 ID',itemID as '商品 ID',categoryID as '商品类别',timestamp as '
下单时间' from buybehavior;

+--------+---------+----------+------------+-------------+
|序号 |用户 ID |商品 ID | 商品类别 | 下单时间 |
+--------+---------+----------+------------+-------------+
|     1| 107606 |3481249 | 5161669 |1512003019 |
|     2| 110598 |1765558 | 5161669 |1511929751 |
|     3| 129001 |1692679 | 5161669 |1511595874 |
|     4| 121789 |5115616 | 5158474 |1511766019 |
|     5| 127647 |3904865 | 5156420 |1512055251 |
|    16| 1008830|1483991 | 5150761 |1511763057 |
+--------+---------+----------+------------+-------------+
16 rows in set (0.00 sec)
```

项 目 小 结

近年来，随着网络技术的发展，电子商务、智能监控、新闻平台等领域流式数据的实时计算需求大增。Spark Streaming 是 Spark 实时计算的组件之一，文件流、套接字、RDD 队列、Kafka、Flume 等均可作为其输入源。DStream 是 Spark Streaming 的数据抽象，提供了有状态转换和无状态转换两种类型，并且可以将计算结果写到文本文件、MySQL 等数据库中，进而供其他系统使用（如将计算结果展示在 Web 网页中等）。

知 识 检 测

1. 判断题

(1) 对于流数据的计算，一般允许在较长时间内完成。(　　)

(2) DStream 是 Spark Streaming 的数据抽象，它是包含固定个数的 RDD 的集合。(　　)

(3) Spark Streaming 中，窗口滑动时间必须为批处理时间间隔的整数倍。(　　)

(4) DStream 只能通过 Kafka、Flume 等高级数据源来获取。(　　)

(5) DStream 无状态转换操作当前批次的处理需要使用之前批次的数据或者中间结果。
(　　)

(6) DStream 写入数据库时，最好为每条数据单独建立 connection，从而保证系统执行的效率。
(　　)

(7) Kafka 消息必须写入到消息主题 topic 中，Spark Streaming 读取 Kafka 数据时要指定主题的名字。(　　)

(8) Spark Streaming 可以读取文件数据，但该文件必须位于本地目录中。(　　)

(9) Spark Streaming 读取 socket 数据 (端口数据) 时，需要使用 socketTextStream 方法。(　　)

(10) Spark Streaming 可以利用 saveAsTextFiles 方法将数据写入到一个文件中，当有新数据到达时，会全部更新到该文件中。(　　)

2. 选择题

(1) 若使用 Spark Streaming 获取本机 9999 端口的数据，下列选项正确的是 (　　)。

A. ssc.socketStreaming("localhost",9999)

B. ssc.readSocket("localhost",9999)

B. ssc.socketTextStream("localhost",9999)

D. ssc.socketStream("localhost",9999)

(2) 关于 Spark Streaming 的数据源，下列说法错误的是 (　　)。

A. Spark Streaming 可以读取本机或集群中节点的 socket 数据

B. Spark Streaming 以文件作为数据源时，仅能读取本地文件，而不能读取 HDFS

C. Spark Streaming 读取 Kafka 数据时，需要确定 Kafka 主题

D. Spark Streaming 读取 RDD 队列，可以采用 queueStream() 方法

(3) 关于 Spark Streaming，下列说法正确的是 (　　)。

A. Spark Streaming 主要处理流式数据，其思想是将流式数据按照时间切割为微批次后，参照 DataFrame 完成数据分析

B. Spark Streaming 的数据模型是 DStream，其用法与 DataFrame 类似

C. Spark Streaming 可以将计算结果输出到控制台，但出于安全性考虑，不能将结果保存到文件中

D. Spark Streaming 读取 Kafka 时，可以采用 KafkaUtils.createDirectStream 方式

(4) 关于 DStream 的数据转换，下列说法错误的是 (　　)。

A. 分为有状态转换和无状态转换两大类

B. DStream 不能使用 reduce 操作，而只能使用 reduceByWindow 操作

C. 可以使用 filter 操作完成数据的筛选

D. 使用 transform 操作，能够对 DStream 的每个 RDD 执行任意基础操作

(5) 关于 DStream 的输出操作，下列说法错误的是 (　　)。

A. print 操作可以在 driver 端输出 DStream 数据

B. 借助 saveAsHadoopFiles 方法，可以将数据保存到 Hadoop HDFS 中

C. foreachRDD 操作可以将结果输出到外部系统中

D. ForeachRDD 将数据写入数据库时，需要在 Driver 端建立数据库连接，从而保证数据按既定顺序写入

素 养 与 拓 展

人无信不立，业无信不兴，国无信不强。诚信是文明社会不可或缺的基石，信息时代尤其要重视诚信。加强网络诚信建设，已经成为网络空间治理的迫切课题。近年来，我国不断完善政策法规，及时部署开展"清朗"等专项行动，打击网络谣言等危害网络诚信的行为；成功举办中国网络诚信大会，开展"诚信之星"评选、"星诚之约"手势舞云传递等活动；推动广大互联网企业积极投身网络诚信建设，加强企业诚信经营管理，推行"七天无理由退货"等制度。在各方携手努力下，我国网络诚信建设取得积极进展和成效，为网络文明不断注入正能量。《中国网络诚信发展报告 2023》显示，网民对 2022 年网络诚信建设状况满意率达 84.24%，网络诚信领域向上向善形势更加巩固。

但我们也应该清醒地看到，网络诚信建设面临着新问题、新挑战。"网络水军"等网络失信顽瘴痼疾，在严厉整治下以新的形式改头换面、反弹回潮；打赏失度、违规营利、恶意营销等问题屡见不鲜；生成式人工智能、深度合成技术等兴起的同时，也让虚假信息、网络谣言等更难甄别。加强网络诚信建设，难以毕其功于一役，需要凝聚众智、集聚众力、久久为功；在此过程中，也需要我们新时代青年群体的参与、支持。

【拓展案例】

1. 需求说明

某平台根据业务需要，针对访客进行黑名单过滤 (部分访问请求为网络机器人、爬虫、非法用户等)。为此，平台根据以往情况建立了一个访问黑名单 (同时会定期更新黑名单)，当接到用户访问请求时，查找黑名单，非法用户予以过滤。假设现有黑名单 IP 如下：

```
140.233.0.01
140.233.0.02
140.233.0.03
```

使用 socket 套接字模拟访客登录，包含访客 IP 地址、请求的页面 (用数字 1 ～ 10 表示)，示例如下：

```
140.233.0.02  1
140.233.0.06  1
140.233.0.01  2
140.233.0.08  1
```

要求使用 Spark Streaming 技术编写程序，完成黑名单过滤；同时统计过去 20 s 内访问量最大的页面 (每 5 s 更新一次)。

2. 实施思路

(1) 在 IDEA 中创建 Scala 文件，编写程序主体框架。

(2) 根据黑名单创建 RDD。

(3) 以 socket 为数据源，创建 DStream；使用 map、split 等方法，对其中的数据进行切割，并转换为元组。

(4) 使用 transform、join 等操作，将黑名单 RDD 与 DStream 中的 RDD 连接；使用 filter 操作去掉黑名单用户的访问。

(5) 使用窗口方法，完成结果统计。

3. 总结反思

(1) 在使用 Spark Streaming 技术完成本案例的过程中，你遇到了哪些具体问题？你是如何逐个解决的？

(2) 诚信问题是当前社会关注的热点问题，在青年群体中你认为该如何弘扬诚信正气？

(3) 对于网络诚信建设面临的新问题，应从哪些方面着手治理？信息技术手段，尤其是大数据、人工智能技术可以解决哪些问题？

项 目 7

基于 Structured Streaming 的
智慧交通数据处理

情境导入

　　随着我国机动车保有量的迅猛增长，交通拥堵问题日渐显现，"节日必堵、上班必堵"给人们的生活带来极大烦恼。据百度地图公布的数据，2023 年北京人均通勤时耗达到 44.47 min，成为全国人均通勤时耗最长的城市。城市交通路口，尤其是繁忙路段的道路交会口，是影响交通流量的关键节点。这些路口的交通参与者多，承载了多方向的交通流量，更容易发生交通拥堵、交通事故等问题。这就需要合理安排警力，开展现场执法、疏导交通，根据车流情况适时调节交通信号灯。

　　党的二十大报告强调，加快建设交通强国、数字中国。对此，此前发布的《数字交通"十四五"发展规划》也明确提出，交通要全方位向"数"融合。在诸多利好政策加持下，各地的数字交通建设迎来关键发展期。利用物联网、人工智能、大数据等新一代 IT 技术，解决"安全监管压力大、交通拥堵整治难、应急事件处置慢、分析研判不智能"等痛点，构建智慧交通系统，实施智慧出行成为当前研究热点。某地的智慧城市建设项目中，设置了大量智能摄像头、传感器等交通采集设备，期望借此及时、准确地获取实时数据。为此，开发团队引入了 Spark 中新一代流计算引擎 Structured Streaming，开展交通数据的实时处理，从而及时掌控各重要卡口的实时状况，为智慧交通贡献力量。

项目分解

　　按照"输入数据、处理数据、输出数据"的顺序，将整个项目分解为 4 个任务。项目分解说明如表 7-1 所示。

表 7-1　项目分解说明

序号	任 务	任 务 说 明
1	统计正常工作的监控设备数	了解 Structured Streaming 的工作原理，编写简单的流计算程序来统计各卡口正常状态的监控设备数
2	找出超速通过卡口的车辆	采用 Kafka 作为数据源，采集车辆通过卡口时的车速，与本卡口的最高限速进行比对，找出超速通过的车辆
3	计算车辆通过的平均速度	计算各卡口 10 min 内的平均通过速度（每 2 min 更新 1 次），要求考虑延迟到达的数据及重复数据
4	将数据处理的结果写入 MySQL	为了便于后续的处理分析，将 Structured Streaming 处理完毕的数据写入 MySQL 数据库

学习目标

(1) 了解 Structured Streaming 的计算逻辑与流程；
(2) 能够读取 socket、File 及 Kafka 数据源，创建流式 DataFrame；
(3) 能够利用 DataFrame/Dataset 的相关操作，完成流数据的处理；
(4) 使用 writeStream 等方法，将处理后的数据输出到 File、Kafka 及数据库中。

任务 7.1　统计正常工作的监控设备数

统计正常工作
的监控设备数

任务分析

在智慧交通系统中，每个交通卡口均包含若干监控摄像头，这些摄像头需要定时发送设备状态信息到后台。监管人员需要不定期查看卡口是否正常，及时排查有故障的监控设备。本任务使用 Netcat 模拟发出设备状态数据，其数据样式为"卡口 ID 监控设备 ID 状态码"，其中状态码 100 表示设备正常，其他状态码均为异常，要求采用 Spark Streaming 技术实时统计正常工作的监控设备数量。本任务的工作内容及相关知识点如表 7-2 所示。

表 7-2　工作内容及相关知识点

工 作 内 容	相关知识点
在 IDEA 中创建 Scala 程序，搭建基本框架	SparkSession
读取 socket 端口的流数据，创建流式 DataFrame	readStream、format、option
分组统计各卡口正常工作的监控设备数量	map、toDF、filter、groupBy、approx_count_distinct
启动流计算，将结果信息输出到控制台	writeStream、outputMode、format、start

任务实施完毕后，打印出正常设备的数量，程序运行结果如图 7-1 所示。

```
----------------------------------------
Batch: 4
----------------------------------------
+--------+----------+
|卡口编号|正常设备数量|
+--------+----------+
|     B01|         1|
|     A01|         2|
+--------+----------+
```

图 7-1　程序运行结果

知识储备

7.1.1　Spark Streaming 的不足

Spark Streaming 是 Apache Spark 早期的流数据处理模块，用户使用 DStream 相关 API 开展数据处理，其底层基于 RDD 开发，支持高吞吐和良好的容错，能够满足大多数流式数据处理场景的需求。但随着技术的发展，Spark Streaming 逐渐暴露出诸多不足：

(1) 延迟高，不能做到真正的实时。Spark Streaming 会接收实时数据源的数据，并切分成很多小的批次 (batches)，然后交给 Spark 引擎执行，产出同样由很多小的批次组成的结果流。本质上，这是一种 micro-batch(微批处理) 的方式，用批处理的思想去处理流数据。这种设计让 Spark Streaming 数据处理的延迟较高，无法满足毫秒级响应的企业应用需求。

(2) API 基于底层 RDD，不直接支持简单的 SQL。DStream 提供类似 RDD 的 API，是相对低等级的 API。编写 Spark Streaming 程序，本质上是沿用 Spark Core(RDD) 的开发思路，首先构造 RDD 的 DAG 执行图，然后通过 Spark Engine 运行。该方式依赖于开发者的技术水平与理解，缺乏自动优化的空间，程序执行的效率相对低。

(3) 以数据处理时间为基准，难以支持 Event Time(事件发生的时间，简称事件时间)。Spark Streaming 以每条数据接收的时间为准，划分窗口、执行计算，但很多场景要求以事件发生时间为准开展计算。例如在物联网中，某传感器可能在 10:00:00 产生了一条数据，而后在 10:00:05 将数据传送到 Spark，那么 Event Time 就是 10:00:00，而 Processing Time(处理时间) 就是 10:00:05。因为 Spark Streaming 的数据切割是基于 Processing Time 的，这样就导致使用事件时间比较困难。

(4) 批处理、流处理的 API 不一致。Streaming 尽管是对 RDD 的封装，但是要将 DStream 代码完全转换成 RDD 还需要一定的工作量。此外，当前 Spark 批处理的推荐使用 DataFrame/Dataset，这与 Spark Streaming 存在较大差异。

7.1.2　Structured Streaming 编程模型

面对 Spark Streaming 的诸多弊端及 Apache Flink(另一款流行的数据处理引擎) 的崛起，在 Spark 2.0 版本中发布了新的流计算的 API——Structured Streaming 结构化流。Structured Streaming 是一款基于 Spark SQL 引擎的可扩展、容错、全新的流处理引擎，它统一了流、批的编程模型 (均使用 DataFrame/Dataset)，可以让用户像编写批处理程序一样编写高性能的流处理程序。此外，Structured Streaming 新引擎实现了之前在 Spark Streaming 中欠缺的功能，比如 Event Time 的支持、Continuous Processing(连续处理) 毫秒级响应等，同时也考虑了和 Spark 其他组件的高效集成问题。

Structured Streaming 借鉴了 Google Dataflow 和 MillWheel 的部分设计思路，其核心思想是将流数据视为一张可以不断添加数据的无界表 (Unbounded Table，即可以"无限"扩充的表)，每个新到达的流数据都会被添加到这个表中 (作为表的新行)，如图 7-2 所示。

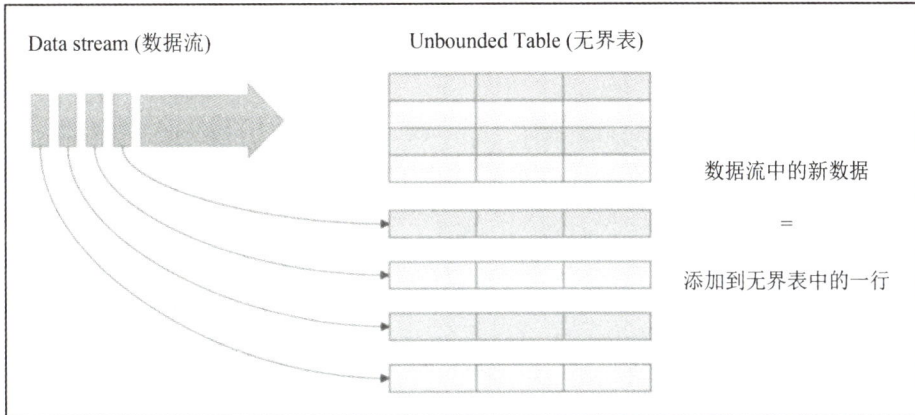

图 7-2　Structured Streaming 无界表

对数据的查询 (Query) 将生成 Result Table(结果表)。每个 Trigger Interval(触发间隔，如每 1 s)，新数据 (行) 将附加到 Input Table，最终更新 Result Table。无论何时更新 Result Table，都可以将更改的结果行写入外部接收器。Structured Streaming 处理逻辑如图 7-3 所示。

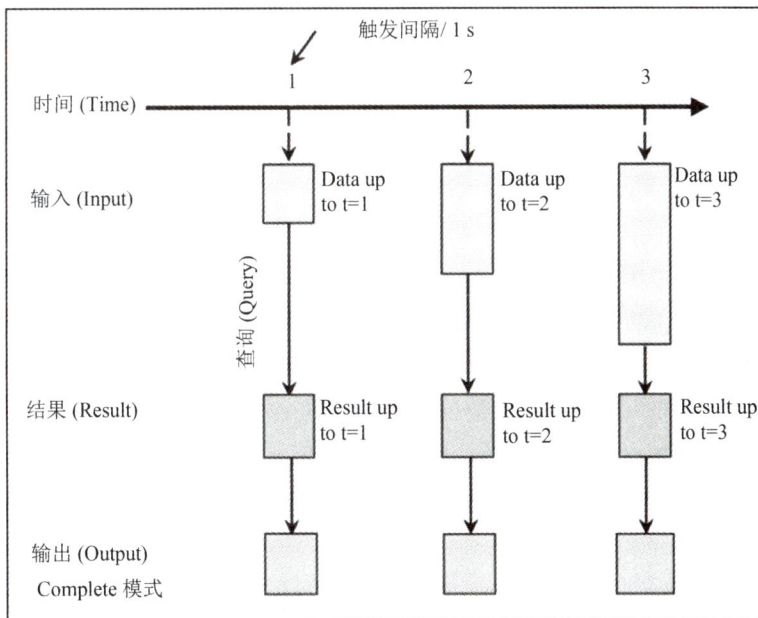

图 7-3　Structured Streaming 处理逻辑

以词频统计 WordCount 为例 (如图 7-4 所示)，首先通过 Netcat 等渠道引入了流式数据 (文本行)，新数据到达后会被添加到无界输入表中，按照单词计数逻辑处理后，将统计结果放置于结果表中。在此过程中，Spark 将持续检查新数据到达情况，当有新数据到达时，Spark 将运行一个增量查询 (即查询本批次到达的新数据)，接着将本次查询结果累加到上次计数结果中。最后，将结果输出到控制台。

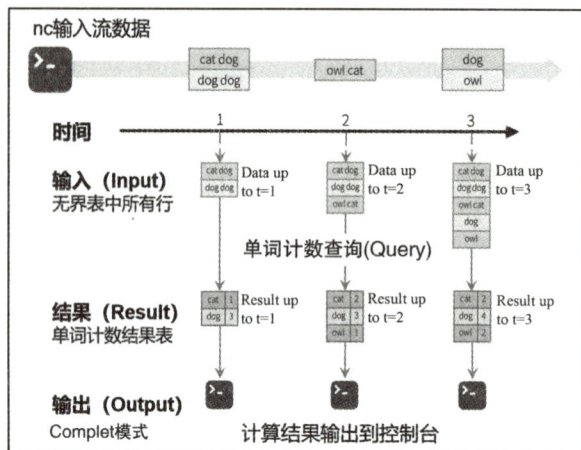

图 7-4　Structured Streaming 中的 WordCount 流程

7.1.3　编写第一个 Structured Streaming 程序

按照图 7-4 所示的 WordCount 思路，在 Spark Shell 环境下模拟实时单词计数。

1. 准备工作

打开 Ubuntu 终端，启动 Hadoop 相关服务；进入 Netcat，准备向 9999 端口发送数据。相关命令如下：

```
/usr/local/hadoop/sbin/start-all.sh          # 启动 Hadoop 相关服务
nc -lk 9999                                  # 启动 Netcat 窗口
```

2. 创建输入源

进入 Spark Shell 环境，创建一个流式 DataFrame(包含流数据的无界表)，用于接收 9999 端口的文本行数据，并赋值给 lines。相关代码如下：

```
scala> val lines=spark.readStream.format("socket").option("host","localhost").option("port",9999).load()
lines: org.apache.spark.sql.DataFrame = [value: string]
```

SparkSession 提供了 readStream 方法，该方法可以读取流数据，创建流式 DataFrame；format("socket") 表示定义数据源为 socket 端口，option("host","localhost") 表示设置数据源为本机的 socket 端口，option("port",9999) 表明端口号为 9999，load() 表示载入数据，最终结果保存在一个流式 DataFrame(即 lines) 中。这样 lines 包含了一个名为 value 的列 (元素类型为 Row[String])，数据流中的每一个 (行) 数据都将成为 lines 的一个元素。

3. 定义流计算的处理过程

针对 lines，为了便于后续处理 (字符串的切割)，使用 as 方法将 lines 转为 Dataset(其元素的数据类型为 String)。相关代码如下：

```
scala> val linesDS=lines.as[String]
linesDS: org.apache.spark.sql.Dataset[String] = [value: string]
```

使用 flatMap 方法将 linesDS 的元素 (String 类型)，按照空格切割为单词。相关代码如下：

```
scala> val words=linesDS.flatMap(x=>x.split(" "))
words: org.apache.spark.sql.Dataset[String] = [value: string]
scala> words.printSchema()
root
 |-- value: string (nullable = true)
```

words.printSchema() 打印了 words 的 Schema 结构，结果表明 words 仅有一个名为 value 的列 (该列存储了所有的 word)。接下来，使用 groupBy、count 方法，统计每个单词的词频。其代码如下：

```scala
scala> val wordCounts=words.groupBy("value").count()
wordCounts: org.apache.spark.sql.DataFrame = [value: string, count: bigint]
```

代码中 groupBy("value") 表示按照 value 的元素进行分组，即按照 word 进行分组；count() 表示统计每个分组所包含的 word 数量。最终，wordCounts 包含 value 及 count 两列。

4. 启动计算

前面的工作仅创建了流数据处理的逻辑，尚未真正执行。接下来需要启动流计算并输出结果，相关代码如下：

```scala
scala> val query=wordCounts.writeStream.outputMode("complete").format("console").start()
```

代码 writeStream 返回一个输出接收器，用于接收输出数据；outputMode("complete") 表示采用 complete 模式输出计算结果 (即输出所有累加结果，后续会详细说明)；format("console") 表示通过控制台输出计算结果；start() 表示启动流计算，准备接收 9999 端口数据。

5. 发出流数据，观察运行结果

在前面启动的 Netcat 窗口中，发出第 1 行数据 "I like Spark"：

```
I like Spark
```

在 Spark Shell 中，可以看到如下的计算结果 (Spark 等 3 个单词的数量均为 1)：

```
-------------------------------------------
Batch: 1
-------------------------------------------
+------+-----+
| value|count|
+------+-----+
|  like|    1|
|     I|    1|
| Spark|    1|
+------+-----+
```

接下来，利用 Netcat 窗口输入第 2 行数据 "Spark is good"，在 Spark Shell 中可以看到如下结果：

```
-------------------------------------------
Batch: 2
-------------------------------------------
+------+-----+
| value| count|
+------+-----+
|    is|    1|
|  like|    1|
|     I|    1|
| Spark|    2|
|  good|    1|
+------+-----+
```

由此可以发现，当发送第 2 行数据"Spark is good"时，Structured Streaming 将按照既定逻辑（流程）统计第 2 行数据中的单词计数，然后将结果累加到上一次计数结果中。例如，第一次计算后单词 Spark 的数量为 1，第 2 次计算后单词 Spark 的数量变为 2。

7.1.4　在 IDEA 下编写结构化流处理程序

如果要在 IDEA 环境下编写 Structured Streaming 程序，需要在 porm.xml 中添加如下依赖：

```xml
<dependency>
  <groupId>org.apache.spark</groupId>
  <artifactId>spark-core_2.12</artifactId>
  <version>3.4.2</version>
</dependency>

<dependency>
  <groupId>org.apache.spark</groupId>
  <artifactId>spark-sql_2.12</artifactId>
  <version>3.4.2</version>
</dependency>
```

创建一个 Scala 程序 StructuredStreamingWordCount.scala，代码如下：

【源代码：StructuredStreamingWordCount.scala】

```scala
import org.apache.spark.sql.{DataFrame, Dataset, SparkSession}    // 导入相关类

object StructuredStreamingWordCount {
  def main(args: Array[String]): Unit = {
// 通过工厂模式直接创建 SparkSession 对象
    val spark=SparkSession
      .builder()
      .appName("StructuredStreamingWordCount")
      .master("local[*]")
      .getOrCreate()
    spark.sparkContext.setLogLevel("WARN")              // 屏蔽过多的 INFO 提示
    val lines= spark.readStream                          // 读取 socket 流数据，创建流式 DataFrame
      .format("socket")
      .option("host", "localhost")
      .option("port", 9999)
      .load()
    import spark.implicits._                              // 导入隐式转换，否则会报错
    val words=lines.as[String].flatMap(x=>x.split(" "))
    val wordCounts=words.groupBy("value").count()
    // 通过控制台输出计算结果，启动流式计算
    val query=wordCounts.writeStream
      .outputMode("complete")
      .format("console")
      .start()
    // 等待关闭
```

```
query.awaitTermination()
spark.stop()
}
}
```

上述代码与 Spark Shell 下代码基本一致。在 Spark 当前版本中，SparkSession 已经整合了原先的 SparkConf、SparkContext、SQLContext、HiveContext 等，使用者无须额外关注具体的上下文环境细节。SparkSession 遵循了工厂模式 (一种软件设计模式)，我们只需要通过 builder 接口即可创建一个 SparkSession 对象，而无须使用 new 关键字来创建。getOrCreate() 表示检查当前是否已经存在 SparkSession 对象，如果已经存在，则直接返回该对象，否则创建一个 SparkSession 对象。此外，IDEA 环境下需要加入代码 query.awaitTermination() 等待程序结束，而 Spark Shell 下不需要。

总结以上代码可以发现，Structured Streaming 程序的流程比较固定，主要包括以下步骤：

(1) 导入相关包，创建 SparkSession 对象。

(2) 使用 readStream 方法读取数据源数据，创建流式 DataFrame。

(3) 定义流计算过程 (数据处理)。

(4) 使用 writeStream 方法输出流计算结果，使用 start 方法启动流式计算。

(5) 使用 awaitTermination 方法等待程序结束。

> 小贴士：import spark.implicits._ 表示导入隐式转换，而不是导入某个包。Spark SQL 中常用的某些操作 (如 as、toDF、toDS 等) 需要用到隐式转换。在 Spark Shell 下可以不必导入，但在 IDEA 下必须导入隐式转换。

任务实施

本任务的实施思路与过程如下：

(1) 在 IDEA 中创建文件 Monitoring01.scala，构建程序的主体框架。相关代码如下：

【源代码：Monitoring01.scala】

```
import org.apache.spark.sql.{DataFrame, Dataset, SparkSession}
import org.apache.spark.sql.functions.{approx_count_distinct, countDistinct}
object CountEquipment {
  def main(args: Array[String]): Unit = {
  val spark=SparkSession.builder()
    .master("local[*]")
    .appName("CountMonitoringEquipments")
    .getOrCreate()
  spark.sparkContext.setLogLevel("WARN")


  // 此处继续添加代码


  query.awaitTermination()
  spark.stop()
  }
}
```

(2) 在 Monitoring01.scala 程序中，读取本机 socket(9999 端口) 流数据，创建流式 DataFrame。相关代码如下：

```
val lines=spark.readStream
  .format("socket")
  .option("host","localhost")
  .option("port",9999)
  .load()
```

(3) 定义流计算的相关逻辑，分组统计各卡口的正常设备数量。相关代码如下：

```
// 导入隐式转换
import spark.implicits._
// 更改 DataFrame 的列结构、列名称
val infor: DataFrame = lines.as[String].map(x => x.split(" "))
  .map(x => (x(0), x(1), x(2)))
  .toDF("checkID", "equipmentID", "status")
// 筛选出设备正常 ( 状态码 status 为 100) 的数据
val normal=infor.filter($"status"==="100")
// 按照卡口分组，统计正常的设备数量
val result=normal.groupBy("checkID")
  .agg(approx_count_distinct("equipmentID"))
  .toDF(" 卡口编号 "," 正常设备数量 ")
```

Structured Streaming 应用的数据模型为 DataFrame/Dataset，因此 Spark SQL 中大多数 API 仍然适用。在上述代码中，因为 lines 的元素为 Row，不便于处理。为此，借助 as、map 操作，生成新的 DataFrame。然后，使用 toDF("checkID", "equipmentID", "status") 为新生成的 DataFrame 列重命名，最终得到新的 DataFrame，即 infor。而 normal.groupBy("checkID") 则是按照卡口号分组，因为每个监控设备定时发出自己的状态码，所以使用 approx_count_distinct("equipmentID") 统计非重复的设备号，从而得出每个卡口正常的设备数量。

(4) 启动流式计算，其代码如下：

```
val query=result.writeStream
  .outputMode("complete")
  .format("console")
  .start()
```

(5) 运行程序，利用 Netcat 发送以下 4 行数据：

```
hadoop@zsz-VirtualBox:~$ nc -lk 9999
A01 101 100
A01 102 100
A01 103 202
B01 201 100
```

其中数据 "A01 101 100" 中的 A01 为卡口号，101 为设备号，100 为该设备的状态码 (正常状态)。

(6) IDEA 控制台输出如下流计算结果：

```
-------------------------------------
Batch: 4
-------------------------------------
+----------+------------------+
|卡口编号| 正常设备数量|
+----------+------------------+
|       B01|                1|
|       A01|                2|
+----------+------------------+
```

观察输出可以发现，在 Netcat 中每输入一行数据，Structured Streaming 便会接收该数据并加以处理，处理的结果会累加到上一次的结果中。最终输出了各卡口的正常设备数量，卡口 A01 有 2 台正常工作的监控设备 (设备 103 状态码为 202，非正常)，卡口 B01 有 1 台正常工作的监控设备。

任务 7.2　找出超速通过卡口的车辆

找出超速通过卡口的车辆

任务分析

本任务要求使用 Kafka 作为数据源，通过 kafka-console-producer.sh 命令向 Kafka 某主题写入卡口采集的交通数据，该数据包含卡口 ID、监控设备 ID、车牌号、通过速度、车辆类型。每个卡口都有自己的最高限速，如果车辆通过卡口时速度超过最高限速，则输出相关信息。本任务的工作内容及相关知识点如表 7-3 所示。

表 7-3　工作内容及相关知识点

工 作 内 容	相关知识点
在 IDEA 中创建程序框架	SparkSession
根据交通卡口限速数据，生成 DataFrame	createDataFrame
读取 Kafka 数据源，创建流式 DataFrame	readStream、format、option
对流式 DataFrame 进行处理，生成 4 列，分别为 checkID、monitoringID、carNO、speed	map、toDF
结合卡口限速，过滤出超速车辆信息	join、filter、withColumn
启动流计算，以 append 模式输出结果信息到控制台	writeStream、outputMode、format、start
向 Kafka 主题写入数据，运行程序，观察结果	kafka-console-producer.sh

任务实施完毕后，如果车辆通过卡口的速度超过限速，则输出卡口、车辆、车速、限速等信息。程序运行结果如图 7-5 所示。

```
-----------------------------------------
Batch: 1
-----------------------------------------
+-------+------------+------+-----+----------+---------+
|checkID|monitoringID|carNO|speed|speedLimit|overspeed|
+-------+------------+------+-----+----------+---------+
|    A01|       10101|CR009|  100|        60|       40|
+-------+------------+------+-----+----------+---------+
```

图 7-5　程序运行结果

知识储备

7.2.1　由文件生成 Structured Streaming

在流数据处理应用中，经常出现这样的场景：Flume(或 Sqoop) 不断地将小文件 (如数据文件、服务器日志等) 上传到 HDFS 目录，我们需要监控该目录 (对目录下的小文件开展实时处理)，并将处理后的结果写入到 HBase、MySQL 等其他系统中。与 Spark Streaming 类似，Structured Streaming 也可以根据 File(文件) 数据源，创建流式 DataFrame。现有两个 CSV 格式文件 (f1.csv、f2.csv)，记载了学生的姓名、性别和年龄等信息：

# f1.csv 内容如下：	
Tom,male,20	#f2.csv 的内容如下：
Jerry,male,18	Mark,male,16
Alis,female,22	Judy,female,16
Kette,female,18	
Bob,male,24	

下面编写一个程序 SourceHDFS.scala，读取 HDFS 目录 (/user/hadoop/data) 生成流式 DataFrame；而后将 f1.csv、f2.csv 逐个上传到 HDFS 目录，程序会持续统计男生、女生的平均年龄。具体步骤如下：

(1) 编写程序的主体结构，生成 SparkSession 对象 spark。相关代码如下：

【源代码：SourceHDFS.scala 】

```scala
import org.apache.spark.sql.SparkSession
import org.apache.spark.sql.types.{IntegerType, StringType, StructType}

object SourceHDFS {
  def main(args: Array[String]): Unit = {
    val spark=SparkSession
      .builder()
      .appName("WordCountSourcesOfHDFS")
      .master("local[*]")
      .getOrCreate()
    spark.sparkContext.setLogLevel("WARN")
    // 这里继续添加代码
    query.awaitTermination()
    spark.stop()
  }
}
```

(2) 使用 readStream 方法读取 HDFS 目录下的 CSV 文件，生成 DataFrame。相关代码如下：

```
// 创建模式 Schema
val studentSchema=new StructType()
    .add("name",StringType)
    .add("gender",StringType)
    .add("age",IntegerType)
// 读取 HDFS 目录中的 CSV 文件，创建流式 DataFrame
val lines= spark.readStream
    .format("csv")
    .schema(studentSchema)
    .load("hdfs://localhost:9000/user/hadoop/structured")
```

在上面的代码中，使用 new StructType().add() 方式创建了模式信息 Schema；spark.readStream.format("csv") 表示读取 CSV 文件生成流式 DataFrame，schema(studentSchema) 则是指定了 DataFrame 的模式 (即各列的名称及数据类型)，load("hdfs://localhost:9000/user/hadoop/structured") 则是加载 HDFS 文件目录 (监控该目录，一旦有文件上传到该目录，则将其添加到流式 DataFrame 中)。

(3) 获取了包含学生信息的流式 DataFrame 后，按照 Spark SQL 中的方式进行分组统计。相关代码如下：

```
val result=lines.groupBy("gender")
    .avg("age")
    .toDF(" 性别分组 "," 平均年龄 ")
```

上述代码中，lines.groupBy("gender") 表示按照性别进行分组，avg("age") 则是统计每个组的平均年龄，即计算男生、女生的平均年龄。

(4) 设置输出模式和输出方式，启动流计算。相关代码如下：

```
val query=result.writeStream
    .outputMode("complete")
    .format("console")
    .start()
```

(5) 为了运行上述代码，需要提前启动 Hadoop 相关服务，并在 HDFS 中创建 /user/hadoop/structured 目录，相关命令如下：

```
/usr/local/hadoop/sbin/start-all.sh              # 启动 Hadoop 相关服务
cd /usr/local/hadoop/bin
./hdfs dfs -mkdir structured                     # 在 HDFS 中创建目录
```

(6) 运行 SourceHDFS.scala，使用 HDFS 的 put 命令将 f1.csv、f2.csv 上传到 /user/hadoop/structured 目录，相关命令如下：

```
cd /usr/local/hadoop/bin
./hdfs dfs -put /home/hadoop/data/f1.csv /user/hadoop/structured      # 将 f1.csv 上传到 HDFS 目录
./hdfs dfs -put /home/hadoop/data/f2.csv /user/hadoop/structured      # 将 f2.csv 上传到 HDFS 目录
```

(7) 每当上传一个文件到 /user/hadoop/structured 目录，SourceHDFS.scala 便会计算一次男生和女生的平均年龄，进而输出如下结果：

```
+----------+------------------------+
| 性别分组 |        平均年龄        |
+----------+------------------------+
|   female|18.666666666666668|
|     male|              19.5|
+----------+------------------------+
```

7.2.2 由 Kafka 生成 Structured Streaming

Kafka 是当前流式数据处理的最主要数据源，Structured Streaming 同样提供了订阅 Kafka 主题、消费其数据的能力。针对前述分组统计男生和女生平均年龄的问题，将数据源改为 Kafka，在 IDEA 中编写程序 SourceKafka.scala，具体代码如下：

【源代码：SourceKafka.scala】

```scala
import org.apache.spark.sql.SparkSession

object SourceKafka {
  def main(args: Array[String]): Unit = {
    val spark=SparkSession
      .builder()
      .appName("WordCountSourcesOfHDFS")
      .master("local[*]")
      .getOrCreate()
    spark.sparkContext.setLogLevel("WARN")
    import spark.implicits._
    // 读取 Kafka 数据源
    val df = spark.readStream
      .format("kafka")
      .option("kafka.bootstrap.servers", "localhost:9092")
      .option("subscribe", "structuredStreaming")
      .load()
    // Kafka 数据以 key-value 形式存储，获取其中 value 即可
    val lines=df.selectExpr("CAST(value AS STRING)")
    // 字符串数据切割为 3 列，即 name、gender、age
    val students=lines.as[String].map(x=>x.split(" "))
      .map(x=>(x(0),x(1),x(2).toInt))
      .toDF("name","gender","age")
    // 分组统计平均年龄
    val result=students.groupBy("gender")
      .avg("age")
      .toDF(" 性别分组 "," 平均年龄 ")

    val query=result.writeStream
      .outputMode("complete")
      .format("console")
```

```
      .start()

    query.awaitTermination()
    spark.stop()
  }
}
```

上述代码与 SourceHDFS.scala 思路基本一致。在读取数据时，通过引入 format("kafka") 来指定数据源为 Kafka；option("kafka.bootstrap.servers", "localhost:9092") 指定了 Kafka 服务器及其端口 9092；option("subscribe", "structuredStreaming") 表明了订阅（读取）的 Kafka 消息主题名称为 structuredStreaming。因为 Kafka 的消息为 (key,value) 形式，所以这里只需处理其中 value 部分即可。df.selectExpr("CAST(value AS STRING)") 表示提取消息的 value 部分，使用 cast 函数将 value 的数据类型转换为字符串。

> 小贴士：selectExpr 是 DataFrame 中一个获取部分数据的方法，它可以附带 SQL 表达式参数。

程序编写完毕后，打开一个 Ubuntu 终端，启动 Zookeeper，相关命令如下：

```
cd /usr/local/kafka/
bin/zookeeper-server-start.sh config/zookeeper.properties
```

打开第二个 Ubuntu 终端，启动 Kafka，相关命令如下：

```
cd /usr/local/kafka
bin/kafka-server-start.sh config/server.properties
```

打开第三个 Ubuntu 终端，使用 kafka-topics.sh 工具创建 Kafka 主题 (structuredStreaming)，相关命令如下：

```
cd /usr/local/kafka
bin/kafka-topics.sh --create --topic structuredStreaming  --bootstrap-server localhost:9092   # 创建 Kafka 主题
```

在运行 SourceKafka.scala 程序后，使用 Kafka 自带的生产者 kafka-console-producer.sh 工具，向主题 structuredStreaming 写入数据（姓名、性别、年龄），相关命令如下：

```
bin/kafka-console-producer.sh --broker-list localhost:9092 --topic structuredStreaming   # 向 Kafka 主题 添加数据

Tom,male,20
Jerry,male,18
Alis,female,22
```

在 IDEA 控制台中可以发现，每向 Kafka 主题添加一条学生信息，程序便计算一次平均年龄。

7.2.3　Structured Streaming 的操作

如前所述，Structured Streaming 的数据抽象为 DataFrame/Dataset（与 Spark SQL 一致）。因此，Spark SQL 中的大多数操作亦适用于 Structured Streaming。可以在 Structured Streaming 的流式 DataFrame 中使用 select、where、filter 等检查查询操作，也可以使用 groupBy、count、sum 等聚合操作。此外，Structured Streaming 的流式 DataFrame 还可以开展 join 操作。例如，现有一组数据，记录了学生的姓名和性别信息，内容如下：

```
Tom,Male
Jerry,Male
Ben,Male
Alis,Female
```

通过 9999 端口发出流式数据，数据样式为 (姓名 , 年龄)，要求使用 Structured Streaming 输出学生的姓名、年龄和性别。在 Spark Shell 下的实现过程如下：

(1) 根据学生的姓名和性别信息，生成静态 DataFrame。相关代码如下：

```
scala> val data=List(("Tom","Male"),("Jerry","Male"),("Ben","Male"),("Alis","Female"))
data: List[(String, String)] = List((Tom,Male), (Jerry,Male), (Ben,Male), (Alis,Female))

scala> val staticDF=spark.createDataFrame(data).toDF("name","gender")
staticDF: org.apache.spark.sql.DataFrame = [name: string, gender: string]
```

(2) 根据 socket 数据源创建 Structured Streaming，生成 lines 数据集。相关代码如下：

```
scala> val lines=spark.readStream.format("socket").option("host","localhost").option("port",9999).load()
lines: org.apache.spark.sql.DataFrame = [value: string]
```

(3) 因为 lines 的元素为 Row 类型，不便于处理，所以借助 as、map 操作，生成一个新的数据集 streamDF(包含 name 和 age 两列)。相关代码如下：

```
scala> val streamDF=lines.as[String].map(x=>x.split(" ")).map(x=>(x(0),x(1))).toDF("name","age")
```

(4) 将 staticDF、streamDF 执行 join 操作，得到 joinDF；通过 printSchema 操作，可知 joinDF 包含 name、age 和 gender 三列。相关代码如下：

```
scala> val joinDF=streamDF.join(staticDF,"name")

scala> joinDF.printSchema()
root
 |-- name: string (nullable = true)
 |-- age: string (nullable = true)
 |-- gender: string (nullable = true)
```

(5) 启动流计算，按照 append 模式将结果输出到控制台。相关代码如下：

```
scala> val query=joinDF.writeStream.outputMode("append").format("console").start()
```

(6) 借助 Netcat，每输入一名学生的姓名、年龄，然后在 Spark Shell 下反馈该学生的姓名、年龄和性别三项数据，效果如下：

```
-----------------------------------------
Batch: 1
-----------------------------------------
+------+-----+--------+
| name| age| gender|
+------+-----+--------+
| Tom| 20| Male|
+------+-----+--------+
```

7.2.4　输出模式的选择

在 Structured Streaming 的流计算启动和数据输出代码中，均用到了 outputMode() 方法来设置输出模式。输出模式决定了每批次计算结果的输出内容与方式，Structured Streaming 的输出模式包括：

(1) append 模式。该模式是 Structured Streaming 默认的输出模式。在该模式下，只有上一次计算结束后，结果集 (Result) 中新增加的行才会被输出。该模式不能包含聚合操作。

(2) complete 模式。在该模式下，输出当前批次为止所有的统计结果。该模式下的计算过程，必须包含聚合操作。

(3) update 模式。在该模式下，处理完一个批次的数据后，只输出与之前批次相比变动的内容 (新增或者更新)。如果计算过程没有聚合操作，该模式与 append 等效。

在实际项目中，需要结合业务需求，选择合适的输出模式。

任务实施

【源代码：OverSpeed Vehicles. scala】

本任务的实施思路与过程如下：

(1) 在 IDEA 中创建程序 OverSpeedVehicles.scala，构建程序的基本框架。相关代码如下：

```scala
import org.apache.spark.sql.SparkSession


object OverSpeedVehicles {
  def main(args: Array[String]): Unit = {
    val spark=SparkSession
      .builder()
      .appName("WordCountSourcesOfHDFS")
      .master("local[*]")
      .getOrCreate()
    spark.sparkContext.setLogLevel("WARN")
    import spark.implicits._

    // 这里继续添加代码

    query.awaitTermination()
    spark.stop()
  }
}
```

(2) 使用 List 存储各卡口的最高限速，然后构建 DataFrame。相关代码如下：

```scala
val speedLimit=List(("A01",60),("A02",80),("A03",100),("B01",60),("B02",120))        // 各卡口的限速
val speedLimitDF=spark.createDataFrame(speedLimit)
  .toDF("checkID","speedLimit")
```

(3) 读取 Kafka 主题 speed 中的数据，构建流式 DataFrame，并获取 Kafka 数据中的 value 部分。相关代码如下：

```
val df = spark
  .readStream
  .format("kafka")
  .option("kafka.bootstrap.servers", "localhost:9092")
  .option("subscribe", "speed")
  .load()
val lines=df.selectExpr("CAST(value AS STRING)")          // 获取 value 部分
```

（4）对 lines 进行数据格式转换，生成包括卡扣号 checkID、监控设备号 monitoringID 等 4 列的 DataFrame。相关代码如下：

```
val vehicles=lines.as[String]
  .map(x=>x.split(" "))
  .map(x=>(x(0),x(1),x(2),x(3).toInt))
  .toDF("checkID","monitoringID","carNO","speed")
```

（5）结合各卡口的限速，过滤出超速车辆，并计算超速数。相关代码如下：

```
val vehiclesJoinSpeed=vehicles.join(speedLimitDF,"checkID")
val overspeedvehicles=vehiclesJoinSpeed.filter($"speed">$"speedLimit")
  .withColumn("overspeed",$"speed"-$"speedLimit")
```

（6）启动流计算，相关代码如下：

```
val query=overspeedvehicles.writeStream
  .outputMode("append")
  .format("console")
  .start()
```

（7）使用 Kafka 自带的生产者 kafka-console-producer.sh 工具，向主题 structuredStreaming 写入以下数据（字段间使用空格分隔）：

```
A01 10101 CR009 100
```

数据 "A01 10101 CR009 100" 表明车辆 CR009 通过卡口 A01 的速度为 100。而卡口 A01 的限速为 60，因此该车辆属于超速状态。在 IDEA 控制台输出的信息如下：

```
+--------+------------+------+-----+----------+---------+
| checkID|monitoringID| carNO| speed| speedLimit| overspeed|
+--------+------------+------+-----+----------+---------+
|    A01|       10101|CR009|  100|        60|       40|
+--------+------------+------+-----+----------+---------+
```

任务 7.3　计算车辆通过的平均速度

计算车辆通过的平均速度

任务分析

当前主流的地图 APP 均可显示道路的实时交通状况，帮助人们规划出行线路、规避拥堵路段。智慧城市交通建设中也需要及时了解各监控卡口的平均车速 (单位时间内通过该卡口的所有车辆的平均时速)，从而合理规划交通设施、安排疏导力量。在本任务中，通过 Socket 采集交通监控数据，其数据样式为"时间戳 , 卡口 ID, 监控设备 ID, 车牌号 , 速度"，借助 Structured Streaming 计算各卡口 10 min 内的平均通过速度 (每 2 min 更新 1 次)，要求考虑延迟到达的数据及重复数据。本任务的工作内容及相关知识点如表 7-4 所示。

表 7-4　工作内容及相关知识点

工　作　内　容	相关知识点
在 IDEA 下创建程序框架，以 socket 为数据源，创建流式 DataFrame	readStream 等
对流式 DataFrame 进行处理，生成 4 列，分别为 checkID、monitoringID、carNO、speed	map、toDF 等
使用 Watermark 机制和 dropDuplicates 去重，按照卡口号、时间戳分组统计平均速度	withWatermark、dropDuplicate、groupBy、window 等
启动流计算，采用 append 模式将结果输出到控制台	writeStream、outputMode、format、start 等

任务实施完毕后，按时间戳和卡口号输出平均速度，程序运行结果如图 7-6 所示。

```
+-------------------+-------------------+-------+--------+
|              start|                end|checkID|avgSpeed|
+-------------------+-------------------+-------+--------+
|2024-02-05 21:58:00|2024-02-05 22:08:00|      2|    30.0|
|2024-02-05 21:58:00|2024-02-05 22:08:00|      1|    30.0|
|2024-02-05 21:52:00|2024-02-05 22:02:00|      2|    30.0|
|2024-02-05 21:52:00|2024-02-05 22:02:00|      1|    30.0|
|2024-02-05 21:54:00|2024-02-05 22:04:00|      2|    30.0|
|2024-02-05 21:54:00|2024-02-05 22:04:00|      1|    30.0|
|2024-02-05 21:56:00|2024-02-05 22:06:00|      2|    30.0|
|2024-02-05 22:00:00|2024-02-05 22:10:00|      2|    30.0|
|2024-02-05 22:00:00|2024-02-05 22:10:00|      1|    30.0|
|2024-02-05 21:56:00|2024-02-05 22:06:00|      1|    30.0|
+-------------------+-------------------+-------+--------+
```

图 7-6　程序运行结果

知识储备

7.3.1　基于窗口的聚合

在 Spark Streaming 中，可以借助 window 方法，根据 Spark 接收到数据的时间来统计某时间段内的信息。但很多时候，我们希望以事件 (数据) 发生的实际时间为标准，开展数据的统计分析。例如，因为网络延迟等因素，某些物联网设备产生事件 (数据) 的时间要早于 Spark 接收到该事件 (数据) 的时间，但还是希望能够根据事件时间来处理数据。

为此，Structured Streaming 也提供了 window 窗口操作，它可以依据事件时间，将流式数据放置到非重叠的"桶"中。如果要开展聚合操作，则是对桶内的数据执行聚合。假设每辆汽车通过卡口时都会产生带有时间戳的数据，其数据样式为"时间戳 , 卡口 ID, 监控设备 ID, 车牌号，车速"，要求统计 10 min 内通过的车辆总数。

(1) 在 IDEA 中编写程序 VehiclesCountWithWindow.scala，主体框架如下：

```
import org.apache.spark.sql.SparkSession
import java.sql.Timestamp
import java.text.SimpleDateFormat
import org.apache.spark.sql.functions._

object VehiclesCountWithWindow {
 def main(args: Array[String]): Unit = {
  val spark=SparkSession
   .builder()
   .appName("StructuredStreamingWordCount")
   .master("local[2]")
   .getOrCreate()
  spark.sparkContext.setLogLevel("WARN")

  // 以 Socket 为数据源，创建 DataFrame
  val lines= spark.readStream
   .format("socket")
   .option("host", "localhost")
   .option("port", 9999)
   .load()

  // 这里继续添加代码

query.awaitTermination()
  spark.stop()
 }
}
```

(2) 因为 lines 的元素为 Row 类型，不便于处理，所以借助 map 操作，将其转换为包含时间戳、卡口号等 4 列的 DataFrame。相关代码如下：

```
import spark.implicits._
val sdf=new SimpleDateFormat("yyyy-MM-dd hh:mm:ss")
  val vehicles=lines.as[String]                  // 将元素转换为 String 类型
   .map( x=>{
    val arr=x.split(",")
    val date=sdf.parse(arr(0))                   // 安装设定的格式，将字符串转为 date
    val ts=new Timestamp(date.getTime())         // 将 data 转换为时间戳，表示事件时间
    (ts,arr(1),arr(2),arr(3),arr(4))             // 转换为 ( 时间戳, 卡口 ID, 监控设备 ID, 车牌号 , 车速 )
                                                 //   形式

   })
   .toDF("timestamp","checkID","equipmentID","carNO","speed")
```

(3) 按照窗口 (窗口长度为 10 min，滑动间隔为 2 min) 进行分组，统计每个时段内的通行量，相关代码如下：

```
val vehiclesCounts=vehicles
    .groupBy(window($"timestamp","10 minutes","2 minutes"))    // 按照窗口分组
    .count()                                                   // 计算每组内的元素数量 ( 即车辆数 )
```

> 小贴士：window() 方法的第一个参数为时间戳 (Timestamp 类型)，第二个参数为窗口的长度 (即 duration)，第三个参数为滑动间隔。

(4) 为了便于观察程序运行结果，抽取 vehiclesCounts 中的窗口开始时间、窗口结束时间和通行车辆数 3 列，按照窗口开始时间排序后，形成 Result 数据集。相关代码如下：

```
val result= vehiclesCounts
    .select("window.start","window.end","count")    // 抽取 3 列
    .orderBy("start")                               // 按照开始时间排序
```

(5) 启动流计算，将结果输出到控制台。相关代码如下：

```
val query=result
    .writeStream
    .outputMode("complete")
    .format("console")
    .option("turncate",false)    // 输出内容可能比较长，设置不截取 ( 全部显示 )
    .start()
```

(6) 借助 Netcat 工具，向 9999 端口发出如下数据：

```
2024-02-05 22:00:00,1,11,CR211,20
2024-02-05 22:01:30,1,11,T2122,30
2024-02-05 22:02:15,1,11,T2213,40
2024-02-05 22:02:55,1,11,ER215,50
```

(7) Spark 将统计 10 min 内车辆通行量 (每 2 min 更新 1 次)，程序运行的部分结果如下：

```
+-------------------+-------------------+-----+
|              start|                end|count|
+-------------------+-------------------+-----+
|2024-02-05 21:52:00|2024-02-05 22:02:00|    2|
|2024-02-05 21:54:00|2024-02-05 22:04:00|    4|
|2024-02-05 21:56:00|2024-02-05 22:06:00|    4|
|2024-02-05 21:58:00|2024-02-05 22:08:00|    4|
|2024-02-05 22:00:00|2024-02-05 22:10:00|    4|
|2024-02-05 22:02:00|2024-02-05 22:12:00|    2|
+-------------------+-------------------+-----+
```

7.3.2　迟到数据与水印

由于网络延迟等因素，采用事件时间方式处理流式数据会面临数据迟到问题。例如，某个事件 (数据) 发生于 12:04，而到达时间为 12:11，按照事件时间准则，在统计 12:10—12:20 的数据时，迟到的数据可能会被丢弃，从而导致统计结果不够准确。当然，Spark 内部可以保

留中间状态，不丢弃迟到数据；但如果一个流式计算运行时间较长 (如几天、几周，甚至更长)，系统内各中间状态积累的数据量便会持续增加，导致内存等资源不断被占用，系统稳定性下降，而迟到数据的价值，也随着时间的流逝而逐渐降低。为了及时释放资源，Spark 允许用户通过 Wartermark 水印的方式来决定保留多长时间的旧数据状态，即决定最大延迟阈值 (Delay Threshold)。

仍然以 10 min 内通过卡口的车辆数统计为例，编写 Scala 程序 VehiclesCountWith Watermark.scala，使用水印 Watermark 方式处理迟到数据。该程序与 VehiclesCountWithWindow. scala 的结构和逻辑基本一致，仅在 vehiclesCounts 数据集创建代码中添加水印 Watermark，在启动计算流程阶段采用 update 模式。需要修改的代码如下：

【源代码：
Vehicles
CountWith
Watermark.
scala】

```
val vehiclesCounts=vehicles
    .withWatermark("timestamp","2 minutes")          // 添加水印 Watermark
    .groupBy(window($"timestamp","10 minutes","2 minutes"))
    .count()

val query=result
    .writeStream
    .outputMode("update")                            // 使用 update 模式
    .format("console")
    .option("turncate",false)
    .start()
```

上述代码中，withWatermark("timestamp","2 minutes") 用于设置数据延迟阈值，第一个参数 "timestamp" 指定时间戳所在列的名称，第二个参数 "2 minutes" 为延迟阈值 (指定允许延迟时间为 2 min)。如果当前 Structured Streaming 已经处理的数据中的最大事件时间为 12:00:00，则下一批次数据处理中，事件时间早于 11:58:00 的数据将不再处理，其中 "11:58:00" 被称为当前的水印 Watermark。水印的计算公式如下：

Watermark = 已处理的最大事件时间 —— 延迟阈值 (Delay Threshold)

待程序 VehiclesCountWithWatermark.scala 运行稳定后，通过 Netcat 依次输入以下模拟数据 (第 3 条数据为迟到数据)：

```
2024-02-05 11:55:00,1,11,CR211,20
2024-02-05 12:00:00,1,11,T2122,30
2024-02-05 11:55:00,1,13,T2213,40
```

在输入第 1 条数据 "2024-02-05 11:55:00,1,11,CR211,20" 后，依据代码 window ($"timestamp","10 minutes","2 minutes") 计算得到 5 个窗口。此时 Watermark 初始值为 0，当前批次 5 个窗口的结束时间 (end) 均大于 Watermark，因此第 1 批次的结果如下：

```
+----------------------+----------------------+-----+
|           start|              end|count|
+----------------------+----------------------+-----+
|2024-02-05 11:50:00|2024-02-05 12:00:00|    1|
|2024-02-05 11:48:00|2024-02-05 11:58:00|    1|
|2024-02-05 11:46:00|2024-02-05 11:56:00|    1|
|2024-02-05 11:52:00|2024-02-05 12:02:00|    1|
|2024-02-05 11:54:00|2024-02-05 12:04:00|    1|
+----------------------+----------------------+-----+
```

计算完毕后，当前批次中的最大事件时间为 11:55：00(本例中仅有 1 条数据，发生于 11:55:00)。根据 Watermark 计算公式可知，Watermark 为 11:53:00。

继续输入第 2 条数据"2024-02-05 12:00:00,1,11,T2122,30"，计算得到 5 个窗口。此时所有窗口的结束时间仍然大于 Watermark(11:53:00)。在 update 模式下，只输出结果表中修改或新增的数据，最终输出结果如下：

```
+-------------------+-------------------+-----+
|              start|                end|count|
+-------------------+-------------------+-----+
|2024-02-05 12:00:00|2024-02-05 12:10:00|    1|
|2024-02-05 11:52:00|2024-02-05 12:02:00|    2|
|2024-02-05 11:58:00|2024-02-05 12:08:00|    1|
|2024-02-05 11:56:00|2024-02-05 12:06:00|    1|
|2024-02-05 11:54:00|2024-02-05 12:04:00|    2|
+-------------------+-------------------+-----+
```

注意，本批次输出结束后，第 1 批次的 3 个窗口"11:46:00—11:56:00""11:48:00—11:58:00"和"11:50:00—12:00:00"不再显示,但它们仍维护在内存中,没有被删除。计算完毕后，当前批次中的最大事件时间为 12:00:00(第 2 条数据的事件时间)，根据 Watermark 计算公式可知，Watermark 为 11:58:00。

继续输入第 3 条数据"2024-02-05 11:55:00,1,13,T2213,40"，计算得到 5 个窗口。此时 Watermark 为 11:58:00，当前内存中有两个窗口 (即"11:46:00—11:56:00"和"11:48:00—11:58:00") 的结束时间小于 11:58:00,它们会被删除、不再维护。在 update 模式下，仅输出新增或修改的数据，因此输出以下 3 个窗口结果：

```
+-------------------+-------------------+-----+
|              start|                end|count|
+-------------------+-------------------+-----+
|2024-02-05 11:50:00|2024-02-05 12:00:00|    2|
|2024-02-05 11:52:00|2024-02-05 12:02:00|    3|
|2024-02-05 11:54:00|2024-02-05 12:04:00|    3|
+-------------------+-------------------+-----+
```

利用 Watermark 机制，一方面可以解决迟到数据问题，另一方面也可以减少旧状态数据维护量，有利于系统的长期运行。在使用 Watermark 时，要充分考虑输出模式的影响：

(1) 在 Complete 模式下，必须存在聚合操作，且会输出之前所有的聚合结果 (包括迟到数据)，因此使用 Watermark 也没有意义。

(2) 在 Append 模式下，必须有 Watermark 才可以聚合。感兴趣的读者可以将程序 VehiclesCountWithWatermark.scala 中的输出模式设置为 append，逐行输入前面的 3 条数据后，分析输出结果。

(3) 在 Update 模式下，Watermark 主要用于清理过期状态 (减少内存数据维护量)，过滤掉过期数据。

7.3.3　重复数据的处理

业务中，可能某些因素会导致数据源多次发送相同的数据，或者因为传输链路等因素同一条数据多次到达。在流式数据处理中，由于数据的无界性，去除重复数据是一件具有挑战性的任务。但 Structured Streaming 中，提供了 dropDuplicates 方法，该方法通常与 Watermark 联合使用（若不使用水印，则需要维护之前的所有状态，可能会导致内存不足）。

仍然以统计 10 min 内通过的车辆数为例，创建 Scala 程序 VehiclesCountDropDuplicate. scala，使用水印 Watermark 方式处理迟到数据。该程序与 VehiclesCountWithWatermark.scala 的结构和逻辑基本一致，仅在 vehiclesCounts 数据集创建代码中添加 dropDuplicates() 方法，完成去重。需要修改的代码如下：

【源代码：VehiclesCount DropDuplicate. scala】

```
val vehiclesCounts=vehicles
  .withWatermark("timestamp","2 minutes")
  .dropDuplicates()        // 完成去重
  .groupBy(window($"timestamp","10 minutes","2 minutes"))
  .count()
```

程序 VehiclesCountDropDuplicate.scala 运行稳定后，通过 Netcat 依次输入以下模拟数据：

```
2024-02-05 11:55:00,1,11,CR211,20
2024-02-05 12:00:00,1,11,T2122,30
2024-02-05 12:00:00,1,11,T2122,30
```

观察输出结果可以发现，因为第 3 条数据与第 2 条数据完全重复，所以被过滤掉了，无数据输出。

任务实施

本任务的实施思路与过程如下：

【源代码：AvgSpeed. scala】

(1) 在 IDEA 中创建 Scala 程序 AvgSpeed.scala，其主体框架与 VehiclesCountDropDuplicate. scala 类似，不再赘述。

(2) 针对 lines 进行转换，将其元素解析为时间戳、卡口号、监控设备号、车牌号和车速 5 列，其中车速为 Int 类型。相关代码如下：

```
val sdf=new SimpleDateFormat("yyyy-MM-dd HH:mm:ss")    // 日期时间格式化对象
val vehicles=lines.as[String]
  .map( x=>{
  val arr=x.split(",")                    // 按照逗号进行切割
  val date=sdf.parse(arr(0))              // 将字符串解析为日期
  val ts=new Timestamp(date.getTime())    // 将日期转换为时间戳
  (ts,arr(1),arr(2),arr(3),arr(4).toInt)  // 返回元组（时间戳,卡口号,监控设备号,车牌号,车速）
  })
  .toDF("timestamp","checkID","equipmentID","carNO","speed")
```

(3) 针对数据集 vehicles，引入 Watermark 机制，使用 dropDuplicates() 去除重复数据，并按照时间戳和卡口号分组统计平均车速。相关代码如下：

```
val vehiclesCounts=vehicles
  .withWatermark("timestamp","2 minutes")                        // 使用水印机制
  .dropDuplicates()                                              // 去除重复数据
  .groupBy(window($"timestamp","10 minutes","2 minutes"),$"checkID")  // 按照时间戳和卡口号分组统计
  .agg(avg("speed").alias("avgSpeed"))
val result= vehiclesCounts
  .select("window.start","window.end","avgSpeed")                // 输出窗口起止时间和平均通过速度
```

(4) 借助 Netcat 工具，一次性发送以下数据：

```
2024-02-05 22:00:00,1,11,CR211,20
2024-02-05 22:01:30,2,12,T2122,30
2024-02-05 22:01:35,1,22,T2213,40
2024-02-05 22:01:40,2,21,MU911,30
```

(5) 在 IDEA 控制台可以看到如下输出结果 (从 start 到 end 时段各卡口的平均车速 avgSpeed)：

```
+--------------------+--------------------+-------+--------+
|               start|                 end|checkID|avgSpeed|
+--------------------+--------------------+-------+--------+
|2024-02-05 21:58:00|2024-02-05 22:08:00|      2|    30.0|
|2024-02-05 21:58:00|2024-02-05 22:08:00|      1|    30.0|
|2024-02-05 21:52:00|2024-02-05 22:02:00|      2|    30.0|
|2024-02-05 21:52:00|2024-02-05 22:02:00|      1|    30.0|
|2024-02-05 21:54:00|2024-02-05 22:04:00|      2|    30.0|
|2024-02-05 21:54:00|2024-02-05 22:04:00|      1|    30.0|
|2024-02-05 21:56:00|2024-02-05 22:06:00|      2|    30.0|
|2024-02-05 22:00:00|2024-02-05 22:10:00|      2|    30.0|
|2024-02-05 22:00:00|2024-02-05 22:10:00|      1|    30.0|
|2024-02-05 21:56:00|2024-02-05 22:06:00|      1|    30.0|
+--------------------+--------------------+-------+--------+
```

任务 7.4　将数据处理的结果写入 MySQL

任务分析

在前述任务中，流式计算的结果均通过控制台输出。实际上，Structured Streaming 提供了 File、Kafka、foreachBatch 等多种输出渠道。本任务将使用 Structured Streaming 读取 socket 数据源 (9999 端口)，找出超速车辆 (假设城区限速为 70 km/h)，而后将超速车辆信息写入 MySQL 数据库及本地文件系统 (JSON 格式)。本任务的工作内容及相关知识点如 7-5 所示。

表 7-5　工作内容及相关知识点

工　作　内　容	相关知识点
创建程序 OverSpeedVehiclesMySQL.scala	读取 socket 数据
找出时速超过 70 km 的车辆	map、filter
定义一个函数 toSink，负责数据的具体写入工作，并打印相关提示信息	缓存、写数据库、写文件
使用 foreachBatch 方法，调用函数 toSink	foreachBatch
进入 MySQL，查看 vehicle 表是否有数据；进入本地文件系统，查看是否生成 JSON 文件	MySQL 相关命令

任务实施完毕后，若车辆通过卡口的速度超过限速，则向 MySQL 写入数据。查询 MySQL 数据表，可以看到超速通过信息，如图 7-7 所示。

```
mysql> select* from  vehicle;
+---------------------+---------+-------------+--------+-------+
| timestamp           | checkID | equipmentID | carNO  | speed |
+---------------------+---------+-------------+--------+-------+
| 2024-02-05 22:00:00 | 1       | 11          | CR211  | 84    |
| 2024-02-05 22:01:35 | 1       | 22          | T2213  | 108   |
+---------------------+---------+-------------+--------+-------+
2 rows in set (0.00 sec)
```

图 7-7　查看超速车辆信息

知识储备

7.4.1　将数据输出到 File 文件

Structured Streaming 计算结果可以按照 CSV、JSON、Parquet 等形式，写入本地或 HDFS 目录。例如，针对卡口的车辆通行信息，将时间戳、卡口号、监控设备号、车牌号和车速以 JSON 文件形式保存到本地目录。在 IDEA 中创建程序文件 FileSink.scala。

(1) 读取 9999 端口数据，创建 DataFrame(命名为 lines)。相关代码如下：

【源代码：
FileSink.scala】
```
val lines= spark.readStream
  .format("socket")
  .option("host", "localhost")
  .option("port", 9999)
  .load()
```

(2) 借助 map、toDF 等操作，将 lines 转换为包含时间戳、卡口号、监控设备号、车牌号、车速等 5 列的 DataFrame(命名为 vehicles)。相关代码如下：

```
val vehicles=lines.as[String]
  .map( x=>{
   val arr=x.split(",")
   (arr(0),arr(1),arr(2),arr(3),arr(4).toInt)
  })
  .toDF("timestamp","checkID","equipmentID","carNO","speed")
```

(3) 借助 writeStream 等方法，将计算查询结果写入 file 文件，并启动流式计算。相关代码如下：

```
val query=vehicles
  .writeStream
  .outputMode("append")                              // 写入文件时，仅支持 append 模式
  .format("json")                                    // 文件的格式为 JSON
  .option("path","file:///home/hadoop/data/filesink") // 文件保存的目录
  .option("checkpointLocation","streamingsink")      // 设置检查点
  .start()                                            // 启动流式计算
```

在上述代码中，format("json") 表明输出 JSON 数据，option("path","file:///home/hadoop/data/filesink") 指明了 JSON 文件保存的目录。此外，输出到文件时，用到了检查点机制，需要指明检查点 (checkpoint) 路径。option("checkpointLocation","streamingsink") 则指定了检查点位于

HDFS 下的 streamingsink 目录。File Sink 无 (文件输出) 法更新前期已经输出的文件，因此只能用 append 模式。

为了验证上述代码，需要提前在 HDFS 中创建 streamingsink 目录 (具体方法，参照前述项目)。程序运行后，借助 Netcat 发送如下数据：

```
2024-02-05 22:00:00,1,11,CR211,20
2024-02-05 22:00:30,2,12,T2122,30
```

打开一个 Ubuntu 终端，查看生成的文件及其内容，相关命令如下：

```
cd /home/hadoop/data/filesink/    # 进入计算结果输出目录
ls                                # 查看所有的输出文件，发现有多个 JSON 文件
part-00000-48a2dad5-0496-4cb7-8207-e8156c7b3360-c000.json
part-00000-f3fd648d-7873-4eec-9b1d-4334c7c7349e-c000.json
part-00000-fa663559-a5ff-4847-9867-19452effc4ca-c000.json
_spark_metadata
cat *.json                        # 显示 JSON 文件的内容，与输入数据一致
{"timestamp":"2024-02-05 22:00:30","checkID":"2","equipmentID":"12","carNO":"T2122","speed":30}
{"timestamp":"2024-02-05 22:00:00","checkID":"1","equipmentID":"11","carNO":"CR211","speed":20}
```

7.4.2　将数据输出到 Kafka 主题

实际项目中，原始数据可能会比较杂乱，含有较多的"脏数据"，经 Structured Streaming 清洗处理完毕后，也可以写入到 Kafka 主题中，以供其他程序 (系统) 使用。在 IDEA 中创建 KafkaSink.scala，该程序可读取 socket(9999 端口) 数据，然后将数据写入到 Kafka 的消息主题 kafkasink 中。该程序的核心代码如下：

```
val lines= spark.readStream
  .format("socket")
  .option("host", "localhost")
  .option("port", 9999)
  .load()
import spark.implicits._
val vehicles=lines.as[String].toDF("value")
// 计算结果写入 Kafka
val query=vehicles
  .writeStream
  .outputMode("append")
  .format("kafka")                                    // 写入 Kafka
  .option("kafka.bootstrap.servers","localhost:9092")  // 设置 Kafka 服务器及端口
  .option("topic","kafkasink")                         // 指定 Kafka 主题
  .option("checkpointLocation","streamingsink")        // 指定检查点路径
  .start()
```

在上述代码中，format("kafka") 表明将结果数据要写入 Kafka，option("kafka.bootstrap.servers","localhost:9092") 指定 Kafka 服务器及端口号 9092，option("topic","kafkasink") 指定写入的 Kafka 消息主题。

运行 KafkaSink.scala 程序前，需要启动 Kafka，并创建消息主题 kafkasink(操作方法见任务 7.2，不再赘述)。程序 KafkaSink.scala 运行稳定后，通过 Netcat 发送如下数据：

```
2024-02-05 22:00:00,1,11,CR211,20
2024-02-05 22:00:30,2,12,T2122,30
```

打开 Kafka 的控制台消费者程序 (kafka-console-consumer.sh)，可以看到消息主题 kafkasink 中的数据：

```
hadoop@zsz-VirtualBox:/usr/local/kafka$ bin/kafka-console-consumer.sh --bootstrap-server localhost:9092
--topic kafkasink --from-beginning
2024-02-05 22:00:00,1,11,CR211,20
2024-02-05 22:00:30,2,12,T2122,30
```

7.4.3 使用 foreachBatch 和 foreach 方法输出数据

Structured Streaming 还提供了 foreachBatch 和 foreach 两个方法，借助它们可以完成更多样式的数据输出。而且与控制台、文件、Kafka 等输出渠道相比，foreachBatch 和 foreach 具有高度的灵活性，用户可以自由决定数据写入何处、如何写。两者应用场景略有不同，foreachBatch 以微批为单位进行任意的处理、输出，foreach 则是作用在流式 DataFrame 的每一行上。这里以 foreachBatch 为例，介绍如何将数据写入 MySQL 数据库表。

首先进入 MySQL 数据库，创建数据库 structuredstreaming 及 vehicle 表 (用于存放时间戳、卡口号、监控设备号、车牌号、时速)，相关命令如下：

```
create database if not exists structuredstreaming;
use structuredstreaming;
create table if not exists vehicle(
timestamp  varchar(40) not null,
checkID varchar(10) not null,
equipmentID varchar(10) not null,
carNO varchar(10) not null,
speed varchar(5) not null
);
```

在 IDEA 中创建 ForeachBatchSink.scala 程序，其主体框架如下：

【源代码：ForeachBatchSink.scala】

```
object ForeachBatchSink {
def main(args: Array[String]): Unit = {
  val spark=SparkSession
    .builder()
    .appName("StructuredStreamingWordCount")
    .master("local[*]")
    .getOrCreate()
  spark.sparkContext.setLogLevel("WARN")
  // 这里继续添加代码
  query.awaitTermination()
  spark.stop()
  }
  }
```

接下来，根据 socket 数据源创建流式 DataFrame，并将其转为包含 5 列的 DataFrame(命名为 vehicles)。相关代码如下：

```
val lines= spark.readStream
  .format("socket")
  .option("host", "localhost")
  .option("port", 9999)
  .load()


import spark.implicits._
val vehicles=lines.as[String]
  .map( x=>{
   val arr=x.split(",")
   (arr(0),arr(1),arr(2),arr(3),arr(4).toInt)
  })
  .toDF("timestamp","checkID","equipmentID","carNO","speed")
```

最后，借助 foreachBatch 方法，将 vehicles 中的每批数据写入 MySQL 数据库的 vehicle 表。相关代码如下：

```
val query=vehicles.writeStream
  .outputMode("append")
  .foreachBatch((df:Dataset[Row],batchID:Long)=>{    // 针对每一批次数据进行处理
   if(df.count() != 0){
    println(s"BatchID$batchID , 准备写入 ")
    df.write
      .mode("append")
      .format("jdbc")
      .option("driver","com.mysql.cj.jdbc.Driver")
      .option("url","jdbc:mysql://localhost:3306/structuredstreaming")
      .option("dbtable","vehicle")
      .option("user","root")
      .option("password","123")
      .save()
    println(s"BatchID$batchID , 写入完毕 ")
   }
  }).start()
```

在上述代码中，foreachBatch 方法接收了一个匿名函数 (df:Dataset[Row],batchID:Long)=>{}作为参数，df 表示该批次的数据 (数据类型为静态 Dataset[Row]，即 DataFrame)，batchID 表示批次编号；if(df.count() != 0) 用于判断 df 是否为空，如果不为空，即 df 内有数据，则执行后面的写数据库操作。由于 df 为 DataFrame，因此可以按照 Spark SQL 中的方式，调用 write、mode、save 等方法来完成数据库的写入操作 (参照本书项目 5)。

✍ 程序运行稳定后，借助 Netcat 发出如下数据：

```
2024-02-05 22:00:00,1,11,CR211,20
2024-02-05 22:00:30,2,12,T2122,30
2024-02-05 22:01:35,1,22,T2213,40
```

进入 MySQL 后，使用 SQL 语句查询 vehicle 表，可以发现 2 条数据成功写入了 vehicle 表：

```
mysql> select * from vehicle;
+---------------------+---------+-------------+-------+-------+
| timestamp           | checkID | equipmentID | carNO | speed |
+---------------------+---------+-------------+-------+-------+
| 2024-02-05 22:00:00 |    1    |      11     | CR211 |   20  |
| 2024-02-05 22:00:30 |    2    |      12     | T2122 |   30  |
+---------------------+---------+-------------+-------+-------+
2 rows in set (0.00 sec)
```

📋 任务实施

【源代码：
OverSeep
Vehicles
ForeachBatch.
scala】

本任务的实施思路与过程如下：

(1) 在 IDEA 中创建 Scala 程序 OverSpeedVehiclesForeachBatch.scala，获取 9999 端口数据，生成 DataFrame(命名为 lines)。相关代码如下：

```scala
import org.apache.spark.sql.{Dataset, Row, SparkSession}

object OverspeedVehiclesForeachBatch {
  def main(args: Array[String]): Unit = {
    val spark=SparkSession.builder()
      .appName("WordCountSourcesOfHDFS")
      .master("local[*]")
      .getOrCreate()
    spark.sparkContext.setLogLevel("WARN")
    import spark.implicits._
    val lines= spark.readStream
      .format("socket")
      .option("host", "localhost")
      .option("port", 9999)
      .load()

    // 这里继续添加代码

    query.awaitTermination()
    spark.stop()
  }
}
```

(2) 对 lines 的元素进行处理，生成包含 timestamp、checkID 等 5 列的 DataFrame(命名为 vehicles)；使用 filter 方法或 where 方法，找出车速超过 70 km/h 的车辆。相关代码如下：

```
val vehicles=lines.as[String]
 .map( x=>{
  val arr=x.split(",")
  (arr(0),arr(1),arr(2),arr(3),arr(4).toInt)
 })
 .toDF("timestamp","checkID","equipmentID","carNO","speed")
// 过滤出车速超过 70 km/h 的车辆
val overspeedvehicles=vehicles.filter($"speed">70)
```

（3）使用 foreachBatch 方法，将每批次数据交给匿名函数进行处理，并启动流计算。相关代码如下：

```
val query=overspeedvehicles.writeStream
 .outputMode("append")
 .foreachBatch((df:Dataset[Row],batchID:Long)=> toSink(df, batchID))
 .start()
```

在上述代码中，(df:Dataset[Row],batchID:Long)=> toSink(df, batchID) 为数据处理的函数。其中，df 表示该批次的数据（普通的静态 Dataset[Row]，即 DataFrame); batchID 表示批次编号；toSink(df, batchID) 表示数据交给自定义函数 toSink() 进行处理，由该函数具体完成写入数据库、写入文件等操作。

（4）toSink() 是自定义的功能函数，该函数位于 main() 函数之外，完成数据输出工作。相关代码如下：

```
// 定义函数 toSink，完成数据的个性化输出
def toSink(df:Dataset[Row],batchID:Long): Unit = {
 if(df.count() != 0){
  df.cache()    // 数据缓存
  println(s"BatchID-$batchID , 准备写入数据库 ")
  df.write.mode("append").format("jdbc")
   .option("driver","com.mysql.cj.jdbc.Driver")
   .option("url","jdbc:mysql://localhost:3306/structuredstreaming")
   .option("dbtable","vehicle")
   .option("user","root")
   .option("password","123")
   .save()
  println(s"BatchID-$batchID , 成功写入数据库 ")
  println(s"BatchID-$batchID , 准备写入本地文件 ")
  df.write.format("json").save("file:///home/hadoop/data/foreachBatch/"+batchID)
  println(s"BatchID-$batchID , 成功写入本地文件 ")
  df.unpersist() // 取消数据缓存
 }
}
```

✍ 　　在 toSink 函数内部，使用 df.write.mode().format().option().save() 代码完成了数据库的写入，使用 df.write.format().save() 代码将数据写入本地文件。为了减少重复计算及提升程序运行效能，在 df 输出操作前添加了 df.cache() 缓存，两项输出工作完成后使用 df.unpersist() 取消了缓存。

　　(5) 待程序运行稳定后，借助 Netcat 发出以下数据：

```
2024-02-05 22:00:00,1,11,CR211,84
2024-02-05 22:01:35,1,22,T2213,108
```

　　(6) 进入本地目录 file:///home/hadoop/data/foreachBatch/，可以找到每个批次生成的 JSON 文件。进入 MySQL，查询 vehicle 表，也可以看到相关数据。

项 目 小 结

　　Structured Streaming 是当前 Spark 主推的流式计算引擎，它采用了 Spark SQL 的数据抽象 DataFrame/Dataset，与 Spark SQL 的数据处理方法基本一致，无论是编写程序还是程序的执行都比较高效。Structured Streaming 完成流式计算，主要包括 3 个步骤：① 读取 Source 数据源；② 完成数据查询处理；③ 启动流式计算，完成数据输出。实际项目中常见的 Source 数据源主要为 Kafka、File 和 socket，其中 socket 主要用于测试、学习；经过处理后的数据，可以写入控制台、文件或者 Kafka，借助 foreachBatch 也可以写入数据库或者完成其他形式的输出。

知 识 检 测

1. 判断题

　　(1) Structured Streaming 主要用于离线的数据处理。（　　）

　　(2) Structured Streaming 处理逻辑是将源源不断到达的数据放入一个无界表，然后处理新到达的数据，并与之前的计算结果汇总。（　　）

　　(3) Structured Streaming 的数据源只能为 socket 或 Kafka。（　　）

　　(4) Structured Streaming 读取 Kafka 数据时，无须指定 topic 主题，仅需指定 Kafka 服务器及其端口。（　　）

　　(5) 所谓事件时间，就是指数据被 Structured Streaming 捕获的时间。（　　）

　　(6) 以文件为数据源时，Structured Streaming 只能读取 HDFS 上的文件，而不能读取本机上的文件。（　　）

　　(7) Structured Streaming 也支持窗口操作，即计算窗口周期内的数据。（　　）

　　(8) 当 Structured Streaming 输出数据到文件中时，所有数据将按照 append 模式写入到同一个文件中。（　　）

　　(9) 对于迟到数据，Structured Streaming 只能采取丢弃的处理方式，即一旦某个数据迟到，则直接被过滤掉。（　　）

　　(10) foreachBatch 可以将数据写入到文件中，也可以将数据写入到数据库中。（　　）

2.选择题

(1) 下列不是 Spark 组成部分的是 (　　)。

A. Spark SQL　　　　　　　　　B. Spark Streaming

C. Flink　　　　　　　　　　　　D. Structured Streaming

(2) 下列说法正确的是 (　　)。

A. Structured Streaming 作为流式计算引擎，使用了 RDD 作为数据抽象，因此执行效率相对较高

B. Structured Streaming 与 Spark Streaming 均为流式计算引擎，但前者出现得更早、更成熟

C. Structured Streaming 是建立 RDD 基础上的，其处理过程与 Spark Core 完全一致

D. Structured Streaming 通常比 Spark Streaming 处理速度更快，可以实现毫秒级的响应

(3) 关于迟到数据和水印，下列说法正确的是 (　　)。

A. Structured Streaming 可以设置一个迟到时间阈值，超过阈值的数据会被反复计算

B. 水印是一个时间节点，加入水印后，程序将维护过去所有的状态数据

C. 水印将减少内存中需要维护的状态数据，有利于程序的长期运行

D. 迟到时间阈值就是水印 Watermark，其阈值的大小需根据实际需求设置

(4) Structured Streaming 读取 Kafka 数据时，需要 (　　) 方法。

A. readStream　　　　　　　　　B. read

C. readKafka　　　　　　　　　　D. fromKafka

(5) 下列说法正确的是 (　　)。

A. start() 方法可以启动流计算过程

B. 在读取 socket 数据时，读取的数据必须为数值型

C. Structured Streaming 处理后的数据，必须及时写入到数据库或文件中，从而长期保存

D. Structured Streaming 数据输出有多种模式，当输出到控制台时，不能使用 complete 模式

素 养 与 拓 展

近年来，随着数字化、智能化改造的深入推进，我国传统产业的整体实力、质量效益以及创新力、竞争力、抗风险能力都有了显著提升。自 2018 年起，"工业互联网"成为政府工作报告中的高频词汇。工信部自 2019 年起，遴选跨行业跨领域的工业互联网平台，加速助力传统产业"智改数转"。通过融合物联网、人工智能、云计算、大数据等技术，实现工厂运行数据的实时传输，让海量数字信息得到充分有效的管理运用，工厂生产的全过程得到精确把控，并能在信息高效共享下实现对优势资源的整合，让产业链各环节能够有效协同。

【拓展案例】

1.需求说明

党的二十大报告提出，推动制造业高端化、智能化、绿色化发展。中央经济工作会议亦要求"狠抓传统产业改造升级"。某企业的智慧工厂项目中，为了实时掌控各类产品的生产进度、产品质量等关键信息，在流水线关键工位安装了大量智能摄像头、RFID(射频)、传感器等设备。假设采用 Kafka 作为车间流水线数据采集平台，其数据样式为"产品 ID　流水线 ID　生产进度　时间戳"，其中生产进度包括上线、在产、质检、下线。要求编写 Structured Streaming 程序，完成如下工作：

(1) 按流水线统计 10 min 内产品下线完工数量（每 5 min 更新 1 次）。

(2) 按产品统计 10 min 内上线的数量（每 5 min 更新 1 次）。

(3) 将上述处理结果写入 MySQL 数据库表。

2. 实施思路

(1) 启动 Kafka 相关服务，创建主题；启动 MySQL，创建数据库表准备接收数据。

(2) 在 IDEA 中创建 Scala 程序文件，编写程序的框架。

(3) 读取 Kafka 主题中的消息，获取消息的 value 部分。

(4) 借助 groupBy、window 等方法，完成 10 min 内数据的统计。

(5) 采用 update 模式，借助 foreachBatch 等方法，将结果写入 MySQL。

(6) 运行程序后，借助 kafka-console-producer.sh 向 Kafka 主题中写入数据，观察程序运行的结果。

3. 总结反思

(1) 在 Structured Streaming 技术完成本案例数据分析的过程中，你遇到了哪些具体问题？你是如何逐个解决的？

(2) 网上查阅工业互联网、工业大数据的相关资料，思考通过使用大数据技术可以在哪些方面来提升传统制造业的效能？找出几个具体案例。

项目 8 简介

项 目 8

借助 Spark ML 预测森林植被种类

情境导入

　　"绿水青山就是金山银山",是习近平总书记统筹经济发展与生态环境保护作出的重要论断。新中国成立以来,党和国家高度重视国土绿化工作,位于河北承德的塞罕坝成为国家造林育林、风沙治理的重点区域。1962 年,塞罕坝机械林场正式组建成立,满怀激情的林场建设者,从祖国大江南北相继来到荒无人烟、黄沙漫天的塞北高原,扛起植树造林、修复生态的历史重任,拉开了在塞罕坝艰苦创业的序幕。面对恶劣的气候环境、艰苦的生活条件和繁重的工作任务,塞罕坝人坚持"先治坡、后治窝,先生产、后生活",在实践中不断摸索、积累高寒地区的造林经验,组织开展技术攻关,与自然灾害顽强抗争,走过了从一棵树到一片林的艰辛造林路。到 1978 年,塞罕坝基本实现了造林的初期主要目标。2021 年,塞罕坝林场的有林地面积由建场之初的 24 万亩增加到 112 万亩,森林覆盖率由 11.4% 提高到 80%,林木蓄积量由 33 万立方米增加到 1012 万立方米,成为世界上最大的集中连片的人工森林。

　　习近平总书记强调,塞罕坝精神是中国共产党精神谱系的组成部分,全党全国人民要发扬这种精神,把绿色经济和生态文明发展好。某地林场建设者深入学习塞罕坝精神,持续开展封山造林、育林工作,他们在植树造林过程中发现每一块土地都有它适合生长的植被。如果能够根据土壤、水文、日照等因素预测某地块最适合生长哪种树木,这样就可以提高成活率、节约养护成本及物力,从而达到事半功倍的效果。为深入了解土地与植被背后的规律,为每个片区推荐合适的植被种类,从而提升造林育林成效,采集了不同点位的海拔、坡度、遮阳情况和土壤类型等数据,并给出了目前该地块成长最为旺盛的森林植被类型。林场工作人员希望借助 Spark ML 模块,预测某个片区适宜的树木种类,从而提升苗木成活率、加速森林资源的增长。

项目分解

【PPT:项目 8 借助 Spark ML 预测森林植被品种】

　　按照"认识机器学习→构建预测模型→优化模型、提升准确率"的思路,将整个项目划分为 3 个任务。项目分解说明如表 8-1 所示。

表 8-1　项目分解说明

序号	任　务	任　务　说　明
1	初识 Spark ML 机器学习	了解机器学习及应用场景，认识 Spark ML 中的数据类型 Vector，能够学会基本的数据特征转换
2	利用决策树探究植被种类	利用决策树算法构建初始模型，预测森林植被的品种
3	进一步提升预测准确率	通过 Pipline、超参数设置等，提升森林植被预测准确率 (90% 以上)；引入随机森林算法，将准确率进一步提升 (93% 以上)，形成最终模型，并将模型应用到实时预测中

学习目标

(1) 了解机器学习的算法分类、应用，能够完成简单的特征转换；
(2) 了解 k-means、贝叶斯、决策树、ALS、随机森林等算法的原理，能构建相关模型；
(3) 能够构建机器学习流水线，完成简单的模型调优，找出 "最优" 模型；
(4) 根据业务需求保存模型、加载模型，利用机器学习模型完成数据处理。

任务 8.1　初识 Spark ML 机器学习

初识 Spark ML
机器学习

任务分析

机器学习是近几十年来人工智能研究的热点问题，Spark 内置了功能强大的机器学习库 Spark MLlib/ML。对于初学者而言，学习 Spark ML 库，首先要了解机器学习的基本概念、原理、分类以及应用情况，并根据需要完成数据的特征提取和特征转换工作。本任务的工作内容及相关知识点如表 8-2 所示。

表 8-2　工作内容及相关知识点

工　作　内　容	相关知识点
了解机器学习及其应用创建	机器学习应用创建
认识 Spark ML 机器学习库	Spark ML 库
认识 Spark ML 机器学习数据类型及简单特征处理	特征处理

知识储备

8.1.1　了解机器学习及其应用场景

机器学习是一门多学科交叉专业，涵盖概率论、统计学、复杂算法等知识，使用计算机作为工具并致力真实地模拟人类学习方式，将现有内容进行知识结构划分来有效提高学习效率。

机器学习最基本的做法是使用算法来解析数据、从中学习，然后对真实世界中的事件作出决策和预测。与传统的、为解决特定任务的软件程序不同，机器学习使用大量的数据来"训练"，从数据中学习如何完成任务。例如，我们浏览淘宝、亚马逊等购物平台时，会出现商品推荐信息 (如"跟你类似的人还购买了 XXXX")，这就是电商平台根据你的购物记录、放入购物车、添加收藏、浏览记录等信息，识别出你对哪些商品可能感兴趣，并对你进行了个性化推荐，从而增加消费、提升客户满意度。

除了前述的电商平台的商品推荐，随着大数据技术的不断更新，机器学习的应用范围不断扩大，无论交通预测还是网络社交都有机器学习的身影。下面列举几个生活中的应用：

(1) 虚拟个人助理。

Siri、小爱同学、小冰等都是虚拟个人助理的典型例子。作为私人助理，当用户通过语音询问时，它们便会寻找相应的信息。用户可以向它们发出指令，例如"小爱同学，我要听 *** 的歌""明天提醒我 8 点钟上课"；也可以向它们发出询问，例如"北京到法兰克福的航班是几点？"等。这些虚拟助理便会去查看信息、回忆相关查询，或向其他资源 (如其他系统) 发送命令以收集信息。

(2) 交通预测与路线规划。

当前很多城市，交通拥堵成为出行的拦路虎。因此，很多人已经习惯出行前查看可能的拥堵情况，使用百度、高德等电子地图可以了解未来可能拥堵的路段、到达的时间，从而帮助我们确定出行的时间、线路等。交通预测的核心便是通过收集大量的历史数据 (如过去一段时间该线路的交通情况) 以及各类上报数据 (如交管部门的通告、个人用户报告的交通事故等)，借助以往经验估计可能拥堵的区域，进而推荐相应的线路。

(3) 你可能认识的人。

QQ、抖音、微博等平台可以记录你所联系的朋友、你经常访问的个人资料、你的兴趣、工作场所或与他人分享的群等相关信息，此外还可以根据 APP 权限，读取用户手机通讯录信息。借助图计算、推荐算法等手段，帮你找到可能认识的人，从而推荐给你。

(4) 垃圾邮件、垃圾信息过滤。

在信息爆炸的时代，垃圾邮件、垃圾信息占用了用户的时间与精力，可以根据用户需求进行过滤。借助机器学习算法，根据过去垃圾邮件、垃圾信息的特征，可以判断出当前处理的信息是否属于垃圾邮件、垃圾信息范畴。

按照不同的维度，机器学习有多种分类。例如，从学习方式角度可以将机器学习分为以下几种：

(1) 监督学习 (有导师学习)。对于数据集，我们已经知道输入和输出结果之间的关系，然后根据这种已知的关系，训练得到一个最优的模型。在监督学习中，训练数据既有特征又有标签，通过训练让机器可以自己找到特征和标签之间的联系，在面对只有特征没有标签的数据时，可以判断出标签。

(2) 无监督学习 (无导师学习)。与监督学习不同，对于给定的数据集，无监督学习事先不知道数据与特征之间的关系，而是要根据聚类或一定的模型得到数据之间的关系。

(3) 强化学习 (增强学习)。强化学习是一种在没有提供标签的框架下，以试错的方式、积极地去探索未知环境的学习方法，是一种迭代式的机器学习。它广泛应用于机器人的智能控制、AlphaGo 下围棋、游戏的自动规划等复杂任务。

(4) 半监督学习。它包含大量未标注数据和少量标注数据，主要是利用未标注的信息，辅助标注数据，进行监督学习。

8.1.2　Spark 机器学习库

传统的机器学习算法，由于技术和单机存储的限制，只能在少量数据上使用，依赖于数据抽样。但样本往往很难做好随机，这就导致学习的模型不是很准确，在测试数据上的效果也可能不太好。随着 HDFS 等分布式文件系统的出现，海量数据存储有了可靠的手段，在全数据集上进行机器学习也成为可能,这也解决了统计随机性的问题。但是由于 MapReduce 自身的限制，使得使用 MapReduce 来实现分布式机器学习算法非常耗时和消耗磁盘 I/O。通常情况下，机器学习算法参数学习的过程都是迭代计算的，即本次计算的结果要作为下一次迭代的输入，这个过程中如果使用 MapReduce，则只能把中间结果存入磁盘，然后在下一次计算时再从磁盘中读取，这种做法严重制约了迭代算法性能。

Spark 是基于内存的计算，在机器学习迭代方面有着天然优势。为了便于在分布式计算场景下实现机器学习，Spark 提供了一个基于海量数据的机器学习库，开发者只需了解 Spark 基础及机器学习算法的基本原理、各方法相关参数的含义，就可以轻松地调用相应的 API 来实现基于海量数据的机器学习。MLlib 是 Spark 的机器学习 (Machine Learning) 库，旨在简化机器学习的工程实践工作，并方便扩展到更大规模。MLlib 由一些通用的学习算法和工具组成，包括分类、回归、聚类、协同过滤、降维等，同时还包括底层的优化原语和高层的管道 API。具体来说，MLlib 主要包括以下几方面的内容：

(1) 算法工具：常用的学习算法，如分类、回归、聚类、协同过滤等。

(2) 特征化工具：特征提取、转化、降维和选择工具。

(3) 管道 (Pipeline)：也称为工作流，用于构建、评估和调整机器学习管道的工具。

(4) 持久性：保存与加载各种算法、模型、管道。

(5) 实用工具：线性代数、统计、数据处理等工具。

Spark 机器学习库从 1.2 版本以后被分为两个包，即 Spark.mllib 和 Spark.ml。

(1) Spark.mllib 包含基于 RDD 的原始算法 API。该包的历史比较长，在 1.0 以前的版本即已经包含了，提供的算法实现都是基于原始 RDD 的。

(2) Spark.ml 则提供了基于 DataFrame 高层次的 API，可以用来构建机器学习工作流，并且为多种机器学习算法与编程语言提供了统一的接口。

使用 Spark.ml 可以很方便地把数据处理、特征转换以及多个机器学习算法联合起来，构建一个单一完整的机器学习流水线。目前，Spark 官方推荐使用 Spark.ml，且从 Spark 2.0 开始基于 RDD 的 API 进入维护模式 (即不再增加任何新的特性)，本书以 Spark.ml 包为主展开介绍。

8.1.3　数据类型与特征处理

1. 数据类型

Spark 机器学习提供的数据类型主要包括本地向量 (Vector)、标注点 (LabeledPoint) 及本地矩阵等。

1) 本地向量

本地向量分为密集向量和稀疏向量两类。例如，对于向量 (1.0, 0.0, 3.0)，其密集向量表示形式为 [1.0, 0.0, 3.0]，而其稀疏向量表示形式为 (3, [0,2], [1.0, 3.0])，其中 3 是向量的长度，[0,2] 是向量中为零维度的索引值 (即不为零的元素的索引值)，[1.0, 3.0] 是按照索引排序的数据元素值 (即不为零的元素值)。

本地向量是以 org.apache.spark.ml.linalg.Vector 为基类，稠密向量 DenseVector、稀疏向量

SparseVector 为其子类。Spark 官方推荐使用工厂化方法创建向量，以下为创建向量的示例：

```
scala> import org.apache.spark.ml.linalg.{Vector,Vectors}        // 导入包
import org.apache.spark.ml.linalg.{Vector, Vectors}

scala> val dv=Vectors.dense(2.4,0.0,3.6)                          // 创建密集向量
dv: org.apache.spark.ml.linalg.Vector = [2.4,0.0,3.6]

scala> val sv=Vectors.sparse(3,Array(0,2),Array(2.4,3.6))         // 创建稀疏向量
sv: org.apache.spark.ml.linalg.Vector = (3,[0,2],[2.4,3.6])

scala> val sv=Vectors.sparse(3,Seq((0,2.4),(2,3.6)))             // 指定非零元素，创建稀疏向量
sv: org.apache.spark.ml.linalg.Vector = (3,[0,2],[2.4,3.6])
```

> **小贴士：**因为在 Scala 中，默认导入了 Scala.collection.immutable.Vector，所以在使用机器学习创建本地向量时，需要导入 import org.apache.spark.ml.linalg.Vector。

2) 标注点

标注点是一种带有标签的本地向量，通常应用于监督学习算法（如回归、分类等）。其中标签为数值序列，在二分类中标签为 0.0 或 1.0，而在多分类中标签为 0.0，1.0，2.0，…。在 Spark 机器学习中，标注点的实现类为 org.apache.spark.ml.feature.LabeledPoint。下面演示创建一个标签值为 1.0 的标注点：

```
scala> import org.apache.spark.ml.feature.LabeledPoint   // 导入包
import org.apache.spark.ml.feature.LabeledPoint
// 创建一个标签值为 1.0 的密集向量标注点
scala> val LabDense=LabeledPoint(1.0,Vectors.dense(2.4,0.0,3.6))
LabDense: org.apache.spark.ml.feature.LabeledPoint = (1.0,[2.4,0.0,3.6])
// 创建一个标签值为 1.0 的稀疏向量标注点
scala> val LabSparse=LabeledPoint(1.0,Vectors.sparse(3,Array(0,2),Array(2.4,3.6)))
LabSparse: org.apache.spark.ml.feature.LabeledPoint = (1.0,(3,[0,2],[2.4,3.6]))
```

2. 特征处理

在机器学习中，输入数据（数据集中的数据）格式可能千变万化，为了满足机器学习算法需求，一般需要对数据进行预处理，包括特征提取（从原始数据中抽取特征）、特征转换（缩放、转换或修改等）、特征选择（从特征集中选择部分特征）等过程。

1) 特征提取

特征提取是利用已有特征计算出一个抽象程度更高的特征集，Spark ML 提供的特征提取 API 有 TF-IDF（词频 - 逆向文件词频）、Word2Vec（单词向量表示）以及 CountVectorizer（特征哈希）等。

2) 特征转换

在机器学习的数据中，不同字段在量纲、量级方面存在较大差异，为了减小这类因素

对模型的影响，经常需要对数据进行标准化或归一化，该过程称为特征转换。Spark ML 提供了系列的特征转换方法，包括 Binarizer(二值转换)、MinMaxScaler(最大最小缩放转换)、StringIndexer(字符串转索引)、IndexToString(索引转字符串) 等。

(1) 使用 Binarizer 方法进行特征转换。

Binarizer 是通过设置阈值，将数字特征转换为 0 或 1 两个值。Binarizer 参数有输入、输出以及阈值，特征值大于阈值将转换为 1.0，特征值小于等于阈值将转换为 0.0。Binarizer 的应用示例如下：

```scala
scala> import org.apache.spark.ml.feature.Binarizer

scala> val data = Array((0,0.1),(1,0.8),(2,0.2),(3,0.4),(4,0.6))

scala> val dataFrame = spark.createDataFrame(data).toDF("label", "feature")


// 构造一个 Binarizer 实例，其阈值为 0.5( 即若特征值大于 0.5 则转换为 1.0，若特征值小于等于 0.5 则转换为 0.0)

scala> val binarizer: Binarizer = new Binarizer().setInputCol("feature").setOutputCol("binarized_feature")
.setThreshold(0.5)


// 调用 transform 方法，生成新 DataFrame

scala> val binarizedDataFrame = binarizer.transform(dataFrame)

binarizedDataFrame: org.apache.spark.sql.DataFrame = [label: int, feature: double ... 1 more field]


scala> binarizedDataFrame.show()
+-----+-------+-------------------+
| label|feature|binarized_feature|
+-----+-------+-------------------+
|    0 |   0.1 |               0.0 |
|    1 |   0.8 |               1.0 |
|    2 |   0.2 |               0.0 |
|    3 |   0.4 |               0.0 |
|    4 |   0.6 |               1.0 |
+-----+-------+-------------------+
```

上述代码中，构造了一个转换器 binarizer，该转换器的阈值为 0.5，可以将输入列的值转为 0.0 或 1.0。针对数据集 DataFrame ，调用 binarizer 的 transform 方法后，得到一个新数据集 binarizedDataFrame，它包含一列 binarized_feature，该列为二值化的特征列。

(2) 使用 MinMaxScaler 方法进行特征转换。

MinMaxScaler 通过重新调节大小将 Vector 形式的列转换到指定的范围内 (即 [max,min]，通常为 [0,1]，该过程也称为归一化)，MinMaxScaler 计算数据集的汇总统计量，并产生一个 MinMaxScalerModel。对于特征 e_i 来说，调整后的特征值如下：

$$\text{Rescaled}(e_i) = \frac{e_i - E_{min}}{E_{max} - E_{min}} \times (\max - \min) + \min$$

构造一个 DataFrame，然后利用 MinMaxScaler 完成数据的归一化，相关代码如下：

```
scala> import org.apache.spark.ml.feature.MinMaxScaler
scala> import org.apache.spark.ml.linalg.Vectors


// 创建一个 DataFrame
scala> val dataFrame = spark.createDataFrame(Seq(
    |  (0, Vectors.dense(1.0, 0.1, 2.0)),
    |  (1, Vectors.dense(2.0, 1.1, 1.0)),
    |  (2, Vectors.dense(3.0, 10.1, 3.0))
    | )).toDF("id", "features")


scala> val scaler = new MinMaxScaler().setInputCol("features").setOutputCol("scaledFeatures")
scala> val scalerModel = scaler.fit(dataFrame)           // 调用 fit 方法，得到模型
scala> val scaledData = scalerModel.transform(dataFrame) // 调用模型，将每一个特征转化到区间 [0,1] 中
scala> scaledData.show()                                 // scaledFeatures 完成了归一化
+---+---------------+---------------+
| id|       features|scaledFeatures|
+---+---------------+---------------+
|  0|  [1.0,0.1,2.0]|  [0.0,0.0,0.5]|
|  1|  [2.0,1.1,1.0]|  [0.5,0.1,0.0]|
|  2| [3.0,10.1,3.0]|  [1.0,1.0,1.0]|
+---+---------------+---------------+
```

(3) 使用 StringIndexer 方法进行特征转换。

StringIndexer 将字符串标签编码转为标签指标，该指标取值范围为 [0,numLabels]，按照标签出现频率排序，出现最频繁的标签其指标为 0.0。如果输入列为数值型，则先将其映射为字符串然后再将字符串的值转为标签指标。StringIndexer 的示例如下：

```
scala> import org.apache.spark.ml.feature.StringIndexer
// 创建 DataFrame，包含 id、category 两列
scala> val df = spark.createDataFrame(Seq((0, "spark"), (1, "hadoop"), (2, "flink"), (3, "spark"))).toDF
("id", "category")
// 构造一个 StringIndex 对象
scala> val indexer = new StringIndexer().setInputCol("category").setOutputCol("categoryIndex")
// 训练得到一个模型
scala> val indexModel= indexer.fit(df)
// 使用模型转换数据集 df
scala> val indexed=indexModel.transform(df)
scala> indexed.show()
+---+----------+--------------+
| id| category| categoryIndex|
+---+----------+--------------+
| 0 |    spark|           0.0|
| 1 |   hadoop|           2.0|
| 2 |    flink|           1.0|
| 3 |    spark|           0.0|
+---+----------+--------------+
```

indexed.show() 的输出结果表明，indexed 中有一列 categoryIndex，该列为转换后的标签索引。

(4) 使用 IndexToString 方法进行特征转换。

与 StringIndexer 对应，IndexToString 将指标标签映射回原始字符串标签。一个常用的场景是先通过 StringIndexer 产生指标标签，然后使用指标标签进行训练，最后再对预测结果使用 IndexToString 来获取其原始的标签字符串。

3) 特征选择

特征选择是指从已有的 M 个特征中选择 N 个特征，即从原始特征中选择出一些最为有效的特征以降低数据维度，是提高机器学习算法性能的一种手段。特征选择在高维数据分析中比较有用，它可以剔除冗余或无关的特征，提升计算性能。Spark 给出了 VectorSlicer(类似于列切片，选择部分列)、RFormula(R 语言风格的特征向量选择)、ChiSqSelector(通过方卡进行特征选择) 等多种方式，它们均位于 org.apache.spark.ml.feature 包中。由于本书后续案例设计的特征维度不太多，这里不详细介绍特征选择。感兴趣的读者可以查看 Spark 官方文档中的特征选择部分。

任务实施

当前，机器学习、人工智能等相关应用已经深入生活的方方面面，我们正在走入"大数据 + 人工智能"的信息时代。试利用互联网，查找 5 个机器学习的具体应用场景，整理到表 8-3 中，并进行分享，从而加深对相关领域的了解。还可以利用词云技术 (如 Python 词云)，汇总收集的应用并创建描述文本，绘制一张词云图。

表 8-3　机器学习的典型应用

序号	应用领域	简要描述
1		
2		
3		
4		
5		

任务 8.2　利用决策树探究植被种类

利用决策树
探究植被种类

任务分析

现有一组森林植被数据 covdata.txt(源自 Machine Learning Repository 数据库，并加以调整)，该数据集包含五十余万行，每行代表森林中一个采集点位 (地块) 的相关情况，每行数据包括 13 个字段 (列)。其中，第 1 至第 10 字段分别为海拔高度、地面坡度、太阳照射角度、水源距离等量化特征 (features)；第 11 字段为荒野类型，包含 4 种类型，分别用 0.0，1.0，2.0，3.0 四个数值表示)；第 12 字段为具体的土壤类型，包含 40 种类型，分别用数值 0.0，1.0，2.0，…，39.0 表示；第 13 字段为目前点位生长良好的植物种类，包含 7 种类型，分别用数值 0.0，1.0，2.0，…，6.0 表示，该字段可作为标签列 (label)。数据字段之间用逗号分隔，数据示例如下：

```
2596.0,51.0,3.0,258.0,0.0,510.0,221.0,232.0,148.0,6279.0,0.0,0.0,28.0,4.0
2590.0,56.0,2.0,212.0,-6.0,390.0,220.0,235.0,151.0,6225.0,0.0,0.0,28.0,4.0
2804.0,139.0,9.0,268.0,65.0,3180.0,234.0,238.0,135.0,6121.0,0.0,0.0,11.0,1.0
2785.0,155.0,18.0,242.0,118.0,3090.0,238.0,238.0,122.0,6211.0,0.0,0.0,29.0,1.0
```

　　本任务在常用的几种算法基础上，采用决策树算法预测森林植被的种类，为提高林木种植成活率提供参考。本任务的工作内容及相关知识点如表 8-4 所示。

表 8-4　工作内容及相关知识点

工　作　内　容	相关知识点
IDEA 创建程序，构建程序的框架结构，生成 SparkSession 对象	SparkSession
读取源数据，创建包含 features、label 两列的 DataFrame	textFile、map、toDF
将 DataFrame 划分为训练集、测试集两个部分	randomSplit
生成决策树分类模型，并应用到测试集数据上，产生预测列 prediction	DecisionTreeClassifier、fit、transform
计算模型的准确率	MulticlassClassificationEvaluator、evaluate

　　任务实施完毕后，程序运行结果如图 8-1 所示。

```
+--------------------+-----+----------+
|            features|label|prediction|
+--------------------+-----+----------+
|[1860.0,18.0,13.0...|  2.0|       2.0|
|[1867.0,20.0,15.0...|  2.0|       2.0|
|[1873.0,30.0,19.0...|  2.0|       2.0|
|[1876.0,25.0,17.0...|  2.0|       2.0|
|[1879.0,23.0,18.0...|  2.0|       2.0|
+--------------------+-----+----------+
only showing top 5 rows

该决策树模型的精度为: 0.7100839251129761
```

图 8-1　程序运行结果

知识储备

8.2.1　聚类算法

　　所谓聚类，即根据相似性原则，将具有较高相似度的数据对象划分至同一类簇，将具有较高相异度的数据对象划分至不同类簇。聚类是一种典型的无监督学习，即待处理数据没有任何先验知识。Spark 中已经实现的聚类算法包括 k-means、潜在狄利克雷分布 (Latent Dirichlet Allocation，LDA)、高斯混合模型 (Gaussian Mixture Model，GMM) 等。其中，最常用的聚类算法为 k-means，k 代表类簇个数，means 代表类簇内数据对象的均值 (这种均值是一种对类簇中心的描述）。k-means 算法是一种基于划分的聚类算法，以距离作为数据间相似性度量的标准，即数据间的距离越小，则它们的相似性越高，它们越有可能在同一个类簇。Spark 的 k-means 算法位于 org.apache.spark.ml.clustering 包下，其实现思路如下：

(1) 根据给定的 k 值，随机选取 k 个样本点作为初始划分中心。

(2) 计算所有样本点到每一个划分中心的距离，并将所有样本点划分到距离最近的划分中心。

(3) 计算每个划分中样本点的平均值，将其作为新的中心。

(4) 循环进行 (2) ～ (3) 步直至达到最大迭代次数，或划分中心的变化小于某一预定义阈值。

以本书配套资源中的鸢尾花数据 iris.txt 进行 k-means 聚类实验，该数据集以鸢尾花的特征作为数据来源，是在数据挖掘、数据分类中常用的数据集。iris.txt 数据的样本容量为 150 行，每行包括 6 个字段（列）。其中，第 1 字段为行号（没有实际意义，分析时去掉）；第 2 至第 5 字段分别为鸢尾花的萼片长、萼片宽、花瓣长、花瓣宽等特征；第 6 字段（列）为该样本对应鸢尾花的亚种类型（共有 3 个亚种，分别为 setosa、versicolor、virginica）。iris.txt 数据样式如下：

```
行号,5.1,3.5,1.4,0.2,setosa
行号,5.4,3.0,4.5,1.5,versicolor
行号,7.1,3.0,5.9,2.1,virginica
```

下面在 Spark Shell 环境下，使用 k-means 方法对 iris 数据进行聚类分析，过程如下：

```scala
scala> import org.apache.spark.ml.clustering.{KMeans,KMeansModel}
scala> import org.apache.spark.ml.linalg.{Vectors,Vector}
// 读取文件，生成 RDD
scala> val data=sc.textFile("file:///home/hadoop/data/iris.txt")
// 由 RDD 生成 DataFrame，包含 features、label 两列
scala> val dataDF=data.map(x=>x.split(","))
.map(x=>(Vectors.dense(x(1).toDouble,x(2).toDouble,x(3).toDouble,x(4).toDouble),x(5)))
.toDF("features","label")
```

上述代码中，data 为读取 iris.txt 生成的 RDD；data.map(x=>x.split(",")) 表示按照逗号切割 data 的元素（字符串类型）；map(x=>(Vectors.dense(),x(5)) 则是将 RDD 元素再次转为二元组，二元组的第一个元素为 Vectors 类型（即由鸢尾花特征数据组成的 Vector），第二个元素为标签值（所属的鸢尾花类型）；toDF("features","label") 表示将 RDD 转为 DataFrame，且该 DataFrame 包含 features、label 两列。

接下来构建一个 KMeans 实例，设置其特征列为 features，预测列为 prediction；然后针对 dataDF，训练得到模型 kmeansmodel。相关代码如下：

```scala
scala> val kmeansmodel = new KMeans().setK(3).setFeaturesCol("features").
setPredictionCol("prediction").fit(dataDF)
```

上述代码中，setK(3) 表示 K 值设置为 3（将所有数据划分为 3 个类簇）；setFeaturesCol ("features") 表示特征列的名称为 features，setPredictionCol("prediction") 表示预测列的名称为 prediction；fit(dataDF) 则使用 dataDF 数据训练，从而得到一个 KMeans 模型，即 kmeansmodel。

接下来，使用模型 kmeansmodel，对 dataDF 数据进行整体处理，生成带有预测簇标签（名称为 prediction) 的数据集 result。相关代码如下：

```
scala> val result = kmeansmodel.transform(dataDF)
result: org.apache.spark.sql.DataFrame = [features: vector, lable: string ... 1 more field]

scala> result.show(150)
+----------------+------+----------+
|        features| label|prediction|
+----------------+------+----------+
|[5.1,3.5,1.4,0.2]|setosa|         1|
|[4.9,3.0,1.4,0.2]|setosa|         1|
|[4.7,3.2,1.3,0.2]|setosa|         1|
```

由 result.show() 的输出结果可知，result 含有一列 prediction(簇标签)，整个数据集中 150 条数据被分到 3 个簇中 (标签值为 0、1、2)，簇标签与鸢尾花类别基本对应。还可以通过 KMeansModel 类自带的 clusterCenters 属性获取到模型的 3 个聚类中心位置，代码如下：

```
scala> kmeansmodel.clusterCenters.foreach(center=>println(" 聚类中心："+center))
聚类中心：[6.8538461538461535,3.076923076923076,5.715384615384614,2.053846153846153]
聚类中心：[5.005999999999999,3.428000000000001,1.4620000000000002,0.2459999999999999]
聚类中心：[5.883606557377049,2.740983606557377,4.388524590163934,1.4344262295081964]
```

8.2.2　分类算法

分类是一种重要的机器学习和数据挖掘技术，其目的是根据数据集的特点构造一个分类模型，该模型可以把数据样本映射 (分配) 到指定类别中。构造分类模型的过程一般分为训练和测试两个阶段，数据亦分为训练数据和测试数据两部分。用训练数据构建初始的分类模型，然后用测试数据来评价模型的分类准确性。如果认为该模型的准确性满足要求，则使用该模型对其他未知数据进行分类。Spark 支持的分类包括贝叶斯、决策树、随机森林、支持向量机 (Support Vector Machine，SVM) 等。本书着重介绍贝叶斯分类和决策树分类两种算法。

1. 贝叶斯分类

下面通过具体示例来理解贝叶斯分类的思想。假设某医院门诊接待了 6 个病人，其症状、职业和确诊所患的疾病等信息如表 8-5 所示。

表 8-5　诊 疗 信 息

序　号	症　状	职　业	疾　病
1	打喷嚏	护士	感冒
2	打喷嚏	农夫	过敏
3	头疼	建筑工人	脑震荡
4	头疼	建筑工人	感冒
5	打喷嚏	教师	感冒
6	头疼	教师	脑震荡

现在又来了第七个病人，是一个打喷嚏的建筑工人，那他患上感冒的概率有多大？ 对于这个问题，可以用贝叶斯定理，假设 P(A) 表示 A 发生的概率，P(B) 表示 B 发生的概率，P(A|B) 表示 B 发生的前提下 A 发生的概率，P(B|A) 表示 A 发生的前提下 B 发生的概率。根据贝叶斯定理：

✎

$$P(A|B)=\frac{P(B|A)P(A)}{P(B)}$$

可得：

$$P(感冒|打喷嚏\times 建筑工人)=\frac{P(打喷嚏\times 建筑工人|感冒)\times P(感冒)}{P(打喷嚏\times 建筑工人)}$$

假定"打喷嚏"和"建筑工人"这两个特征是独立的，因此上面的等式就变为：

$$P(感冒|打喷嚏\times 建筑工人)=\frac{P(打喷嚏|感冒)\times P(建筑工人|感冒)\times P(感冒)}{P(打喷嚏)\times P(建筑工人)}$$

根据表 8-5 中的信息，以上各项概率均可简单计算出来，所以：

$$P(感冒|打喷嚏\times 建筑工人)=\frac{0.66\times 0.33\times 0.5}{0.5\times 0.33}=0.66$$

因此，这位打喷嚏的建筑工人有 66% 的概率是得了感冒。同理，也可以计算这个病人患上过敏或脑震荡的概率。比较这几个概率，可以知道他最可能得什么病（取 3 种疾病中概率最高者）。总之，贝叶斯分类器的基本思想是在统计资料的基础上，依据某些特征，计算数据从属于各个类别的概率，从而实现分类。

下面以鸢尾花数据 iris.txt 为例，演示如何采用贝叶斯分类模型来预测鸢尾花的种类。首先导入相关包，读取 iris.txt 生成 DataFrame（包含 features 和 label 两列）。相关代码如下：

```
import org.apache.spark.ml.classification.NaiveBayes
import org.apache.spark.ml.evaluation.MulticlassClassificationEvaluator
import org.apache.spark.ml.feature.StringIndexer
import org.apache.spark.ml.linalg.{Vector, Vectors}
scala> val df=rdd.map(x=>x.split(",")).
    map(x=>((Vectors.dense(x(1).toDouble,x(2).toDouble,x(3).toDouble,x(4).toDouble),x(5))))
    .toDF("features","label")
```

此时数据集 df 包括 features、label 两列，但 label 列是字符串标签（鸢尾花的种类名称 setosa、virginica、versicolor），不符合贝叶斯分类器的要求，需要将该列转为数值型。为此，可以使用特征转换中的 StringIndex 类。相关代码如下：

```
scala> val indexer = new StringIndexer().setInputCol("label").setOutputCol("labelIndex")
scala> val indexModel=indexer.fit(df)
scala> val irisDF=indexModel.transform(df)
scala> irisDF.show(2)
+------------------+-------+-----------+
|          features|  label| labelIndex|
+------------------+-------+-----------+
| [5.1,3.5,1.4,0.2]| setosa|        0.0|
| [4.9,3.0,1.4,0.2]| setosa|        0.0|
+------------------+-------+-----------+
only showing top 2 rows
```

经过以上处理，数据集 irisDF 包括 3 列，分别为 features、label、labelIndex，其中 labelIndex 列为数值型标签 (符合贝叶斯分类器要求)。接下来，使用 randomSplit 方法将数据集 irisDF 划分为训练集和测试集两个部分。相关代码如下：

```
// 将数据划分为两类
scala> val Array(trainingDF,testDF)=irisDF.randomSplit(Array(0.8,0.2))
```

构建一个贝叶斯分类器对象，针对 trainingDF(训练集) 开展训练，得到贝叶斯分类模型 naiveBayesModel。相关代码如下：

```
// 生成一个分类器对象
scala> val naiveBayes=new NaiveBayes().setFeaturesCol("features").setLabelCol("labelIndex")
// 将分类器 ( 算法 ) 应用到训练数据，从而得到模型
scala> val naiveBayesModel=naiveBayes.fit(trainingDF)
```

> 小贴士：在有监督学习时，通常将数据集分为训练集和测试集两个部分。训练集数据主要用于生成模型。我们用训练数据结合一些算法进行学习、训练，即可得到一个模型。而测试数据主要用于检验算法的优劣。

接下来，利用得到的贝叶斯分类模型 naiveBayesModel，对测试集 testDF 展开测试，得出预测结果 predictions：

```
// 将模型应用到测试数据集上，生成一个名为 prediction 的预测列
scala> val predictions=naiveBayesModel.transform(testDF)
// 筛选出真实的标签列 (label、labelIndex) 及预测列 prediction
scala> predictions.select("label","labelIndex","prediction").show(10)
+----------+------------+----------+
|     label| labelIndex|prediction|
+----------+------------+----------+
|    setosa|        0.0|       0.0|
|    setosa|        0.0|       0.0|
|    setosa|        0.0|       0.0|
|    setosa|        0.0|       0.0|
|    setosa|        0.0|       0.0|
|    setosa|        0.0|       0.0|
|versicolor|        1.0|       1.0|
|    setosa|        0.0|       0.0|
|    setosa|        0.0|       0.0|
|    setosa|        0.0|       0.0|
+----------+------------+----------+
```

观察以上输出结果，可以发现大部分 prediction 列与 labelIndex 列一致。为了进一步评价模型的优劣，可以引入准确率指标 accuracy。所谓准确率，就是预测值与真实值一致的样本数占总样本数的比例。在 Spark 分类算法中，可以使用 MulticlassClassificationEvaluator 计算预测准确率。相关代码如下：

```
scala> val evaluator = new MulticlassClassificationEvaluator().setLabelCol("labelIndex").
                       setPredictionCol("prediction").setMetricName("accuracy")
scala> val accuracy = evaluator.evaluate(predictions)
scala> println(" 预测准确率为 : " + accuracy)
预测准确率为 : 0.7785714285714286
```

在上述代码中，首先创建了一个 MulticlassClassificationEvaluator，设置其标签列为 labelIndex、预测列为 prediction；evaluator.evaluate(predictions) 则表示针对 predictions 数据，开展准确率评估，最终计算得出准确率约为 77.86%。

此外，对于新的鸢尾花数据，如向量 (6.8,3.1,5.5,2.1)，可以利用生成的 naiveBayesModel 模型，预测其所属的种类。相关代码如下：

```
scala> val pred=naiveBayesModel.predict(Vectors.dense(6.8,3.1,5.5,2.1))
scala> println(" 该鸢尾花所属的种类标签为 :"+pred)
该鸢尾花所属的种类标签为 :2.0
```

2. 决策树分类

决策树是一种基本的机器学习算法，主要用于解决分类问题 (二分类或多分类)，其思想是通过组合使用某些判断条件，将数据归入某个类别。例如，某银行接到 10 个客户的贷款申请，银行在发放贷款前需充分考虑客户的违约风险，假设综合客户是否有房、婚姻状况和年收入等因素，来确定放贷结论。客户信息及放贷情况如表 8-6 所示。

表 8-6　客户信息及放贷情况

客户 ID	是否有房	婚姻状况	年收入 / 万元	结论 (放贷与否)
1	是	单身	15	是
2	否	已婚	12	是
3	否	单身	9	否
4	是	已婚	14.5	是
5	否	离异	11.5	是
6	否	单身	8	否
7	是	离异	25	是
8	否	离异	6.5	否
9	否	已婚	9	是
10	是	单身	12	是

针对上述的 10 条数据，我们能总结出什么规律呢？或者接到一个新客户 (未婚、有房、年收入 15 万元) 申请，是否核准发放贷款呢？为此，可以考虑将用户的属性作为判断条件，组合起来构建一棵决策树 (如图 8-2 所示的决策树)，只要按照该决策树，即可判断是否为新客户发放贷款。

对于决策树而言，核心问题是选择合适的属性作为判断条件 (决策树的节点)，并按照某个顺序组合成一棵树。通常使用基尼系数 (或者熵) 来选择判断条件，优先选择基尼系数小的属性作为判断条件 (感兴趣的读者自行网络搜索或参照机器学习理论方面的书籍，了解基尼系数或熵的相关内容，这里不作深入探讨)。

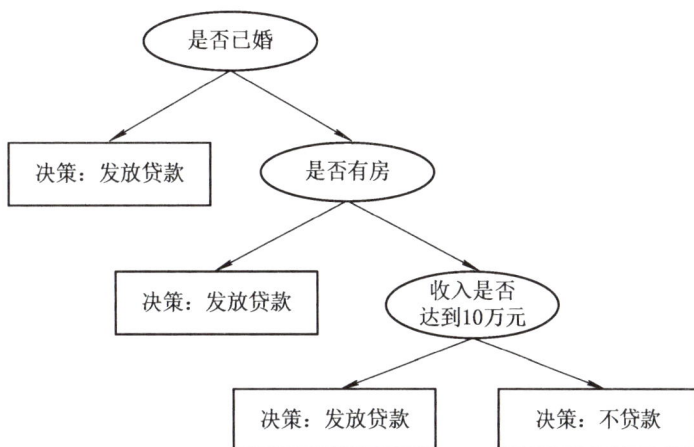

图 8-2　决策树示例

Spark ML 内置了决策树分类算法，用户只需设置几个参数，经过训练后即可获取一个决策树模型，而无须关注内部实现细节。下面仍然以鸢尾花数据来演示 Spark 中决策树的基本用法。

在 IntelliJ IDEA 工程中，修改 porm.xml，添加以下机器学习相关依赖：

```xml
<dependency>
  <groupId>org.apache.spark</groupId>
  <artifactId>spark-mllib_2.12</artifactId>
  <version>3.4.2</version>
</dependency>
```

创建 Scala 程序文件 DecisionTree.scala，其主体结构如下：

【源代码：
DecisionTree.
scala】

```scala
import org.apache.spark.ml.classification.{DecisionTreeClassifier, NaiveBayes}
import org.apache.spark.ml.evaluation.MulticlassClassificationEvaluator
import org.apache.spark.ml.feature.{StringIndexer, VectorIndexer}
import org.apache.spark.ml.linalg.Vectors
import org.apache.spark.sql.SparkSession

object DecisionTree {
  def main(args: Array[String]): Unit = {
    val spark=SparkSession
      .builder()
      .appName("NaiveBayesWithIris")
      .master("local[4]")
      .getOrCreate()
    spark.sparkContext.setLogLevel("WARN")
    import spark.implicits._
// 这里继续添加代码
  }
}
```

参照贝叶斯分类示例中的做法，读取鸢尾花数据 iris.txt，生成包含 features 和 label 两列的数据集 rawDF。相关代码如下：

```
val rdd=spark.sparkContext.textFile("file:///home/hadoop/data/iris.txt")
val rawDF=rdd.map(x=>x.split(","))
 .map(x=>((Vectors.dense(x(1).toDouble,x(2).toDouble,x(3).toDouble,x(4).toDouble),x(5))))
 .toDF("features","label")
```

因为 label 字段的数据类型为字符串，不符合分类器要求，需要调用 StringIndexer，将 label 转为数值型（实际上创建了新字段 labelIndex）。相关代码如下：

```
val labelIndexer = new StringIndexer()
 .setInputCol("label")
 .setOutputCol("labelIndex")
 .fit(rawDF)
val irisDF=labelIndexer.transform(rawDF)
```

对于决策树算法，要求其特征列数据为离散值。这里采用 VectorIndexer 自动识别类型特征并将原始值转为类别索引，得到数据集 irisDFIndexed。相关代码如下：

```
val featuresIndexer=new VectorIndexer()
 .setInputCol("features")
 .setOutputCol("featuresIndex")
 .fit(irisDF)
val irisDFIndexed=featuresIndexer.transform(irisDF)
```

使用 randomSplit 方法，将数据集 irisDFIndexed 划分为训练集和测试集，为后续的模型训练做好准备。相关代码如下：

```
val Array(trainingDF,testDF)=irisDFIndexed.randomSplit(Array(0.7,0.3))
```

构建一个决策树分类器，设置好特征列、标签列；针对训练数据 trainingDF，进行学习、训练，从而得到决策树模型 dtModel。相关代码如下：

```
val dt=new DecisionTreeClassifier()
 .setFeaturesCol("featuresIndex")
 .setLabelCol("labelIndex")
val dtModel=dt.fit(trainingDF)
```

针对测试集 testDF，调用决策树模型 dtModel 的 transform 方法，得到预测值 predictions，然后打印部分内容。其相关代码如下：

```
val predictions=dtModel.transform(testDF)
predictions.select("features","label","labelIndex","prediction").show(5)
```

构造一个分类模型 evaluator，用于计算模型的预测精度。相关代码如下：

```
val evaluator = new MulticlassClassificationEvaluator()
 .setLabelCol("labelIndex")
 .setPredictionCol("prediction")
 .setMetricName("accuracy")
val accuracy = evaluator.evaluate(predictions)
println(" 该决策树模型的精度为："+ accuracy)
```

运行 DecisionTree.scala，在 IDEA 控制台输出结果如下：

```
+----------------+------+----------+----------+
|        features| label| labelIndex| prediction|
+----------------+------+----------+----------+
|[4.4,3.0,1.3,0.2]|setosa|       0.0|       0.0|
|[4.5,2.3,1.3,0.3]|setosa|       0.0|       0.0|
|[4.6,3.6,1.0,0.2]|setosa|       0.0|       0.0|
|[4.7,3.2,1.6,0.2]|setosa|       0.0|       0.0|
|[4.8,3.4,1.6,0.2]|setosa|       0.0|       0.0|
+----------------+------+----------+----------+
only showing top 5 rows

该决策树模型的精度为：: 0.9333333333333333
```

其中，labelIndex 列为真实的标签索引值，而 prediction 列为预测的标签索引值。由程序运行结果可知，该模型准确率约为 93.33%。

8.2.3　推荐算法

与搜索引擎不同，推荐系统不需要用户提供明确的需求信息，而是通过分析用户的历史行为数据，主动为用户推荐能够满足其兴趣和需求的信息，即通过发掘用户的行为，找到用户的个性化需求，从而将相关物品 (信息) 准确推荐给需要它的用户，帮助用户找到他们感兴趣但很难发现的物品。

推荐系统分为基于内容的推荐、基于协同过滤的推荐等类别。基于内容的推荐算法原理是找出与用户喜欢 (或关注) 的物品类似的其他物品。比如用户看过电影《战狼Ⅰ》，基于内容的协同过滤发现还有《战狼Ⅱ》；而《战狼Ⅱ》在内容 (导演、主演、类别等很多关键词) 上与《战狼Ⅰ》有很大关联性，于是系统会将《战狼Ⅱ》推荐给用户。

目前，最为流行的推荐算法是协同过滤，该推荐算法弥补了关联矩阵的缺失项，实现了高效推荐。协同过滤分为基于用户的协同过滤和基于物品的协同过滤。基于用户的协同过滤推荐，可以用"臭味相投"这个词汇表示。当一个用户 A 需要个性化推荐时，可以先找到与 A 兴趣相似的其他用户，然后把那些用户喜欢的而用户 A 没听过的物品推荐给 A。基于物品的协同过滤推荐是利用用户对物品的偏好程度 (等级)，计算物品之间的相似度，然后找出最相似的物品进行推荐。

Spark ML 实现了协同过滤 ALS(Alternating Least Squares，交替最小二乘) 算法，该算法根据用户对各种产品的交互 (如评分、点赞、收藏等) 来推荐新产品。

下面使用 Spark 自带的 sample_movielens_ratings.txt 数据集来演示推荐过程。该数据集为用户对电影 (产品) 的打分数据，每行包含一个用户 ID、一个电影 ID、一个该用户对该电影的评分以及时间戳，字段间用"::"分隔，数据样式如下：

```
27::86::1::1424380312
27::87::2::1424380312
27::90::1::1424380312
27::91::1::1424380312
```

【源代码：
Recommendation
.scala】

在 IDEA 中创建 Scala 程序 Recommendation.scala，其主体框架如下：

```scala
import org.apache.spark.ml.evaluation.RegressionEvaluator
import org.apache.spark.ml.recommendation.ALS
import org.apache.spark.sql.SparkSession

object Recommendation {
// 定义样例类
case class Rating(userId: Int, movieId: Int, rating: Float, timestamp: Long)
// 使用 parseRating 方法将 RDD 元素切割，返回一个 Rating 对象
def parseRating(str: String): Rating = {
  val fields = str.split("::")
  assert(fields.size == 4)
  Rating(fields(0).toInt, fields(1).toInt, fields(2).toFloat, fields(3).toLong)
}

def main(args: Array[String]): Unit = {
  val spark=SparkSession.builder()
    .appName("RecommendationFilm")
    .master("local[*]")
    .getOrCreate()
  spark.sparkContext.setLogLevel("WARN")
  import spark.implicits._
  // 此处继续书写代码
 }
}
```

上述代码中，main 方法外部定义了一个样例类 Rating，其主要目的是后续将 RDD 转换为 DataFrame 服务；此外，还定义了一个函数 parseRating，它接收一个字符串参数，返回一个 Rating 对象。

接下来，读取 sample_movielens_ratings.txt 生成 RDD，然后借助 map 算子，将 RDD 的字符串元素转换为 Rating 对象 (调用了前面定义的函数 parseRating)，进而使用 toDF 方法，将数据集转换为 DataFrame。相关代码如下：

```scala
val filePath="file:///usr/local/spark/data/mllib/als/sample_movielens_ratings.txt"
val ratings = spark.read.textFile(filePath)
  .map(line=>parseRating(line))
  .toDF()
```

将数据划分为训练集和测试集。在训练集数据上，构建推荐模型 ALS，并用 ALS 模型，对测试集数据进行处理，得到推荐结果。相关代码如下：

```scala
val Array(training, test) = ratings.randomSplit(Array(0.8, 0.2))
// 在训练数据集上，构建一个 ALS 模型
val als = new ALS()
  .setMaxIter(5)
  .setRegParam(0.01)
  .setUserCol("userId")
```

```
            .setItemCol("movieId")
            .setRatingCol("rating")
        val model = als.fit(training)
        // 使用训练好的模型，对测试数据进行推荐
        val predictions = model.transform(test).na.drop
        predictions.show(3)
```

上述代码中，setMaxIter(5) 表示最大迭代次数为 5 次，setRegParam(0.01) 表示正则化参数为 0.01，setUserCol("userId") 用于设置用户列，setItemCol("movieId") 用于设置商品（电影）列，setRatingCol("rating") 用于设置输出列（即预测列）。需要注意的是，如果测试集中出现了训练集中没有出现过的新用户，则该算法将无法给出推荐（评分预测）。因此，代码中使用了 na.drop 语句删除结果集中的空值。

对于得到的推荐模型 model，Spark 内置了若干推荐方法。例如，使用 recommendForAllUsers 可以为每一位用户推荐若干部电影。相关代码如下：

```
        // 调用 recommendForAllUsers，为每一个用户推荐 3 部电影
        val userRecs = model.recommendForAllUsers(3)
        // 找出为某用户 (userID=10) 推荐的电影
        val rec=userRecs.where("userID=10")
        rec.show(false)
```

运行程序后，在 IDEA 控制台输出如下结果：

```
+------+---------+------+------------+------------+
|userId|movieId|rating|   timestamp|  prediction|
+------+---------+------+------------+------------+
|    28|       12|   5.0|1424380312|-0.5842248|
|    28|       19|   3.0|1424380312|   1.22119|
|    28|       20|   1.0|1424380312| 2.2322912|
|    28|       29|   1.0|1424380312|  4.757789|
|    28|       34|   1.0|1424380312|-2.3128753|
+------+---------+------+------------+------------+
only showing top 5 rows


+------+-----------------------------------------------+
|userId|recommendations                                |
+------+-----------------------------------------------+
|10    | [{29, 4.1931987}, {2, 3.7141721}, {23, 3.3125691}]|
+------+-----------------------------------------------+
```

prediction 字段为预测评分，即预测该用户对某个电影的打分。因为数据量有限，所以部分预测值与实际打分值 (rating) 偏差比较大。上述结果中的最后一行是对某用户 (userID=10) 推荐的 3 部电影，{29, 4.1931987} 表示预测该用户对 29 号电影的评分为 4.193 198 7。

任务实施

【源代码：
DecisionTree
Covtype.scala】

本任务的实施思路与过程如下：

(1) 在 IDEA 中创建 Scala 程序 DecisionTreeCovtype.scala，其主体框架如下：

```
import org.apache.spark.ml.classification.DecisionTreeClassifier
import org.apache.spark.ml.evaluation.MulticlassClassificationEvaluator
import org.apache.spark.ml.linalg.Vectors
import org.apache.spark.sql.SparkSession
import scala.util.Random

object DecisionTreeCovtype {
 def main(args: Array[String]): Unit = {
  val spark=SparkSession              // 创建 SparkSession 对象 spark
    .builder()
    .appName("NaiveBayesWithIris")
    .master("local[4]")
    .getOrCreate()
  spark.sparkContext.setLogLevel("WARN")
  import spark.implicits._            // 导入隐式转换
  // 这里继续添加代码
  }
 }
```

(2) 读取源数据，生成 DataFrame(命名为 rawDF)，它包含 features(Vector 类型) 和 label (Double 类型) 两列。相关代码如下：

```
val rdd=spark.sparkContext.textFile("file:///home/hadoop/data/covdata.txt")
val rawDF=rdd.map(x=>x.split(","))
  .map(x=>((Vectors.dense( x(0).toDouble,x(1).toDouble,x(2).toDouble,x(3).toDouble,
x(4).toDouble,x(5).toDouble,x(6).toDouble,x(7).toDouble,x(8).toDouble,
  x(9).toDouble,x(10).toDouble,x(11).toDouble ), x(12).toDouble)))
  .toDF("features","label")
```

(3) 将数据随机划分为训练集和测试集两个部分，训练集占 80%，测试集占 20%。相关代码如下：

```
val Array(trainingDF,testDF)=rawDF.randomSplit(Array(0.8,0.2))
```

(4) 构建决策树分类器对象 (用于后续模型训练)，指定特征列为 features、标签列为 label、输出预测列为 prediction。离散化连续特征，将每个节点上特征分裂的最大容器数设置为 40。相关代码如下：

```
val dt=new DecisionTreeClassifier()
  .setSeed(Random.nextLong())
  .setFeaturesCol("features")
  .setLabelCol("label")
  .setPredictionCol("prediction")
  .setMaxBins(40)
```

(5) 构建决策树分类模型，并将该模型应用到测试集，生成预测列 prediction，并打印输出相关结果。相关代码如下：

```
val dtModel=dt.fit(trainingDF)
val predictions=dtModel.transform(testDF)
predictions.select("features","label","prediction").show(5)
```

(6) 构建一个多分类 evaluator，计算模型的准确率，并打印输出。相关代码如下：

```
val evaluator = new MulticlassClassificationEvaluator()
  .setLabelCol("label")
  .setPredictionCol("prediction")
  .setMetricName("accuracy")
val accuracy = evaluator.evaluate(predictions)
println(" 该决策树模型的精度为： : " + accuracy)
```

(7) 运行上述程序，在 IDEA 控制台输出如下结果：

```
+--------------------+-----+-----------+
|            features|label| prediction|
+--------------------+-----+-----------+
|[1860.0,18.0,13.0...|  2.0|        2.0|
|[1867.0,20.0,15.0...|  2.0|        2.0|
|[1873.0,30.0,19.0...|  2.0|        2.0|
|[1876.0,25.0,17.0...|  2.0|        2.0|
|[1879.0,23.0,18.0...|  2.0|        2.0|
+--------------------+-----+-----------+
only showing top 5 rows

该决策树模型的精度为：0.7100839251129761
```

从上述结果中可以看到，目前该模型的准确率为 71% 左右。

任务 8.3　进一步提升预测准确率

任务分析

在前述任务中，构建了一个决策树模型 dtModel，其预测准确率为 71% 左右（仍不够理想）。能否进一步提升预测准确率呢？本任务，我们将引入超参数、随机森林算法等技术手段，构建一个新模型，使其准确率达 90% 以上。同时，尝试模型的存储与二次利用，编写一个 Structured Streaming 流式计算程序读取 socket(9999 端口) 数据，然后利用构建好的模型开展实时预测。本任务的工作内容及相关知识点如表 8-7 所示。

进一步提升
预测准确率

表 8-7 工作内容及相关知识点

工 作 内 容	相关知识点
在 IDEA 中创建程序 RandomForestCovtype.scala，参照决策树的思路，构建随机森林模型	RandomForestClassifier
将训练好的随机森林模型保存到本地目录中	fit、save
在 IDEA 中创建 UesRandomForest.scala 程序文件，读取 socket 端口数据（地块的信息）	readStream
对读取的 socket 数据进行处理，转为包含 features 和 label 两列的 DataFrame	map、toDF
读取本地文件中保存的机器学习模型，针对输入的地块信息给出预测	load、transform
使用 Structured Streaming 的 foreachBatch 方法，将地块信息 (features)、预测植被等通过控制台输出	foreachBatch

任务实施完毕后，借助 Netcat 发送地块数据，程序运行结果如图 8-3 所示。

```
---------------------<RandomForest模型>预测森林植被---------------------
地块：[1949.0,3.0,36.0,150.0,100.0,124.0,147.0,147.0,119.0,696.0,3.0,4.0]
真实标签【5.0】,植被种类【黄杉】
预测标签【5.0】,植被种类【黄杉】
---------------------------------------------------------------
---------------------<RandomForest模型>预测森林植被---------------------
地块：[1949.0,22.0,31.0,0.0,0.0,120.0,185.0,158.0,93.0,573.0,3.0,0.0]
真实标签【2.0】,植被种类【赤松】
预测标签【2.0】,植被种类【赤松】
---------------------------------------------------------------
```

图 8-3 程序运行结果

知识储备

8.3.1 机器学习流水线

一个典型的机器学习过程始于数据收集，要经历多个步骤方可产生最终结果，可能包含数据采集、数据预处理、特征提取、特征转换、模型训练、新数据预测等诸多阶段 (Stage)。机器学习流水线 (Machine Leaning Pipline) 是对上述流水线式处理过程的一种抽象，它将多个工作阶段连接在一起，形成机器学习的工作流管道，数据经过该管道后，即可获得输出结果。

要想构建一个机器学习流水线，首先需要定义各阶段（如特征提取、特征转换、模型训练等），进而按照先后顺序有机连接起来。例如，对于已定义好的阶段 stage1、stage2、stage3、stage4，可以通过调用 Pipline 对象创建流水线，其代码如下：

```
val pipline = new Pipline().setStage( Array( stage1,stage2,stage3,stage4) )
```

在流水线中，上一个阶段的输出为下一个阶段的输入。流水线构建完毕后，把训练集 traingData 作为输入参数，调用流水线的 fit() 方法，将得到一个模型。针对生成的模型，调用其 transform 方法（将测试集 testData 作为参数），即可得到包含预测列 prediction 的数据集。

以本书 8.2.2 节中的决策树模型预测鸢尾花分类程序 DecisionTree.scala 为例，使用机器学习流水线思想改造 DecisionTree.scala。

在 IDEA 中，创建程序 DecisionTreeWithPipline.scala，其主体代码如下（其他部分与 DecisionTree.scala 基本一致，详见本书配套资料）：

【源代码：
DecisionTree
WithPipline
.scala】

```
val labelIndexer = new StringIndexer()
  .setInputCol("label")
  .setOutputCol("labelIndex")
  .fit(rawDF)

val featuresIndexer=new VectorIndexer()
  .setInputCol("features")
  .setOutputCol("featuresIndex")
  .setMaxCategories(4)
  .fit(rawDF)

val Array(trainingDF,testDF)=rawDF.randomSplit(Array(0.7,0.3))

val dt=new DecisionTreeClassifier()
  .setFeaturesCol("featuresIndex")
  .setLabelCol("labelIndex")

val labelConverter=new IndexToString()          // 将 index 再次转为字符串标签，便于阅读
  .setInputCol("prediction")                     // 输入列为 prediction( 数值标签 )
  .setOutputCol("predictionLabel")               // 输出列为 predictionLabel( 字符串 )
  .setLabels(labelIndexer.labels)                // 从 labelIndexer 获取原始字符串标签

val pipline=new Pipeline()                       // 构建机器学习流水线
  .setStages(Array(labelIndexer,featuresIndexer,dt,labelConverter))   // 按顺序添加阶段

val dtModel=pipline.fit(trainingDF)              // 使用流水线训练模型
```

在上述代码中，labelIndexer、featuresIndexer 为模型训练前的特征转换工作；IndexToString 为模型训练后的结果转换工作，其目的是将生成的 prediction(数值类型) 转为原始的字符串类型，从而便于阅读和理解其含义。通过 new Pipeline() 生成了一个流水线，setStages() 则是将定义好的各个阶段放置于流水线中。pipline.fit(trainingDF) 针对训练集数据 traingDF，训练得到决策树模型 dtModel。

程序最终运行结果如下 (模型准确率约为 95.7%)：

```
+----------------+-------+----------------+
|        features|  label|predictionLabel|
+----------------+-------+----------------+
|[4.4,2.9,1.4,0.2]|setosa|          setosa|
|[4.8,3.0,1.4,0.3]|setosa|          setosa|
|[4.8,3.4,1.6,0.2]|setosa|          setosa|
|[4.9,3.0,1.4,0.2]|setosa|          setosa|
|[4.9,3.1,1.5,0.2]|setosa|          setosa|
+----------------+-------+----------------+
only showing top 5 rows

该决策树模型的精度为：: 0.9565217391304348
```

8.3.2　模型的调优与保存

通常初次构建的模型相对比较"粗糙"，准确率等指标可能不高，需要调整算法参数从而得到一个更优的模型。调整算法参数来找到"最优"模型的过程称为调优 (Tuning)。调优可以在独立的评估器 (如算法) 中完成，也可以在整个流水线中完成。

几乎所有机器学习的算法都有若干参数，这些参数不是由训练得出的，而是由程序员指定的。这些参数将对模型的准确度等产生重要的影响，称为超参数。对于决策树算法 DecisionTreeClassifier，它的部分参数如表 8-8 所示。

表 8-8　DecisionTreeClassifier 的部分参数

参数名称	参 数 含 义	参数取值
featuresCol	特征列的名称	字符串 String
labelCol	标签列的名称	字符串 String
predictionCol	预测列的名称	字符串 String
maxBins	连续数据离散化的分箱数最大值 (分区个数的最大值)	Int 类型，默认值为 32
maxDepth	决策树最大深度。通常深度越大，模型越精准	Int 类型，默认值为 0
minInfoGain	树节点处，考虑拆分的最小信息增益	Double 类型，默认值为 0.0
impurity	信息增益的计算标准 (方式)	entropy 或 gini(默认)
seed	随机数种子	Long 类型，默认值为 159147643

对于 maxBins、maxDepth、impurity 等超参数，如何确定其值从而得出一个"最优"模型？这是程序员需要重点考虑的问题。为此，Spark ML 提供了交叉验证 (CrossValidator) 和训练验证切分 (TrainValidationSplit) 两种方式，帮助程序员设置合适的超参数，得到"最优"模型。这里，针对本书 8.2 节中的 DecisionTreeCovtype.scala 程序，采用 TrainValidationSplit 方式，探寻合适的算法参数。

在 IDEA 中，创建 Scala 程序文件 DecisionTreeBestModel.scala，程序的主体结构如下：

【源代码：DecisionTreeBestModel.scala】

```
import org.apache.spark.ml.classification.DecisionTreeClassifier
import org.apache.spark.ml.evaluation.MulticlassClassificationEvaluator
import org.apache.spark.ml.linalg.Vectors
import org.apache.spark.ml.tuning.{ParamGridBuilder, TrainValidationSplit}
import org.apache.spark.sql.SparkSession
import scala.util.Random

object DecisionTreeBestModel {
  def main(args: Array[String]): Unit = {
   val spark=SparkSession
    .builder()
    .appName("NaiveBayesWithIris")
    .master("local[4]")
    .getOrCreate()
   spark.sparkContext.setLogLevel("WARN")
   import spark.implicits._
```

```
      val rdd=spark.sparkContext.textFile("file:///home/hadoop/data/covdata.txt")
  // 创建数据集 DataFrame( 包含 features、label 两列 )
    val rawDF=rdd.map(x=>x.split(","))
      .map(x=>((Vectors.dense(x(0).toDouble,x(1).toDouble,x(2).toDouble,x(3).toDouble,x(4).toDouble,
        x(5).toDouble,x(6).toDouble,x(7).toDouble,x(8).toDouble,x(9).toDouble,
        x(10).toDouble,x(11).toDouble),x(12).toDouble)))
      .toDF("features","label")
  // 将数据划分为训练集和测试集两部分
    val Array(trainingDF,testDF)=rawDF.randomSplit(Array(0.8,0.2))
    // 这里继续添加代码
    }
  }
```

构建决策树分类器的过程与之前一致，设置好特征列、标签列及输出的预测列即可。相关代码如下：

```
  val dt=new DecisionTreeClassifier()
    .setSeed(Random.nextLong())
    .setFeaturesCol("features")
    .setLabelCol("label")
    .setPredictionCol("prediction")
```

接下来，创建参数网格 ParamGrid，用于设置超参数的可选值。这里针对 impurity、maxDepth、maxBins 和 minInfoGain 4 个超参数，均给出两个可选项，因此一共有 16 种组合，后续会训练出 16 个模型。相关代码如下：

```
  val paramGrid=new ParamGridBuilder()
    .addGrid(dt.impurity,Seq("gini","entropy"))
    .addGrid(dt.maxDepth,Seq(5,20))
    .addGrid(dt.maxBins,Seq(40,300))
    .addGrid(dt.minInfoGain,Seq(0.0,0.05))
    .build()
```

接着，创建 Evaluator(与之前代码一致) 及 TrainValidationSplit 对象 validator，通过 set 方式设置随机种子 seed、Estimator、Evaluator 及参数网格；setTrainRatio(0.9) 表示训练数据中的 90% 用于训练每个模型，剩余的 10% 则用作交叉验证集对模型进行评估。相关代码如下：

```
  val evaluator = new MulticlassClassificationEvaluator()
    .setLabelCol("label")
    .setPredictionCol("prediction")
    .setMetricName("accuracy")

  val validator=new TrainValidationSplit()
    .setSeed(Random.nextLong())
    .setEstimator(dt)
    .setEvaluator(evaluator)
    .setEstimatorParamMaps(paramGrid)
    .setTrainRatio(0.9)
```

最后使用训练集 trainingDF，学习、训练得到 validationSplitModel，进而得到一个最优模型 bestModel；通过 bestModel.extractParamMap() 方式获取最优模型的相关参数。相关代码如下：

```
val validationSplitModel=validator.fit(trainingDF)
val bestModel=validationSplitModel.bestModel
println(bestModel.extractParamMap())
```

运行程序后，IDEA 控制台输出的部分信息如下：

```
dtc_5efff6f54a7f-impurity: entropy,
dtc_5efff6f54a7f-maxBins: 40,
dtc_5efff6f54a7f-maxDepth: 20,
dtc_5efff6f54a7f-maxMemoryInMB: 256,
dtc_5efff6f54a7f-minInfoGain: 0.0,
dtc_5efff6f54a7f-seed: 685289941974573500
```

在上述输出信息中，impurity: entropy 表明"熵"作为不纯度计算标准最有效；maxBins: 40 表明离散型特征数据容器为 40 桶 (bin) 比较合理 (已经足够好，但不说明比 300 桶更好)；minInfoGain: 0.0 说明该指标取默认值 0.0 比较合理。

如果按照以上建议，得到的"最优"模型的准确率有多少呢？读者可以自行修改 DecisionTreeCovtype.scala 代码，通过 set 方式将分类器对象参数修改如下，相信模型精度将达到 90% 以上：

```
val dt=new DecisionTreeClassifier()
  .setSeed(Random.nextLong())
  .setFeaturesCol("features")
  .setLabelCol("label")
  .setPredictionCol("prediction")
  .setMaxBins(40)
  .setImpurity("entropy")
  .setMaxDepth(20)
  .setMinInfoGain(0.0)
```

对于效果好、准确率高的模型，通常需要保存起来。如果后续有新数据需要预测，则可直接读取保存好的模型并加以应用。Spark ML 模型提供了 write 方法，可以将模型保存到本地或 HDFS 中。模型保存的代码如下：

```
model.write.overwrite().save(outputPath)
```

要想使用之前的模型，只需调用 load 方法即可。例如，对于保存到文件系统中的决策树分类模型，可以使用下面的代码读取 (恢复) 模型：

```
val dtModel=DecisionTreeClassificationModel.load(outputPath)
```

8.3.3　随机森林算法

随机森林算法是构建在决策树基础上的一种集成算法。在现实中，森林是由若干棵树木组成的集合；而在机器学习领域，随机森林是由若干棵决策树组成的一个决策森林。在 Spark ML 中，随机森林可以充分利用分布式集群并行化计算的特点，将不同的决策树分配到不同节

点上计算 (条件允许的情况下，一棵决策树也可以并行化计算)，各棵决策树之间没有相关性。

每棵决策树计算完毕后，进行结果汇总。如果结果为连续数值，则取每棵树的结果的平均值作为最终结果；如果结果为非连续，则通过"投票"方式选出最终结果。随机森林算法整合了若干决策树，从而降低了过拟合的风险。Spark ML 中，构建随机森林分类器的代码与决策树类似，示例如下：

```
val rf=new RandomForestClassifier()          // 构建随机森林分类器
    .setSeed(Random.nextLong())
    .setFeaturesCol("features")
    .setLabelCol("label")
    .setPredictionCol("prediction")
    .setMaxBins(50)                          // 最大桶 ( 容器 ) 数量为 50
    .setMaxDepth(20)                         // 每棵树的最大深度为 20
    .setImpurity("entropy")                  // 信息增益计算方式选择"熵"
    .setMinInfoGain(0.0)
    .setNumTrees(20)                         // 森林中包括 20 棵决策树
```

随机森林 RandomForestClassifier 大部分设置与 DecisionTreeClassifier 一致，仅增加了一个超参数 NumTrees，即森林中决策树的数量，该参数的默认值为 20(随机森林中包括 20 棵独立的决策树)。

任务实施

【源代码：RandomForestCovtype.scala】

本任务的实施思路与过程如下：

(1) 在 IDEA 中创建 RandomForestCovtype.scala 程序文件，大部分代码与本书 8.2 节中的 DecisionTreeCovtype.scala 基本一致。将其中的决策树分类器更换为随机森林分类器，并根据前面"最优"决策树模型参数设置随机森林的参数。相关代码如下：

```
val rf=new RandomForestClassifier()
    .setSeed(Random.nextLong())
    .setFeaturesCol("features")
    .setLabelCol("label")
    .setPredictionCol("prediction")
    .setMaxBins(300)
    .setMaxDepth(20)
    .setImpurity("entropy")
    .setMinInfoGain(0.0)
    .setNumTrees(20)
```

(2) 模型训练完毕后，将随机森林模型保存到本地文件中。相关代码如下：

```
val rfModel=rf.fit(trainingDF)
rfModel.write.overwrite().save("file:///home/hadoop/data/forestModel")  // 保存模型
```

(3) 运行 RandomForestCovtype.scala 程序后，在 /home/hadoop/data/forestModel 目录下可以看到保存的模型。在 IDEA 控制台输出如下信息：

```
+---------------------+-----+-----------+
|            features|label| prediction|
+---------------------+-----+-----------+
|[1872.0,12.0,27.0...|  5.0|        2.0|
|[1880.0,13.0,23.0...|  5.0|        5.0|
|[1883.0,24.0,23.0...|  5.0|        5.0|
|[1884.0,20.0,18.0...|  5.0|        5.0|
|[1886.0,16.0,15.0...|  5.0|        5.0|
+---------------------+-----+-----------+
only showing top 5 rows

该随机森林模型的精度为：0.9512461233150918
```

从以上结果中可以看到，该模型的准确率达到 95% 以上，与决策树相比有了较大提升。

(4) 在 IDEA 中创建 UesRandomForest.scala 程序文件，借助 Structured Streaming 读取 socket(9999 端口) 数据，程序的主体框架如下：

```scala
import org.apache.spark.ml.classification.{RandomForestClassificationModel, RandomForestClassifier}
import org.apache.spark.ml.linalg.Vectors
import org.apache.spark.sql.{Dataset, Row, SparkSession}

object UseRandomForest {
  def main(args: Array[String]): Unit = {
    val spark=SparkSession
      .builder()
      .appName("StructuredStreamingWordCount")
      .master("local[*]")
      .getOrCreate()
    spark.sparkContext.setLogLevel("WARN")
    val lines= spark.readStream        // 获取 socket(9999 端口 ) 数据
      .format("socket")
      .option("host", "localhost")
      .option("port", 9999)
      .load()
    // 这里继续添加代码
    query.awaitTermination()
    spark.stop()
  }
}
```

(5) 对读取的数据进行处理，将其转为包含 features(数据类型为 Vector) 和 label(数据类型为 Double) 两列的 DataFrame。相关代码如下：

```
import spark.implicits._
val data=lines.as[String]
  .map( line=>{
   val x=line.split(",")
   (Vectors.dense(x(0).toDouble,x(1).toDouble,x(2).toDouble,
x(3).toDouble,x(4).toDouble,x(5).toDouble,x(6).toDouble,
     x(7).toDouble,x(8).toDouble,x(9).toDouble,x(10).toDouble,x(11).toDouble),
     x(12).toDouble)
  })
  .toDF("features","label")
```

(6) 读取本地文件中保存的机器学习模型，针对 socket 输入的数据，给出预测。相关代码如下：

```
val path="file:///home/hadoop/data/forestModel"
val rfModel= RandomForestClassificationModel.load(path)
val result=rfModel.transform(data)
```

(7) 使用 Structured Streaming 的 foreachBatch 方法，将林区地块信息 (features)、预测植被等通过控制台输出。相关代码如下：

```
val query=result.writeStream
  .outputMode("append")
  .foreachBatch((df:Dataset[Row],batchID:Long)=>{
   printInfor(df)        // 调用自定义函数 printInfor
  }).start()
```

在上述代码中，在 foreachBatch 方法的内部调用了自定义函数 printInfor，该函数位于 main() 方法外面，其目的是按照既定格式输出预测结果。函数 printInfor 的代码如下：

```
def printInfor(df:Dataset[Row]): Unit = {
  if(df.count() != 0){
  df.collect().foreach(row=>{
   val features=row.get(0)                    // 地块的信息 features
   val label=row.getDouble(1)                 // 地块的真实标签，Double 类型
   val prediction=row.getDouble(4)            // 地块植被预测标签，Double 类型
   // 使用 Map 存储树木的种类对照信息 ( 数值型 label 与树木品种的对应关系 )
   val treeMap=Map(0.0 -> " 云杉 ",1.0 -> " 黑松 ",2.0 -> " 赤松 ",
    3.0 -> " 杨树 ",4.0 -> " 白杨 ",5.0 -> " 黄杉 ",6.0 -> " 矮曲松 ")
   val labelTree=treeMap(label)               // 获取真实的树木名称
   val predictionTree=treeMap(prediction)     // 获取预测的树木名称
   println("-"*24+"<RandomForest 模型 > 预测森林植被 "+"-"*24)
   println(" 地块："+features)
   println(s" 真实标签【$label】, 植被种类【$labelTree】")
   println(s" 预测标签【$prediction】, 植被种类【$predictionTree】")
   println("-"*75)
  })
  }
```

(8) 待程序运行稳定后，借助 Netcat 发出以下地块信息数据（每行代表一个地块数据）：

```
1949.0,3.0,36.0,150.0,100.0,124.0,147.0,147.0,119.0,696.0,3.0,4.0,5.0
1948.0,22.0,31.0,0.0,0.0,0.0,120.0,185.0,158.0,93.0,573.0,3.0,0.0,2.0
```

(9) IDEA 控制台输出的结果如下：

```
----------------------<RandomForest 模型 > 预测森林植被 --------------------
地块：[1949.0,3.0,36.0,150.0,100.0,124.0,147.0,147.0,119.0,696.0,3.0,4.0]
真实标签【5.0】,植被种类【黄杉】
预测标签【5.0】,植被种类【黄杉】
-----------------------------------------------------------------
```

项 目 小 结

从机器学习的基本概念入手，首先讲述了机器学习的基本概念、分类以及 Spark 机器学习库；接着介绍了 Spark ML 中的数据类型、特征提取、特征转换等基础知识，其目的是为后续算法训练提供合适的数据集；而后结合著名的鸢尾花等数据集，介绍了如何完成 k-menas 聚类、贝叶斯分类、决策树等算法；针对森林植被预测问题，引入了决策树分类及随机森林分类模型；通过超参数设置（调优），使得预测准确率达到 95%；引入实时预测情境，演示了 Structured Streaming 流计算下的机器学习模型应用。

知 识 检 测

1. 判断题

(1) 机器学习是专门研究计算机怎样模拟或实现人类的学习行为, 以获取新的知识或技能。
(   )

(2) 基于学习方式，机器学习可以分为监督学习、无监督学习等类型。(   )

(3) spark.ml 是基于 RDD 的 API，不能使用 DataFrame 的相关操作方式。(   )

(4) 特征转换就是从原始数据中抽取特征，并作为机器学习的数据集。(   )

(5) 贝叶斯分类属于无监督学习。(   )

(6) 决策树分类模型中，最大深度为 5，即最多可以有 5 层判断条件。(   )

(7) 机器学习流水线可以包含若干个数据处理阶段。(   )

(8) 通常机器学习算法的模型需要调优，从而找出"最优"模型。(   )

(9) 机器学习算法仅能一次性使用，即每次使用前均需训练出一个模型。(   )

(10) 随机森林模型中，每棵树都是相互关联的，一棵树的输出为另一棵树的输入。(   )

2. 选择题

(1) 机器学习可以应用到（   ）领域。

A. 电子商务推荐   B. 智能交通出行

C. 金融风险的识别   D. 以上各项均是

(2) 下列不是机器学习的算法的是（   ）。

A. 聚类算法   B. 分类算法

C. 推荐算法　　　　　　　　　　D. 统计分析法

(3) Spark 决策树算法中，可以设置的参数不包括 (　　)。

A. maxDepth　　　　　　　　　　B. minInfoGain

C. impurity　　　　　　　　　　D. numTrees

(4) 关于分类算法，下列说法错误的是 (　　)。

A. 分类算法是一种有监督学习，需要有标签列

B. Spark ML 中贝叶斯分类算法需要有特征列，类型为 Vector

C. Spark ML 中 k-means 算法是有监督学习，需要给出标签列

D. 推荐算法包括基于内容的推荐、协同过滤等多种类型

(5) 关于 Spark ML 机器学习，下列说法错误的是 (　)。

A. Spark ML 实现了贝叶斯分类、决策树分类、随机森林分类等多种算法

B. Spark ML 是以 RDD 为基础的，其数据模型为 RDD

C. Spark ML 的多数模型都有若干超参数，这些参数的设置将影响模型准确率

D. 生成模型后，通常需要评估模型的优劣。例如，分类模型可以利用预测的准确率作为评价指标

素养与拓展

粮食安全与国家安全紧密相连，不但在战争时期具有重大意义，对和平时期的国家安全和社会稳定同样重要，是国家安全的重要基础。据联合国粮农组织发布的《2022 全球粮食危机报告》显示，2021 年有 53 个国家或地区约 1.93 亿人经历了粮食危机或粮食不安全程度进一步恶化。2022 年 10 月，世界粮食计划署发出警告称，随着全球粮食危机持续加深，越来越多的人陷入急性粮食不安全状态，仅在 2022 年的前几个月里，全球饥饿人口就从 2.82 亿激增到 3.45 亿，世界可能再次面临创纪录的饥饿年。

种子是农业的"芯片"，是保障国家粮食安全的根基。"十三五"以来，我国种业取得了长足进步，无论从种资源的搜集种类和数量、品种的研发和审定数量都实现了历史新高。但长远来看，我国种业在种源安全、繁育安全、推广安全、舆论安全中仍存在风险。要端好、端牢中国人的饭碗，必须保证粮食种子质量，不断探索创新新品种，持续筛选优良品种。

【拓展案例】

1. 需求说明

现有一组小麦种子数据 seed_data.txt，共计 210 条。它们分别属于 3 个不同的品种，包含 7 个特征数据及 1 个所属品种数据，数据样式如下 (按 "Tab" 键分隔)：

14.37	14.39	0.8726	5.569	3.153	1.464	5.3	1
12.73	13.75	0.8458	5.412	2.882	3.533	5.067	1
17.63	15.98	0.8673	6.191	3.561	4.076	6.06	2
16.84	15.67	0.8623	5.998	3.484	4.675	5.877	2

尝试用本项目所学的 Spark 机器学习算法解决如下问题：

(1) 使用 k-means 算法，找出聚类中心点。

(2) 使用决策树方法，训练一个模型，并计算模型的准确率。

(3) 对决策树进行调优，找出一个"最优"模型，计算其准确率，并保存该模型。

(4) 读取保存的决策树模型，用户通过控制台输入某个新种子的特征数据，预测并输出其所属类别。

2. 实施思路

(1) 在 IDEA 中创建 Scala 程序，读取 seed_data.txt 文件创建 DataFrame；借助 map、toDF 等，使该 DataFrame 包含 features、label 两列；不同的特征间差距比较大，可以考虑归一化等特征转换。

(2) 引入 k-means 算法，将 k 值设置为 3，训练模型，并输出结果。

(3) 将 DataFrame 数据分为训练集、测试集两个部分。

(4) 引入决策树模型，针对训练数据，训练出一个初始模型，进而计算其准确率。

(5) 使用 ParamGridBuilder 构建参数网格，借助多分类评价器等找出"最优"模型，并计算其准确率，将模型保存到本地文件中。

(6) 在 IDEA 中创建另一个 Scala 程序文件，加载"最优"模型；接收用户从控制台输入的未知种子特征数据，组成 Vector，使用"最优"模型预测该种子的分类。

3. 总结反思

(1) 在使用 Spark ML 技术完成本案例的过程中，你遇到了哪些具体问题？你是如何逐个解决的？

(2) 当前的经济全球化面临重大挑战，我们亦面临若干"卡脖子"问题，例如 IT 领域，最主要的短板即为芯片、基础软件等。网上搜集资料，查找几个自主信创、国产替代的实例。

(3) 对于种子等关乎社会稳定、社会发展的重大基础性问题，通过查找资料，思考如何将大数据技术融入种子资源保护、新品种培养等工作中？

参 考 文 献

[1] 林子雨，赖永炫，陶继平. Spark编程基础(Scala版)[M]. 北京：人民邮电出版社，2018.

[2] 辛立伟，张帆，张会娟. Spark原理深入与编程实战[M]. 北京：清华大学出版社，2023.

[3] 桑迪·里扎，于里·莱瑟森，肖恩·欧文，等. Spark高级数据分析[M]. 2版. 龚少成，邱鑫，译.
      北京：人民邮电出版社，2018.

[4] 肖芳，张良均. Spark大数据技术与应用(微课版)[M]. 2版. 北京：人民邮电出版社，2022.

[5] 曾国苏，曹洁. Hadoop+Spark大数据技术[M]. 北京：人民邮电出版社，2022.

[6] 刘景泽. Spark大数据分析(源码解析与实例详解)[M]. 北京：电子工业出版社，2019.

[7] Spark官网. https://spark.apache.org/

[8] Hadoop官网. https://hadoop.apache.org/